コグニティブ インタラクション

Cognitive
Interaction

次世代AIに向けた方法論とデザイン

植田一博・大本義正・竹内勇剛 ＝［共編］

Ohmsha

まえがき

　本書を執筆するきっかけは，本書の編著者全員とさらに数十名の研究者が加わる形で，2014 年から 5 年間，科学研究費補助金・新学術領域研究「認知的インタラクションデザイン学」を立ち上げたことにあります(この領域で目指したことに関しては，本書の column 0.1 をお読みください)．個別の研究を進めるのはもちろんのこと，当該分野および関連分野の将来を担える若手研究者を育てることも本研究プロジェクトの重要な目標でした．しかしながら，認知科学や情報科学の知見をベースにしたインタラクションに関する研究(以下，コグニティブインタラクション研究)は新しい研究領域であり，若手研究者が当該領域について知り，研究構想を考えていくための礎となる教科書が存在しませんでした．その一因として，コグニティブインタラクション研究は，既存のさまざまな分野に跨る形で，つまり学際的な研究として実施されるため，1 冊の教科書にまとめることがとても難しいことがあげられます．

　このような状況を背景にして，上記の科学研究費補助金研究プロジェクトの参加研究者からも，安西祐一郎先生(元 慶應義塾長)をはじめとする，研究プロジェクトのアドバイザを務めていただいた大御所の先生方からも，若手研究者，さらには当該分野を目指す学部学生や大学院生が読むのにふさわしい，コグニティブインタラクション研究の基礎を提供する教科書を執筆することが強く望まれました．そこで，編者の 1 人である植田が，研究プロジェクトの参加者の 1 人であった大澤博隆先生(慶應義塾大学)を通して，オーム社の担当編集者に連絡をとり，本書の実現に向けた第一歩を踏み出しました．

　最初に，編著者で，どのような知識やスキル，トピックを取り上げるべきなのか，さらにそれらをどう結びつけて構造化・体系化していくのかについて議論しました．内容が非常に多岐にわたるため，その作業は難航をきわめましたが，担当編集者のご尽力もあり，最終的には本書の構成に落ち着きました．第 1 章では，いま飛ぶ鳥を落とす勢いの AI の次を見据えたときに，ユーザである人と AI のインタラクションを，われわれ人が普段から行っている人どうしのインタラクションや，人と伴侶動物(ペット)とのインタラクションをベースに考えることの

重要性と，そのことを考えるための認知科学や心理学の基礎的な概念や理論を説明しています．第2章では，興味あるインタラクション現象があったときに，それを研究として分析していくための概念や方法を説明しています．そのため，心理学の基礎的な概念や研究手法から，統計分析の基本的な考え方，取得したデータをモデルベースで分析するための方法までをも含む，多様な内容で構成されています．続く第3章では，取得したデータをモデルベースで分析するために必要な，データの表現方法について説明しています．この章も，現在のコグニティブインタラクション研究で使用されているさまざまなデータ種類を網羅的に取り上げているため，多様な内容で構成されています．最後の第4章では，第3章までで学んだ基礎的な概念や方法を用いて，実際にどのようなインタラクションの分析が可能なのかを，編著者たちがこれまで実施してきた研究事例の中から特に興味深いものに絞って説明しています．

このように本書は，第1章から第3章までの基礎的な概念や方法をベースにして，第4章の研究事例を理解できるように構成しています．そのため，著者の皆さまには，それぞれの章の説明が互いにどのように関連するのかが極力わかるような形で執筆していただきました．しかしながら，それが完全には実現できていない部分もあるのではないかと危惧しています．そのような至らぬ点があった場合には，その責任は個別の著者ではなく，編者3名にあります．また本書では，必ずしも分析の具体的な手法にまで踏み込んでいない部分がありますが，文献をできるだけ丁寧にあげることを心がけましたので，是非とも巻末の参考文献をあたってみてください．

われわれの科学研究費補助金研究プロジェクトの終了後には，NEDO SIP やJST CREST などの大型研究予算でもコグニティブインタラクション研究のプロジェクトが設定されるなど，学術的に大きなインパクトがあったと自負しています．本書を読んだ若い世代の方々が，この領域に参入して研究をさらに推し進めるだけでなく，研究成果を社会にも還元できるようになれば，われわれにとってこの上ない喜びであります．

末筆ながら，本書にご執筆いただいた著者の皆さま，オーム社との縁をとりもっていただいた大澤博隆先生，ならびにオーム社の編集部の方々には心から感謝を申し上げます．

2022年6月

植田 一博，大本 義正，竹内 勇剛

目 次

第2章　インタラクション分析の基礎

第3章　データの定量的表現と変数

第4章　インタラクション分析の実際とポイント

序章 「コグニティブインタラクション」とは

　読者のあなたが，お店に洋服を買いに行ったと仮定しましょう．（優秀な）販売員はお客さんであるあなたの要望（選好＝好みや，どの服が自分に似合うと考えているかという信念）を聞き出して，あなたに合った洋服を提案することでしょう．このとき，販売員はどのような情報からあなたの要望を探るのでしょうか．

　あなたが自分の要望や，販売員が行う提案に対して好き嫌いをはっきりと口にする人であれば，販売員はあなたの発言（1.2 節で説明する言語情報に相当）に耳を傾ければ十分かもしれません．しかし，あなたがシャイな人であったら，いくらあなたの発言を待っても，有用な情報は得られそうにありません．下手に発言を待っていれば，あなたはしびれを切らして帰ってしまい，販売員は商機を逸しかねません．

　それでは，あなたが販売員だったらどうするでしょうか．お客さんが手にとる洋服（一種の行動結果）から，そのお客さんの要望を探るかもしれません．あるいは，お客さんに何らかの提案を行ってみて，お客さんの反応から要望を探るかもしれません．この分野の著名な研究者である Alex Pentland は，人が無意識のうちに発し，自分の態度や意図を正直に伝えるシグナルを**正直シグナル**（honest signal）と呼んでいます．また，正直シグナルを伝える視線，発話者の体動や対話者間の距離，発話における声の調子や，身ぶりの大きさと頻度などの指標を**ソシオメータ**（sociometer，1.2 節で説明する非言語情報に相当）と呼んで重視しています．

　ある程度の時間にわたって継続する対話の場面では，正直シグナルとなりうるソシオメータの種類が時間変化する可能性があります．例えば，お客さんが販売員と視線を合わせないことは，対話初期では，そのお客さんがまだ場の雰囲気に打ち解けていないことを示すに過ぎないかもしれませんが，後半では，販売員の提案に対する控えめな拒絶を示していることもありえます．加えて，販売員はお客さんの潜在的な要望を引き出すために，さまざまな提案を行ってお客さんの反応を引き出そうとするため，どのようなソシオメータが正直シグナルとなりうるかは**インタラクティブ**（interactive，双方向）に決まります．

　上記の仮想的な事例が示しているように，相手が人であれ，動物であれ，人は

相手の意図や欲求などの心的状況を読み取り，それに適応した行動をとることを繰り返すことで，円滑に対話を行っていると考えられます．したがって，本書のテーマである「人と人工物の間に，自然で永続的なインタラクションを実現する」場合も，対話の中で人が行っていると想定される対話相手の**心的状態**(mental state，または**内部状態**(internal state))の推定にもとづいて，適応的で，自然な関係性を人と人工物の間に成立させ，持続させることが重要だと考えられます．そしてそのためには，人が，どのような状況で，どのような相手に対して，どのような他者モデルをもつのかを，またインタラクションの中で他者モデルをいかに学習，更新していくのかを明らかにする必要があります．ここで**他者モデル**(model of others)とは，他者の行動を理解し，予測するための**メンタルモデル**(mental model)のことを指します．詳しくは 1.1 節で述べますが，インタラクションにおいて変化する人の他者モデルを認知科学的な手法によって分析し，その知見を，人と自然に，かつ，持続的にインタラクション可能な人工物の設計に応用することがインタラクション研究において重要です．

　本書の書名である**コグニティブインタラクション**(cognitive interaction)とは，このような従来の**認知科学**(cognitive science)や**人工知能**(artificial intelligence; AI)を含む情報科学だけではなしえていない，「状況に応じて，人と自然に，かつ，持続的にインタラクションが可能な人工物を設計するための基礎理論」を指します。そして，本書では全体を通じてコグニティブインタラクションに関連する**認知的インタラクションデザイン学**(cognitive interaction design，詳しくは **column 0.1** 参照)という学融合的な領域の確立を目指すために必要な概念，方法論，具体的な研究事例を紹介します．

　なお，次世代 AI に向けて提案されている**コグニティブコンピュテーション**(cognitive computation)との異同を強調するために，認知的インタラクションデザイン学をコグニティブインタラクションと表現しています．両者はユーザである人の認知的側面を考慮する点で似ていますが，人と人工物の円滑なインタラクションの実現という観点を重視しているかどうかという点で異なります．

column 0.1　認知的インタラクションデザイン学

　社会性動物である人にとって必要不可欠な協調行動をもたらすインタラクションが何にもとづいて円滑に行われ，その結果，人にとってどのような効用がもたらされるのかを調べる研究，すなわち，インタラクションに関する研究は，これまで，マクロレベルでは社会の集団行動とそれによる社会現象に，ミクロレベルでは個人の言語使用やそれにもとづく判断や推論などの比較的高次の認知機能に焦点を当てて行われてきました．

　それに対して，近年の認知科学や認知神経科学の発達によりインタラクションの基礎となる社会性認知を，高次レベルの認知機能としてだけではなく，（知覚・運動に近い）低次レベルの認知機能として捉え直す機運が高まってきています．すなわち，インタラクションにおいて，相手が発する非言語情報である社会的シグナルの読み取りから，ボトムアップに人の社会性認知が実現されていると考えられるようになってきました．

　本文で説明したとおり，Pentland(2008)は，発話者の視線，発話における声色，身ぶりや体動等に現れるソシオメータにもとづいて正直シグナルを計測し，ソシオメータから短いインタラクションにおける人の振舞いを予測できたと報告しています．また，Stoltzman(2006)は，現実的なビジネスで想定される営業の一場面としてコールセンタにおける営業販売を取り上げ，そこで記録された職員と顧客の音声情報から，営業成功の可否を予測する手法を提案しています．さらに，藤江他(2005)は，韻律とその際の頭部の動きより，発話者の態度(否定的／肯定的)を推定する手法を提案し，ロボットへ実装することで，人-ロボットの対話の自然さを評価しています．

　このようなことを背景に，認知科学とその関連領域における，低次レベルと高次レベルの認知機能の接点としてのインタラクションの分析，ならびにその人工物デザインへの応用に関する大型研究プロジェクトとして，編著者の1人である植田が領域代表を務め，本書の編著者全員が参加する形で，2014年度から2018年度まで，科学研究費補助金・新学術領域研究「認知的インタラクションデザイン学：意思疎通のモデル論的理解と人工物設計への応用」(領域番号：4601)(以下，**認知的デザイン学**(cognitive interaction design)と略記)が実施されました．認知的デザイン学の研究目的は，本文で説明されている

他者モデル（他者の内部状態に関するモデル）を認知科学の観点から分析・検討
し，それを，人に自然かつ持続的に適応できる人工物の設計と構築に応用する
ことにあります．

　特に，人-人，人-動物，人-人工物に共通する認知プロセスを解明し，他者
モデルをアルゴリズムレベルで実現することを目指しました．大きく5つの計
画研究グループから構成され，計画研究グループ A01 と A02 では，成人どう
しのインタラクション，および，子どもどうしあるいは子ども-大人の（特にロ
ボットとの遊びを介した）インタラクションの分析と自然なインタラクション
を可能にする他者モデルのアルゴリズムレベルでの同定を，B01 では，人と動
物の他者モデルにもとづくインタラクション機構の解明を，C01 と C02 では，
（A01，A02，B01 の分析を基礎として）人の持続的な適応を引き出す人工物
のデザイン方法論の確立と，そのような人工物の実現を目指しました．

　ここで，成人どうしのインタラクション以外に，子どもどうし，子ども-大
人のインタラクションや，人-動物のインタラクションも研究対象に含めたの
は，言語に依存しがちな成人どうしよりも，非言語情報に依存せざるをえない
子どもどうし，子ども-大人，人-動物のインタラクションの知見のほうが，人-
人工物インタラクションに応用しやすいと考えたからです．

　認知的デザイン学で得られたすべての成果を統合することで構築した**インタ
ラクションの階層モデル**（hierarchical model of interaction）（概念モデル）
を**図 0.1** に示します．まず，相手の反応に今性*1 が読み取れてはじめて，その人
の行動に注目し，意図を読み合う関係性が発生すると考えられます（図の中央下）．

　その上ではじめて，相手が表出する非言語情報，すなわち社会的シグナルか
ら，相手の行動や発言の意図を推定するようになります（図中央の下から中）．
この段階が，単なるインタラクションからコミュニケーションに変わる段階と
いえます．つまり，正直シグナルの検出は，インタラクションあるいはコミュ
ニケーションが行われていることが前提であり，その前段階として，反応の時
間的随伴性の検出が必要になります．

　さらに時間発展していくと，人-動物にみられるような，相互に適応し合う
相互適応が発生します（4.3.3 項参照）．この段階になると，相手の知識を理解

---

*1　今性とは，インタラクションを行うときに，相手が実時間で自分に反応してくれるかどう
　かという**時間的随伴性**（contingency）を意味する．人はこのような反応の時間的随伴性を
　検出してインタラクションを続けるかどうか，また，続けるとしたら相手の心的状態（情動
　状態，意図，選好など）をどのように理解するかを瞬時に判断していると考えられる．

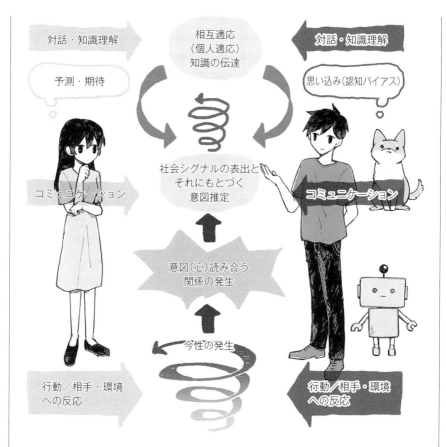

図 0.1 提案したインタラクションの階層モデル（概念モデル）

したり，知識を交換したりすることで，相手に対する信頼が高まります（図の中央の中から上）．

　また，相手に対する期待や知識がトップダウン的にインタラクションに影響を与える可能性もあります．例えば，相手も自分と同じ内部状態をもっていて次の行動をするはずだという強い思い込みによってコミュニケーションを行うような場合がこれにあたります．インタラクションの階層モデルは，このように時間発展するインタラクションのプロセスを模式的に示しており，同時に，インタラクション研究を行う際に何に注意を払うべきかを示しています．

　なお，認知的デザイン学の概要を知るには，植田他（2016），植田（2017）なども参照してください．

第 1 章

インタラクションの重要性と認知モデリング

　第 1 章ではまず，人と人工物とのインタラクションとはどのようなものかについて説明します（1.1 節）．次に，インタラクションは，われわれが日常行っているコミュニケーションとどのような関係にあるのか，またインタラクションの成否に強く影響するものは何かを説明します（1.2 節）．

　さらに，現在の AI に目を転じ，インタラクションあるいはコミュニケーションの観点からみて現在の AI に不足しているものは何であり，コグニティブインタラクションの観点から今後何を検討していく必要があるのかについて説明します（1.3 節）．

　その後の 2 つの節では，インタラクションにおける人の行動を実際にモデル化し，AI のような人工物と人との間の円滑なインタラクションを実現するために必要な考え方である**認知モデリング**（cognitive modeling）（1.4 節），およびそのための方法論，特に他者モデルのモデリング（1.5 節）を紹介します．

1.1 人と人工物のインタラクション

1.1.1 ユーザの心的状態を考慮することの重要性

インタラクション(interaction)とは, "inter(相互に)" と "action(作用)" が合成された語であることからわかるように, 「人が何かアクション(操作や行動)を行ったとき, そのアクションが一方通行にならず, 相手側の人なり人工物なりが, そのアクションに対応したリアクションをする」ことをいいます. すなわち対象は人と人に限らず, 人であるユーザが行う人工物の操作も一種のインタラクションとして捉えられます.

例えば, 人工物としてある Web サイトを考えてみましょう. ここで人工物は, どのような情報処理が可能なのかをインタフェースなどを通してユーザに提供します. そしてユーザは, 何を実現したいのかという自らの欲求を参照しつつ, この人工物では何が実現可能なのかという**メンタルモデル**[*1], つまり, 人工物に対する他者モデルを形成します. 人工物が実際にユーザに提供する機能と, ユーザのメンタルモデルで想定された人工物の機能(人工物に対するイメージ)とが噛み合わないと, 人工物とユーザの間の意思疎通に齟齬をきたすことになります. したがって, ユーザの心的状態を考慮した人工物の設計が重要だといわれています[*2].

しかし, そのような人工物の設計は容易ではありません. というのも, ユーザの心的状態や欲求が, 序章に記載したお客さんと販売員との対話と同様に, 状況に応じて変化しうるからです.

[*1] 「こう行動すればこういう結果が生じる」という, 頭の中にある行動のイメージを表現したもので, 認知科学における表象(representation)の 1 つ. これは, 外界の現実を仮説的に説明するために構築された表現であり, 外界の認識のみならず, 判断や意思決定, 推論などにおいても重要な役割を果たす. したがって, いったんメンタルモデルが構築されると, 人は時間と認知負荷(cognitive load)を節約する手段として, 熟慮的な判断にかわって用いる場合があるとされている(Kahneman, 2012).

　例えば，自動車運転時のカーナビ（automotive navigation system）による道案内を例にとりましょう．ユーザであるドライバとしては，よく知っている地域（自宅の近所）なら，少々わかりにくい道でもよいので早く着きたいと思う反面，旅先などの初めての地域では，少しくらい時間がかかっても，誰にとってもわかりやすい道を走行したいと考えるかもしれません．対して，カーナビに距離優先，時間優先の2つのモードしか備わっていないとすれば，ユーザの早く着きたいという前者の欲求には合致しても，多少時間がかかってもわかりやすい道を選択したいという後者の欲求には合致しない可能性が高くなるのです．このように，同じユーザであっても，心的状態や欲求は，状況に応じて変化する可能性があり，それによって，人と人工物の両者が噛み合わない状況が存在しうるのです．

　この問題が発生する一因は，状況に応じて変化するユーザの心的状態や欲求を，人工物側が推定できないことにあります．すなわち，人工物にとって他者であるユーザの心的状態を推定するために必要な他者モデルが，人工物に備わっていないから発生する問題だと考えられます．そのため，人と人工物のよりよいインタラクションを実現するには，人がインタラクションしている相手の心的状態を他者モデルにもとづいて推定するように，人工物にも，人＝ユーザの心的状態を推定することを可能にする他者モデルが備わっている必要があるといえるでしょう．

1.1.2 ユーザの心的状態を推定する試み ― 適応インタフェース

　人工物によるユーザの心的状態の推定について，これまでいくつかの試みがなされてきました．まず，人工物が個々のユーザの癖や特徴を検出・学習し，ユーザへの情報表出などにそれを活かして，ユーザに徐々に適応していくという，**適応インタフェース**（adaptive interface）があげられます．その中でも成功したとい

---

*2　ユーザと人工物のインタラクションの観点からのインタフェース研究の入門書としては，山口（2017）の第9章「ユーザインタフェース―人に優しいデザイン」，椎尾（2010）などがある．前者では，ユーザと人工物とがコミュニケーションする接点としてインタフェースを捉える認知科学的な立場から，人にとって優しいインタフェースのデザインやその評価のしかたを紹介している．後者では，インタフェースの技術的側面や最近の動向からインタフェースを利用するユーザの知覚・認知特性に関する研究までがひととおり解説されている．

えるのは，かな漢字変換における，予測とあいまい検索を用いた **POBox**(増井，1998)でしょう．これは，ユーザが漢字や文を入力するために，部分的に指定する読みの入力とコンテキスト(ユーザがこれまでに行った変換履歴など)から次単語・文を予測し，ユーザが本来必要な入力をすべて行う前に候補単語・文を提示するというインタフェースです．これにより，ユーザは提示された候補単語・文から適切なものを選択することで，少ない入力数で効率的に単語・文を入力可能になります(**図 1.1**)．POBox は多くのスマートフォンなどに実装されています．しかしながら，一般に変化する他者モデルをコンピュータに代表される人工物が推定することは難しく，そのため実用的な適応インタフェースはまだごく限られているのが現状です．なお，適応インタフェースの考え方と，本書で主に扱っていくコグニティブインタラクションの考え方とは，他者モデルにもとづいて適応する人工物をデザインするという点では共通しているものの，適応インタフェースでは人(ユーザ)を学習する系と見なしていない点が異なります．さらに，このことが適応インタフェースの実現を難しくしている一因だと考えられます．

　一方，人こそが最も適応的な存在です．そのため，人(ユーザ)も適応学習する系と見なし，その適応力を人と人工物のインタラクションに積極的に活かすような，新しい適応的な人工物の考え方と構築手法が求められています(**column 1.1** 参照).

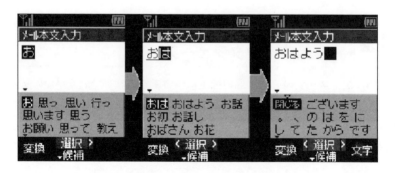

図 1.1　POBox を用いた予測とあいまい検索にもとづく入力
(画像提供元：ソニーコンピュータサイエンス研究所)

<table>
<tr><td>column
1.1</td><td></td></tr>
</table>

インタラクションにおける相互適応学習

　人（飼い主）と伴侶動物（ペット）との間の異種間のインタラクションでは，両者の間に「お互いに適応する」という関係が存在することで，伴侶動物（例えばイヌ）は，飼い主が発する短い言葉＝命令の意味を状況に応じて学習することが可能になっていると考えられます．なお，餌や，飼い主の声に含まれる韻律，あるいは表情などの報酬系がこの学習を促進していると考えられます．

　ここで**図1.2**をみてみましょう．飼い主である人は，動物に「お手」や「待て」などの単純な命令を覚えさせようとして，最初はさまざまな教示を行います．しかし，動物がほとんど理解していないことを人は動物の様子から悟ります．それに対応すべく，人が教示のしかたを繰り返し変化させることで，動物は徐々に教示の意味を理解していくと考えられます．そして，最終的には，人は少数

図1.2　複合的報酬系にもとづく相互適応学習が可能にする人‒動物インタラクション

の意味ある教示のみを行うのに対して，動物も教示に対応した少数の意味ある行動をとるように収斂していくと考えられます．

　一般に，このような系では，学習者である動物が一方的に学習を行っていると考えがちですが，教示者である人も同時に学習を行っていることに注目することが重要です．すなわち，動物による教示の意味の獲得は，人−動物間の相互の適応学習によって実現されていると考えられます．これを可能にしているのは，図に示した複合的な報酬系，すなわち，ゴールを達成したときに得られる餌や，撫でられるなどの 1 次報酬系（直接報酬系）のみならず，人が教示する際に同時に表出する非言語情報（怒った声や顔＝罰，笑った声や顔＝報酬）という 2 次報酬系，ならびに，教示に含まれ，報酬を表す表現（「いいよ」「だめ」）という 3 次報酬系（2 次報酬系とともに間接報酬系を構成）だと考えられます．このお互いに相手の内部状態に働きかける学習のことを**相互適応学習**（mutual adaptation）といいます．

　この相互適応学習はインタラクションにおいて非常に重要です．なお，人どうしの限定されたインタラクションを対象に，相互適応学習のプロセスを実験的に検討した研究として，小松他（2003）や Komatsu *at al.*（2005）があります．

1.1.3　ユーザと人工物のインタラクションを促進するためのエージェント化

　ペットロボットなど，人工物の外見を生物に似せる試みも行われています．例えば，産業技術総合研究所が開発したロボット「パロ」は，タテゴトアザラシの子どもをモデルにしてデザインされ，外見はぬいぐるみのようです（**図 1.3**）．「パロ」は，その外見もあり，2002 年にギネスブックから世界一のいやしロボットとして認定され，その後，欧米では医療機器として，医療福祉サービスで利用されています．

　これに対して，本書の筆者の1人である山田らは，過度に生物的な外見と人工物のもつ(生物よりも劣った)機能とのギャップが顕在化するため，持続的なインタラクションがかえって困難になるという，**適応ギャップ**(adaptation gap)の概念を提唱しました(山田他, 2006)．つまり，コンピュータやロボットなどの人工物，さらには**アプライアンス**(appliance)，すなわち情報家電(Norman, 1998)の外見を生物らしくするだけでは，自然で持続的なインタラクションは実現できないと考えられます．むしろ，人や動物に近い(外見ではなく)適応学習能力を人工物にもたせることで，人工物やアプライアンスを**エージェント**(agent)*3化することが重要であり，そのことが本書で主に扱っているコグニティブインタラクションにおける考え方の基盤の1つになっています．

　以上のとおり，社会が高度に情報化し，さまざまな人工物が日常生活に浸透しつつある現在，人工物が人といかにかかわり，その活動を支援するのかを実装レベルで明らかにすることが重要な課題です．本書では，この課題について，多様な視点から解説します．

**図1.3　産業技術総合研究所が開発した
アザラシ型ロボット「パロ」**
(© 国立研究開発法人
産業技術総合研究所)

---

*3　繰り返し行うべきコンピュータ関連のタスクを，ユーザにかわって行うソフトウェア，ないしシステムのこと．
　　主体，あるいは行為者の意味でも用いられるが，そのような場合，本書では「主体」あるいは「行為者」としている．

1.2　コミュニケーションとインタラクション

　前節ではインタラクションという用語を導入しましたが，一般には，「人と人とのインタラクション」というよりもむしろ，「人と人とのコミュニケーション」という表現がよく用いられています．

　本書でコミュニケーションと表現せず，インタラクションと表現している理由について，人の**社会性認知**(social cognition)*4 に関する研究とコミュニケーション研究の側面からひも解いていきます．

1.2.1　社会性動物としての人

　生物分類上のヒト属は，およそ 200 万年前にアフリカでアウストラロピテクス(*Australopithecus*)属から分化し，さらに，現在の人の属するホモサピエンス(*Homo sapiens*，現生人類)は 40 万年前から 25 万年前に現れたとされています．この進化のスピードは，一般的な進化の時間尺度の中では極端に速かったといわれています．さらに，現生人類は，祖先と比べて体が特別強靱なわけでも，移動速度が速いわけでもないですが，脳の容量は初期の祖先のものの約 3 倍にも達します(Shultz *at al.*, 2012)．一般にこれは**大脳化**(encephalization)と呼ばれており，これにより，人の認知能力は飛躍的に高まったと考えられています．

　脳の大きさと認知能力との関係を説明する説はいくつか存在します．その中の 1 つに，Robin I. M. Dunbar が提唱した**社会脳仮説**(social brain hypothesis)(Dunbar, 1998)があります．これによると，人間の知性は，採餌をはじめとする生態学的課題を個体レベルで解決するために進化したのではなく，人間どうしの大規模かつ複雑な社会集団の中で生き抜くために進化したとされています．具体的には，ダンバーは，脳の大きさのみならず，活動範囲や食習慣などの生活環境，および平均的な集団サイズに関するデータをさまざまな霊長類について収集し，

---

*4　人が他者や社会からの情報を認知する過程およびその能力のこと．

脳の大きさと相関する要因が何であるかを調べました．その結果，脳の大きさと相関する要因は，活動範囲や食習慣などの生活環境を表す指標ではなく，平均的な集団サイズであったのです．具体的には，チンパンジーは平均で約 50 匹の集団で生活する一方で，人は平均で約 150 人の社会集団を形成するとされ，後者は**ダンバー数**(Dunbar's number)と呼ばれています(Dunbar, 2010)．

1.2.2 コミュニケーションの重要性

前項の結果は，大きな脳が，人間どうしの共同体の中で生活するうえで有益であった可能性を示唆しています．

一方，共同体の中で他者と交流し，**協調行動**(cooperative behavior)をとるには**コミュニケーション**(communication)，すなわち意思疎通の能力が欠かせません．人を含めた社会性動物にとってコミュニケーションは非常に重要であり，共同体である集団(群れ)としての成功の可否もコミュニケーションによって決まるといっても過言ではありません．

例えば，ミツバチはダンスのような動きやフェロモンの分泌で，蜜が多くとれる花の場所を他個体に正確に伝えます．具体的には，蜜源を見つけたミツバチは巣に戻り，巣板の上方を太陽の方向と仮定して，100 m 以上も離れた遠い蜜源まで，太陽に向かってどちらの方角に飛んだらよいのかを，お尻を震わせながら 8 の字に踊って他個体に教えます．この 8 の字ダンスでは，お尻を震わせるダンスの回転の速さで距離を示しているといわれています(小西, 1993)．

とはいえ，ダンスやフェロモンで伝えられる情報は限られます．対して，人の最大の特長は，豊かな**言語情報**(verbal information)，すなわち文字によるメッセージの伝達によって意思疎通を行い，協調行動をとることができる点にあります．初期の人類は，食料の入手方法の 1 つを集団による狩猟に頼っていました．集団で狩猟を行うには複雑な概念の共有が欠かせないため，これを行う動物は，おしなべて協調行動をとるのに十分なコミュニケーション能力をもっている可能性があります．初期の人類も，仲間とスムーズにコミュニケーションをとるために，ミツバチなどよりも複雑な概念を伝え合う必要があったと考えられます．具体的には，獲物の位置や獲物を追い込む場所を知らせるための空間的な概念，チームとして行動し，獲った獲物を処理し，保存するために必要な因果的な概念，さら

には獲物を分配するために必要な交渉にかかわる概念などです．その際に，言語情報が果たす役割は大きかったと考えられます．

　現在の私たちは，共同で狩猟を行うことはほとんどありませんが，かわって，チームで仕事を行う際に，同様に複雑な概念を伝え合っています．つまり，現在の私たちのコミュニケーションでも，言語情報が果たす役割は大きいのです．

1.2.3 | 心の理論と非言語情報の役割

　このような共同作業を行うには，相手（パートナ）の**意図**（intension）や**選好**（preference），**信念**（belief）や**態度**（attitude）などの心的状態（内部状態）を理解しておく必要があります．

　そして，相手の内部状態は，言語的な情報のみならず，相手の行動や視線などの，文字化できない情報である**非言語情報**（non-verbal information）からも推定できます．特に，雑音の多い環境や，内部状態を知られたくない第三者（典型的には，会話における部外者やスポーツの試合における敵）が存在するなどの理由で，言語の使用が制限される状況では，非言語情報からの推定がきわめて重要になります．

　初期の人類による集団での狩猟でも，言語で意図を伝えようとして声を出すと獲物に逃げられる危険性があるため，パートナの行動からその意図を推定することが必要になったでしょう．したがって，非言語情報や行動から，例えばパートナが弓をとって獲物に向かって狙いを定めているのであれば，これから獲物を射ようとしているのだろうと推測していたのはまず間違いないでしょう．

　このような，他者の意図などの内部状態を推定する能力には個人差はあるものの，人であれば誰でもある程度の能力をもつことが知られており（Baron-Cohen, 1995; Premack & Premack, 2003 など），その神経基盤の解明（Frith & Frith, 1999; Carrington & Bailey, 2009 など）も行われています．心理学では一般に，他者の意図などの内部状態を推定するこの能力を**心の理論**（theory of mind）と呼んでいます．より正確にいえば，心の理論とは，「他者の心の中にある信念が，自分のもつ信念とは異なることを理解して，他者の信念を推定する能力のこと」です（**column 1.2** 参照）．

column 1.2　社会脳仮説と心の理論

　脳は，かなり高コストな器官です．例えば，人では，体重の約2%の重さしかない脳で，全エネルギーの約20%も消費しています．このような負担の大きい器官がさらに進化するにはそれだけの理由が必要なことから，本文でも説明したとおり，Dunbarは，全脳に対する新皮質の割合を霊長類の種間で比較しました．その結果，新皮質の割合と相関があったのは生態的要因ではなく，集団のグループサイズという社会的要因であることを発見し，人を含めた霊長類の新皮質は，大規模かつ複雑な社会集団の中で生き抜くために進化したという**社会脳仮説**（social brain hypothesis）を発表しました（Dunbar, 1998）．より正確にいえば，採餌に代表される生態学的課題を，個体の試行錯誤ではなく集団によって社会的に解決するために，新皮質は進化したといえます（Dunbar, 2021）．この**社会脳**（social brain）という用語が普及する契機としては，米国の生理学者Leslie Brothersが，社会性認知に特に重要な脳部位を指摘し，社会脳と呼んだことがあげられます（Brothers, 1990）．

　1990年代後半以降，他者の心を推測し，理解する能力である心の理論に関する機能的磁気共鳴画像（functional magnetic resonance imaging; fMRI）を用いた研究が進み，内側前頭前野（medial prefrontal area）や上側頭溝（superior temporal sulcus）が社会脳の重要な一部であることがわかってきました（Frith & Frith, 1999）．また，Giacomo Rizzolattiらによって，サルにおいて，他者が運動している様子を見ているときと，自分が同じ運動を行っているときのいずれにおいても同じように活動する**ミラーニューロン**（mirror neuron）が発見されました（Rizzolatti *et al.*, 1996）．これは，自己と他者の共通表象が脳内にあることを示唆するものとして多くの研究者に注目され，人でも前頭葉から頭頂葉にかけてミラーニューロンシステムの存在が確認されるにいたりました（Rizzolatti & Craighero, 2004）．

　一方，当初はミラーニューロンシステムも他者の意図理解にかかわると考えられていましたが，その後の研究により，心の理論とは異なる機能をもつことがわかってきました．すなわち，**ミラーニューロンシステム**（mirror neuron system）は，他者の情動状態の知覚がダイレクトに自己の情動状態を同じように変化させ，無意識的・自動的な模倣から引き起こされる**情動的共感**

(emotional empathy) に関与しているのに対して，心の理論は，意識的な他者の**視点取得** (perspective taking) に関与していることが指摘されています (Shamay-Tsoory *et al.*, 2009).

　ところで，そもそも**心の理論**という用語は，霊長類研究者の David Premack と Guy Woodruff が，チンパンジーなどの人以外の霊長類は，同種の仲間や他の種の動物が感じたり考えたりしていることを推測しているかのように振る舞うことに注目し，心の理論という機能の存在の可能性を指摘したことに端を発します (Premack & Woodruff, 1978).

　また，心の理論をもつといえるには，他者が自分とは違う信念（これを**誤信念** (false-belief) と呼びます）をもつことを理解する能力が必要だとの考え方にもとづき，Heinz Wimmer と Josef Perner は，子どもを対象に心の理論の有無を調べるための課題として，**誤信念課題** (false-belief task) を提案しています (Wimmer & Perner, 1983). この具体的な課題として，サリー–アン課題 (1.4.3 項参照) 以外に，マクシ課題，スマーティ課題があります．いずれも，現在，心の理論の機能の有無を調べるのに広く使われています．

　人以外の霊長類が心の理論をもつかどうかについては上述した Premack らの研究以降，長年議論が行われていますが，人以外の霊長類では，他者の行為を，行動の表面的な統計的生起性にもとづいて理解しており，心の理論の存在を示す証拠は乏しいと考える動物心理学者も多いようです．しかし，ワタリガラスやカケスの仲間は，貯食を他の個体に見られているかどうかを知っていて，それによって隠す場所を変えることが報告されています．しかも，優劣や年齢，性に応じて，さまざまな戦術をとることも報告されています (Bugnyar & Kotrschal, 2002). これらは，盗み寄生採餌 (kleptoparasitism)[*5] における他種からの捕食リスク回避と，同種間の競合が相乗することでもたらされたと考えられていますが，背景に，同種あるいは他種の行動を，意図 (intention)，信念 (belief)，欲求 (desire) の観点から理解している可能性があることが指摘されています (Emery & Clayton, 2004). 同様な意図推定は，同種ではない人（飼い主）と動物（伴侶動物）とのインタラクションにおいても生じているかもしれません．なお，社会脳仮説と社会性認知研究の詳細については，嶋田 (2019) などを参照してください．

[*5] 生物における寄生のあり方の 1 つで，宿主の体から直接栄養を得るのではなく，宿主が餌として確保したものを餌として得るなど，宿主の労働を搾取することを指す．そのため，労働寄生とも呼ばれる．

1.2.4 メラビアンの法則

　人のコミュニケーションにおいて対話相手の内部状態を推定する際に，その人が発する言語情報よりも非言語情報に注目が集まる場合があることが，人を対象にした心理実験でも報告されています．例えば，矛盾したメッセージが表出されたときに，それを人がどのように受けとめるかについて Albert Mehrabian が行った実験結果の解釈（**メラビアンの法則**(Mehrabian's rule)）をみてみましょう．

　Mehrabian (1972) は，人どうしが直接顔を合わせるフェイストゥーフェイスコミュニケーションを構成する基本要素として，話の内容（言語情報），声のトーンや話す速さ（聴覚情報）[*6]，**身体言語**(body language，視覚情報)の 3 つがあることを指摘しています．そして，送り手が好感や反感などの態度あるいは感情について，矛盾したメッセージ，つまり好感と反感のどちらともとれるメッセージを発したときに，それぞれの情報が受け手の解釈に影響を及ぼす割合は，言語情報が 7％，聴覚情報が 38％，視覚情報が 55％であったことを報告しています．

　この割合から，メラビアンの法則は別名 **7-38-55 のルール**(Mehrabian's 7-38-55 rule)，あるいは「言語情報 = Verbal」「聴覚情報 = Vocal」「視覚情報 = Visual」の頭文字をとって **3V の法則**(3V Rule)ともいわれています[*7]．例えば，「君のアイデアはいいね」と口ではいいながら（言語情報）も，相手と目を合わせようとしない，あるいは，浮かない表情をしている（いずれも視覚情報）場合には，受け手はコミュニケーションにおいて優勢な要素のほうを受け入れ，言語情報（7％）よりも非言語情報（38 + 55 = 93％）を信用し，メッセージを解釈する（この場合だと，自分のアイデアに対して，実は否定的な意見を述べていると解釈する）ことを，メ

[*6] 声の高さや強さ，抑揚のつけ方，話す速さや間の取り方など，話し手が音声を使って，意識的に相手に伝達しようとする情報を**パラ言語情報**(paralinguistic information)と呼び，同様に文字化できないが無意識的に伝達される情報を非言語情報として区別する場合がある．しかし，本書では両者を合わせて非言語情報と呼ぶことにする．

[*7] このルールが 1 人歩きし，「見た目がいちばん重要」あるいは「話の内容よりもしゃべり方のテクニックが重要」という誤った解釈が導き出され，自己啓発書などで説明されている場合がある．Mehrabian の実験は，「好感や反感などの態度や感情のコミュニケーション」において「メッセージの送り手がどちらともとれるメッセージを送った」場合に，「メッセージの受け手が聴覚情報や視覚情報を重視する」ことを示しているに過ぎない点に注意が必要である．

ラビアンの法則は主張しています．この例は，コミュニケーションにおける発話者の意図を，言語情報よりも，非言語情報を重視する形で推定する典型例です．

　Mehrabian の研究は，好感や反感などの態度あるいは感情のコミュニケーションを対象としていましたが，他のタイプのコミュニケーションや広義の認知機能に関しても，言語情報による手がかりと非言語情報による手がかりの一致性の効果が調べられています．例えば，Newcombe & Ashkanasy(2002)は，リーダが発する言語メッセージと顔の表情間の感情的な一致が，チームメンバのリーダに対する認識にどのように影響するのかに関して実証的な研究を行いました．その結果，リーダがポジティブな表情を表出しながら，かつ，ポジティブな言語フィードバックを行った場合には，メンバによるリーダに対する評価(具体的にはリーダが各メンバにどの程度，仕事上の裁量を認めているかについての評価)がより高くなった一方で，リーダがネガティブな表情を表出しながら，ポジティブな言語フィードバックを行った場合にはリーダに対する評価が低くなったことが報告されています．

　以上のとおり，コミュニケーションにおいて対話相手の内部状態を推定する際には，その人が発する言語情報よりも非言語情報が注目される場合があります．そしてコグニティブインタラクションでは，このような事例，すなわち言語情報にもとづくコミュニケーションよりも非言語情報にもとづくコミュニケーションにむしろ焦点を当てます．

　そのため，一般的な概念が広く定着しているコミュニケーションではなく**インタラクション**という表現を使用します．特に，インタラクションにおいて，相手が発する**非言語情報**(表情，視線，しぐさやジェスチャ，姿勢，音声に含まれる韻律など)を**社会的シグナル**(social signal)と呼びます．

　本書では，インタラクションにおいて，人がいかに社会的シグナルを利用しているのか，さらに，それがインタラクション，ひいてはコミュニケーションの成否にいかに影響を及ぼすのかを分析するために必要な概念や方法，研究事例を紹介していきます．

1.3 AI とインタラクション

1.3.1 AI の急発展

最近，飛ぶ鳥を落とす勢いで発展を続けている AI とインタラクションの関係に目を向けてみましょう．**AI** とは，人が行う知的な作業を，コンピュータ（ソフトウェアを含む），あるいはコンピュータを内蔵する人工物によって実現しようとするものです（人工知能学会監修, 2016）．この AI に関連してしばしば話題になるのは，AI 自らが進化して人より賢い知能を生み出すことが 2045 年ごろに可能になる（**技術的特異点**, technological singularity）という予測（Kurzweil, 2005）や，AI によって人の雇用の多くが奪われる日が来るという予測（Frey & Osborne, 2017）です．

ここで技術的特異点とは，自律的に動作する優秀な機械的知性がひとたび創造されると，機械的知性が（人の思考や手を介さずに）繰り返しバージョンアップを続け，ついには人の想像力が到底及ばないほどの**超絶知能**（super intelligence, **スーパーインテリジェンス**）が誕生する現象のことを指します．これは現状では仮説に過ぎませんが，特定の課題にのみ対処するのではなく，人と同様にさまざまなタイプの課題に対処可能な AI である**汎用人工知能**（artificial general intelligence; **AGI**）（山川他, 2015）が実現可能となったときには，技術的特異点が現実化する可能性が高いと危惧する研究者もいます．

特に，2012 年以降，人の神経回路網を模したニューラルネットワークを多層に結合して表現能力，学習能力を高めた，機械学習の一手法である**深層学習**（deep learning; **DL**, **ディープラーニング**）（岡谷, 2015）（1.5.2 項参照）の爆発的な普及を契機に現実味が増してきたと考える研究者は多いようです．なお，技術的特異点に到達する具体的な時期についてはさまざまな考え方が存在しますが，Kurzweil（2005）が多数の実例をあげながら**収穫加速の法則**（the law of accelerating returns）[*8] と結びつけて，2045 年ごろと予測しており，これがしばしば引用されて，**2045 年問題**（the year 2045 problem）とも呼ばれています．

対して，今後，AI にとってかわられる職業が存在するという考え方は，技術的特異点の考え方と比較して，より多くの研究者に受け入れられているといえます．実際，（株）野村総合研究所とこの考え方の提唱者である Michael A. Osborne らの共同研究では，日本国内 601 種類の職業について，AI やロボットなどで代替される労働人口の割合を試算したところ，日本では 49%（米国では 47%，イギリスでは 35%）であったことが報告されています（野村総研, 2015）．これからを担う若い世代は，将来，AI などで代替される可能性を考慮して，職業選択を行う必要があるのかもしれません．

1.3.2 ┃ コミュニケーション相手の状態を推定する

　前項の例が示唆するように，人類の AI への期待は（場合によっては恐怖も）大きいですが，実際に AI がその期待に応えるためには，現状では何が不足しているのでしょうか．特に，本書の中心的なトピックである，人と人工物のインタラクションの観点から考えていきます．

　社会性動物である人にとって，コミュニケーション，すなわち意思疎通の能力は非常に重要であり，集団の成功はコミュニケーションによって決まるといっても過言ではないことを先に述べました．さらに，インタラクションを通じて他者と協調する場合，他者の内部状態を理解しておく必要があることも指摘しました．

　しかし，人はインタラクションしている対象に何らかの心的状態を過剰に読み込むという**認知バイアス**（cognitive bias）[*9] を示すことが知られています．例えば，Heider & Simmel（1944）は，人を対象に実験を行い，たとえ対象が単なる幾何学図形であっても，インタラクションにともなう運動によって，観察者がそれをあたかも生物であるかのように見なすこと，すなわち**アニマシー知覚**（animacy perception）が生じることを明らかにしました．同様に Michotte（1962）も，**図 1.4** に示すようなアニメーションを説明するように求められた観察者らは，単なる三角

[*8]　1 つの重要な発明が他の発明と結びつくことで，次の重要な発明の登場までの期間が短縮され，イノベーションが加速されることにより，科学技術が線形的にではなく，指数関数的に進歩するという経験則のこと．

[*9]　人が物事を判断する際に，その人の知識や周囲の環境などの種々の要因によって，合理的でない判断，あるいは誤った判断を行うこと．

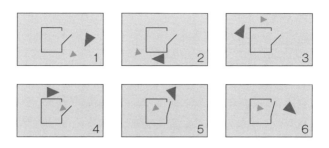

図 1.4 アニマシー知覚を調べるためのアニメーション
(図の各番号はアニメーションの順番を示す)
(Michotte(1962)より引用)

形の運動にもかかわらず,図形の意図を感情的に説明したことを報告しています.

　その後のさまざまな研究でも,人がもっている心の理論の機能により,このような単純な刺激(の運動)でもアニマシー知覚のような社会的な知覚を引き起こすのに十分なことが指摘されています.

　さらに人は,AIBO やファービー*10 などの人が感情移入することを狙った人工物にはもちろんのこと,ごく普通の「人ではない」はずの人工物やキャラクタにまで感情移入をしてしまう可能性があることが指摘されています.Reeves & Nass (1996)が提唱する**メディアエクエーション**(the media equation)とは,メディアを現実と同じように見なすという,人に広く観察される現象を表す用語です.

　実際,コンピュータ上のチュートリアルシステムが人の学習者に教えている状況で,最後にコンピュータから学習者に「今日の説明はわかりやすかったですか?」という質問をしたとき,多くの学習者が「わかりやすかった」というような回答をする一方で,そのコンピュータ自身ではなく,別の独立したアンケートによって同じ質問を受けた場合には,「○○がわかりにくかったです」というように,正直に回答する傾向が強いことが報告されています.コンピュータではなく,人の教師から教えられている状況であれば,この結果は,学習者は教師本人には正直に回答せずに,ある種の媚び(flattering)を示している一方で,第三者には正直に回答していると解釈できます.同様の社会的な反応が,コンピュータのような人工物に対しても生じうることをメディアエクエーションは主張しています.つま

---

*10 AIBO は,ソニー(株)が 1999 年より販売しているペットロボット(エンタテインメントロボット)のシリーズ.また,ファービーは,米国の Tiger Electronics 社が 1998 年に発売したペットロボット.いずれも動物然とした外見をもっている.

り，人は仮想的な情報メディアに対しても，あたかも現実の人に対するように，社会的に接する傾向があるといえます．すなわち，社会的な振舞いを示す人工物を，人は**社会的な存在**(social entity)と見なし，その人工物に対して社会的に振る舞う傾向が強いということです．

さらに，そのような人工物が AI によって知的に制御されている場合には，人であるユーザはそのような AI を社会的な存在として捉えるだけでなく，AI にも人と同様な社会的な振舞いが可能だと拡大解釈する可能性があります．その結果，ユーザは人に対するのと同じようなつもりで，AI に対して質問や要求を行うかもしれません．しかし，AI が人と同様な社会的な反応を返せないことがわかると，もはや AI を社会的な存在だと認識しなくなり，その時点でユーザと AI とのインタラクションが失敗に終わる可能性が高くなるでしょう．

したがって，ユーザと AI(例えば人にサービスを行うソーシャルロボット)との間には，コミュニケーション，中でも高度に社会的なインタラクションが必要であり，かつそれを持続的に実現するには，ユーザが表出する非言語情報および言語情報から，まさに人が行うように，AI がそのユーザの意図，選好，信念などの内部状態を推定できることが重要になると考えられます．

1.3.3 行動からの内部状態推定の可能性

最近では，ベイズ推定 (2.6.1 項参照) という統計的な手法を用いて，AI に，行動履歴から人の内部状態を推定させることができる可能性が示されています．

Baker *et al.*(2017)では，ランチタイムに駐車場に来るフードトラック(移動販売店)にランチを買いに行くエージェントの行動履歴から，そのエージェントの欲求と信念とを統計的に推定可能かどうかを検討しています．すなわち，エージェントには，韓国料理，レバノン料理，メキシコ料理の 3 種類のフードトラックのうち，いずれが来るかを事前に知らせず，2 か所のフードトラックが駐車可能なスペースを用意してあります．さらに，中央に家などの背の高い障害物があるため，一方の駐車可能なスペースから，他方の駐車可能なスペースを直接見ることができません．このとき，**図 1.5**(a)に示すように，エージェントは韓国料理のフードトラックの前を通り過ぎて，もう一方の見えない駐車可能なスペースを一度確認してから，再び韓国料理のフードトラックに戻ったとしましょう．

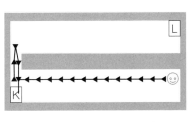

（a）フードトラックの停車状況

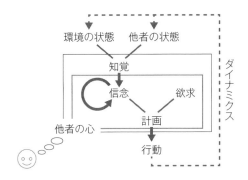

（b）観察者による他者の内部状態推定の機構

図 1.5　Baker *et al*. の実験設定の概要
　　（K は韓国料理のフードトラック，L はレバノン料理のフードトラックを表す）

　この様子を観察すると，図 1.5（b）に示すような認知機構で，他者であるエージェントがどのような信念（見えない場所にどのフードトラックがいると思っているか）と欲求（どのような優先度でそれぞれの料理を食べたいと思っているか）にもとづいて，示された行動をとったのか（四角で囲まれた部分）を，環境の状態（フードトラックの停車状況）と他者の状態（エージェントの行動履歴）から人は推定することができます．例えば，図 1.5（a）であった場合には，エージェントは，見えない駐車可能なスペースにはメキシコ料理のフードトラックがいるという信念と，レバノン料理のフードトラックが見えた途端に引き返しているので，メキシコ料理，韓国料理，レバノン料理の順に食べたいという欲求をもって行動していたと推定するのが自然です．

　また，このような他者の内部状態の推定を，2.6.3 項で説明しているベイズ推定の一種の POMDP に行わせたところ，AI も人と同様に，自然な推定が実現できたとされています．具体的には，信念に関するベイズ推定の結果と人の推定結果の相関は 0.90，欲求に関する相関は 0.76 という非常に高い値を示したことが報告されています．

1.3.4 | 推定における人と AI の違い

　前項で紹介した Baker *et al.*(2017)では，ある種の AI が人と同様な推定を行えることが示されていますが，これによって人と AI のインタラクションに関する課題は解決したと考えてよいのでしょうか．

　実は，ベイズ推定を行うには，それなりの数の観察事例が必要となります．しかし，すべての起こりうる場面に対して，常にあらかじめ多くの事例を観察できるとは限りません．例えば，序章で述べたアパレルショップの販売員には，店に初めて現れた客の好み(＝ 選好．ただし，Baker *et al.*(2017)では欲求)と，自分に似合いそうな服についての信念を，客が手にとったものから即座に推定し，客が店に立ち寄っている短時間の間に客の欲求と信念に見合った服を推薦することが求められます(Shoji & Hori, 2001)．

　対して，ベイズ推定が可能な程度までに，客が手にとる服をじっと観察していたのでは，推薦する服を選ぶ前に客がいなくなってしまう可能性があり，商機を逸しかねません．つまり，実際のインタラクションにおいては，少ない数の事例からでも推定できる必要があります．

　このような，AI にとっては情報が不足している状況でも，それなりに適切に処理できる能力は人の知能の本質的側面の 1 つだと考えられています (Kahneman, 2012)．このような人に固有の判断・推定方法は，一般に**ヒューリスティック**(heuristic)と呼ばれ，コンピュータが処理に用いる**アルゴリズム**(algorithm)と対比させて捉えられることがよくあります(**column 1.3** 参照)．

　いいかえれば，情報が不足している状況でも AI が人と同様にそれなりに適切に処理する能力をもったときには，人と AI のインタラクションもより実りあるものになる可能性があります．

ヒューリスティックとアルゴリズム

　AIと認知科学は，1950〜1960年代に，当時誕生したばかりのコンピュータ(計算機)とその理論的な基盤を与える情報科学の影響のもとに，いわば「双子の学問」として誕生したと考えられています(内村他，2016).

　初期のAI(深層学習を利用する現代のAIと対比させて，しばしば古典的人工知能と呼ばれます)，および認知科学では，「問題を解決するということは，情報科学的にどのように定義されるのか」「人はどのように問題解決を行うのか」「それをコンピュータにアルゴリズムとして実装するにはどのようにしたらよいのか」といった**問題解決**(problem solving)(Newell & Simon, 1972)が重要な研究分野でした.

　その結果，問題解決とは，「形式的なルール(**プロダクションルール**(production rule)と呼ばれる)にもとづく探索」と捉えられること，また，AIの実現には問題解決における計算量(特に時間計算量)の爆発を抑えるしくみが必要なことが明らかにされました.ここで，有限回の基本的操作を指示の順に追って実行すれば，解がある場合にはその解が得られ，ない場合にはそのことが確かめられるように明確にしくんである手順のことを**アルゴリズム**(algorithm)と呼びます.ところが，アルゴリズムにしたがって計算しても，当時のコンピュータでは計算量の爆発を起こす恐れがあるため，「ある程度のレベルで正解に近い解，すなわち，近似解が短時間で得られることが理論的にわかっている方法」である**ヒューリスティック**(heuristic，**発見的手法**)を模索することにAI研究の関心が向けられました.その結果，縦型探索，横型探索などのさまざまな探索アルゴリズム(正確にはヒューリスティック込みのアルゴリズムと呼ぶべきかもしれません)が発見されました.

　それに対して，人の問題解決のしくみを明らかにする認知科学は，「必ずしも正しい解が得られるとは限らないが，おおむね正しい解が短時間で得られることが経験的にわかっている方法」としてのヒューリスティックを，人がいかに利用しているのかを明らかにすることに関心を寄せました.このように同じヒューリスティックという用語でも，AIと認知科学ではその意味合いが微妙に異なることに，それぞれの研究コミュニティの関心の違いが垣間みえます.

　そして，人は推論や判断などを行う場合に，ヒューリスティックに頼りがち

なことは繰り返し指摘 (Kahneman, 2012) されており，数多くのヒューリスティックが存在していることも指摘されています (Kahneman, 2012; 友野, 2006)．例えば，**利用可能性ヒューリスティック** (availability heuristic) は，人が日常生活で簡単に利用できる情報や，想起しやすい情報に頼って判断することを指しており，**想起容易性ヒューリスティック**，あるいは**検索容易性ヒューリスティック**とも呼ばれています．

　このような数々のヒューリスティックが合理的ではない判断をもたらしうることを実験的に示した研究功績で，2002 年にノーベル経済学賞を受賞した Daniel Kahneman とその同僚の Amos Tversky [*11] による有名な実験 (Tversky & Kahneman, 1973) では，「K という文字を思い浮かべてください．K は，単語の先頭に来るときと 3 番目に来るときでは，どちらが多いでしょうか」という質問が実験参加者に与えられました．実際には，K が先頭に来る単語よりも 3 番目に来る単語のほうが多いのですが，実験参加者は全員，英語が流暢に話せるレベルだったにもかかわらず，152 名中 105 名が，K が先頭に来る単語のほうが多いと回答しました．このような判断は，K で始まる単語のほうが思い出しやすいために，つまり，想起容易性ヒューリスティックによってもたらされると解釈されています．このように，ヒューリスティックは合理的ではない判断を導く可能性があるというのが，Tversky と Kahneman の主張の骨子です．

　一方，想起容易な単語の出現数が実際に最も多ければ，想起容易性は正しい解を瞬時に導くということが重要です．つまり，使用するヒューリスティックが，実世界（しばしば環境と呼ばれます）の情報を正しく反映してさえいれば，それによる判断も正しい可能性が高いということです．ヒューリスティックが正しい判断をもたらすか誤った判断をもたらすかは，ヒューリスティックと環境との関係性によることを，**生態学的合理性** (ecological rationality) といいます (Gigerenzer et al., 1999).

　例えば，「都市 A と都市 B のうち，人口が多い都市はどちらか」という人口推定課題 (Goldstein & Gigerenzer, 2002) を考える際に，2 つの選択肢から「より馴染み深い選択肢を選ぶ」という**親近性ヒューリスティック** (familiarity heuristic; Honda et al., 2011) や，「より速く想起できる選択肢を選ぶ」とい

---

*11　Tversky は，残念ながら 1996 年に他界したため，ノーベル経済学賞受賞にはいたらなかった．彼らの研究のほとんどが 2 人の共著であるため，存命であれば当然，共同受賞したと考えられる．

う**流暢性ヒューリスティック**(fluency heuristic; Hertwig *et al.*, 2008)などの,単純で直感的・経験則的な判断方略を人は使いがちですが,この問題の回答者に,どのようなヒューリスティック(あるいはどのような知識)を用いたかについて聞いても,答えられないか,答えられたとしても,判断理由を後づけで「でっち上げる」可能性(Nisbett & Wilson, 1977; Johannson *et al.*, 2005; 山田, 2019 など)があることが指摘されているため,その判断機構を理解するのは容易ではありません.

しかし,この問題を考える際に,有益な方法があります.例えば上記の場合には,回答者の行動データ(この場合だと,都市に対する馴染み深さの程度を調べる質問に対する回答や,都市を思い出せるかどうかを判断する際の反応時間など)から,回答(どちらの都市を選択するか)を予測するモデルを立て,実際の回答者の回答を最もよく説明するモデルを調べます.それには,モデルのパラメータを調整することで,モデルを行動データにフィッティングさせることが必要になります.

この操作は,一般に**行動データの計算論モデリング**(computational medelling of behavioural data)(久保, 2012; 片平, 2018 など)と呼ばれ,ベイズ推定の手法の発展とともに普及してきました.行動データの計算論モデリングを援用することで,人が人口推定課題に回答する際にその難易度に応じて各種ヒューリスティックと知識を使い分けることが示されています.

さらに,それが正答率や利用可能性[*12]の点で適応的な方略であることが示されています(Honda *et al.*, 2017).

[*12] いま,仮に 2 つの都市に対する馴染み深さが等しいとすると,親近性ヒューリスティックを用いることはできない.同様に,2 つの都市を同じような速さで想起できる場合には,流暢性ヒューリスティックを用いることはできない.このように,あらゆるヒューリスティックや知識は,それぞれ適用できる場面が限られており,単に高い正答率をもたらすだけでなく,利用可能性が高いことも適応的な方略の重要な要件となる.

1.3.5 | インタラクション相手と志向性を共有する

　人は他者の内部状態を推定できるだけではありません．他者と関心や目標，すなわち，**志向性**(intentionality)を共有することもできます(Dennett, 1989)．

　ここで志向性とは，自分および他者が知っていることを見きわめながら，他者の内部状態に合わせて，自分の行動(例えば，何を推薦するかなど)を調整することを指します．いいかえれば，人は基本的な能力として，他者と意図や志向性を共有し，協調作業を成し遂げる能力を有しています．

　Tomasello & Carpenter(2007)は，これが人固有のものであり，同じ霊長類のチンパンジーにはみられない可能性を実験的に示しました．また，AI を含めた現在のテクノロジーで，人と人工物が志向性を共有できるようになったという報告は，筆者らの知る限り存在しません．一方，わが国の内閣府が提唱する **Society 5.0** (内閣府, 2018)では，「AI により，必要な情報が必要な時に提供されるようになり，ロボットや自動走行車などの技術で，少子高齢化，地方の過疎化，貧富の格差などの課題が克服される」ことを重要目標の 1 つに掲げています．人が必要とする情報を，必要なときに AI が提供するためには，人(ユーザ)と AI とが志向性を共有することが必要不可欠だと考えられます．

　実際，Sloman & Fernbach(2017)は，2009 年に起きた「エールフランス 447 便墜落事故」(Wise, 2020)など多くの事故の原因が，ユーザとシステムとの間で志向性の共有がないままに，ユーザが高度なシステムに過度に依存したことにあった可能性を述べています．そのため，AI を実装した人工物がユーザと志向性を共有できるようになるための基礎理論の構築が急がれます．

　整理すると，人どうしのように，人(ユーザ)と人工物が円滑にインタラクションを続けられるようになるには，

① 人工物がユーザの内部状態を，ユーザが発する言語情報，および非言語情報から推定できること

② 人工物がユーザの内部状態と目標に適応した行動をとれること(人工物がユーザと指向性を共有しうること)

の 2 点が重要になってくると考えられます．そしてこのためには，コグニティブインタラクションの観点から，人と AI とのインタラクションを実現する必要があります．

インタラクションのための認知モデリング

1.4.1 インタラクションの内部過程の理解

　これまでに述べたように，インタラクションは特別なものではなく，日々の活動の中で頻繁に行われています．そして私たち人は，相手に応じた最適なインタラクションを自らの経験にしたがって直観的に見つけ出しています．

　一方，人にとって，自己の判断の過程を言語化することは容易ではありません（column 1.3 参照）．しかし，インタラクションを適切に行う人工物を設計する場合には，他者の内部状態が変化する過程についての言語化は必須です．そこで必要になるのが，インタラクションの認知モデルによる理解です．ここで，**モデル**（model）とは，対象となる事象について，モデル化の目的に照らして本質となる部分以外をそぎ落とし，構造を簡単化して事象の因果関係を明確化した記述を指します．**インタラクションの認知モデル**（cognitive model of interaction）によって，私たちは自己と他者のインタラクションの内部状態の変化の過程を意識的に考えることができ，インタラクションを行う人工物の設計が可能になります．

　これまで，インタラクションに関しては，音声認識，会話分析，表情認識など多くの研究がなされてきました．インタラクションを成立させるこれらの**伝達媒体**（media of communication）の理解は確かに重要ですが，インタラクションの目的は伝達そのものではないことに注意が必要です．

　すなわち，インタラクションを行う意図は，他者に何かを伝えること（ここまでが**伝達**（transmission））によって，それを理解した他者の行動，あるいは信念が変わることにあります．したがって，インタラクションの認知モデルの構築（modeling，モデリング）にあたっては，伝えたことを他者が理解するときに，その内部状態が変化する過程を含めてモデリングする必要があります．特に，働きかけを受ける側の他者の内部状態が変化する過程を考えることで，個々の伝達媒体が他者のどの部分に作用し，どのような効果を生み出すかについて，説明と予測ができるようになるでしょう．

　ここでモデルとは何であるかについてもう少し考えてみましょう．私たちがよく知っている自然現象に関するモデルの 1 つが物理法則です．物体の質量，加速度，力の間に（力）＝（質量）×（加速度）というニュートンの運動方程式が成り立つことは習ったでしょう．さらに，これを利用して，対象物を思ったように動かす手法が**制御工学**（control engineering）[*13] です（**図 1.6**）．この制御工学のおかげで，私たちは，エスカレータを一定の速度で動かしたり，電車を駅の狙った位置にぴったり止めたりすることができます．いわば，制御工学は人と物体との間の**物理的インタラクション**（physical interaction）を対象としているともいえるでしょう．そして，制御工学により人と物体との間で物理的インタラクションが可能となった裏には，人が物体の運動を理解するための物理法則というモデルの存在があります．

1.4.2　心理的インタラクション

　では，人，あるいはネコやイヌなどの動物とのインタラクションのモデリングはどうやって行えばよいでしょうか．人の場合にはその個体の内部にあるものを「心」「意思」などと呼ぶことから，これを物理的インタラクションと区別するため，**心理的インタラクション**（mental interaction）と呼ぶことにします．

　また，人や動物は，働きかけに対して，必ずしも思ったとおりに動いてくれま

状態制御・状態推定

**図 1.6　物理的インタラクションの
　　　　　モデルとしての物理法則**

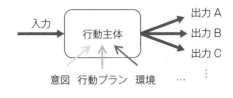

状態制御・状態推定？

図 1.7　心理的インタラクション
　　　　（入力に対して意図・プラン・環境
　　　　　に依存して多様な反応を示す）

[*13] 入力と出力があるシステム（系）において，その出力や内部状態を目標どおりに制御する工学技術のこと．フィードバック制御を中心とする古典制御と，対象とするシステムの数理モデルを使ってその動作を予測しつつ最適に制御する現代制御がある．

せん．これは人や動物が自分の欲求をもつ主体であるからです．すなわち，自分の欲求をもつ主体は，外部から働きかけを受けたとき，それが自己の目的に沿っていればしたがいますが，そうでないときには応じないなど，外見的には同じ状態にありながらも多様な反応をみせるのが一般的です（**図 1.7**）．

　一方，このような反応が当たり前であることを，私たちは経験的によく知っています．したがって，いうことを聞いてくれないからといっても，相手をいきなり殴れば怒ってなおさらいうことを聞いてくれないだろうとか，（必ずしも望ましい結果ではなくても）相手の言動を褒めてあげて，あらためてお願いすれば，多少の不満はこぼしてもやってくれるだろうとか，そのときどきの相手の心の状態に応じた心理的インタラクションの結果をある程度，予測して行動しています．つまり，人は相手の現在の状態を観察して，直接には目に見えない心の状態（内部状態）を推定し，その状態も考慮に入れたうえで，相手への働きかけを計画することができます．このような心理的インタラクションに関する知見を，人は子どものころからの長い間の経験によって獲得しています．1.2 節で説明した心の理論もその一例です（column 1.2 も参照）．一方で，現状の人工物には社会性認知がないことは 1.3 節で述べたとおりです．

1.4.3 ｜ 認知アーキテクチャ

　一般に，人は**心の理論**を 5 歳になるころに獲得するとされます．ただし，個人差があるため，その獲得を確認するためのテストが多く考案されています．その中で最も有名なものが**図 1.8** の**サリー–アン課題**（Sally-Anne test）です．

　サリー–アン課題の大きなポイントは，3 歳児の多くが「自分のパンが箱の中にある」という事実とは異なる信念をサリーがもっていることを理解できず「箱」と答え，対して 5 歳児の多くは「サリーの信念は自分の知っていることとは異なる」ことを理解して，正しく「バスケット」と答える，という事実です．このように，人は心の理論を，発達の比較的早い段階で獲得します．

　一方，現在のところ，人工物に心の理論を実装することはできていません．心の理論のような社会性認知能力を人工物に実装する有力な方法は，すでに存在している人の社会性認知のメカニズムをまねることでしょう．そのためには，まず人の社会性認知の処理過程を解明してモデリングする必要があります．一方，AI

（a）サリーとアンが一緒に遊んでいる

（b）サリーがバスケットにパンを入れる

（c）サリーがよそに遊びに行く

（d）アンがバスケットからパンを取り出して別の
　　箱に入れて出て行く

（e）サリーが戻ってきてパンを取り出そうとする

図1.8　サリー-アン課題
　　（ここで，サリーはどこを探すでしょうか，とい
　　う質問をする．このとき，3歳児の多くは箱と答
　　えるが，5歳児の多くはバスケットと答える）

研究の一分野に，人の知能システムをモデリングする**認知アーキテクチャ**（cognitive architecture）がありますが，他者の内部状態の推定および働きかけ，さらには他者のもつ他者モデルまでを含んだ認知アーキテクチャの分析や構築に関する研究はあまり多くありません．

他者モデルを含まない認知アーキテクチャはこれまで，**CLARION**（Hélie & Sun, 2010）や**Liabra**（O'Reilly *et al.*, 2016）など，数多く提案されてきました．その中でも特に有名なものとして**ACT-R**（Anderson *et al.*, 2004; Ritter *et al.*, 2018）があり，ほかに**LIDA**（Franklin, 2011）があります．特に LIDA は，**Global Workspace Theory** *14 にもとづく意識の機能をもつとされています（Baars, 1988; Dehaene, 2011）．

このうち，ACT-R は，John. R. Anderson が中心となって開発した認知アーキテクチャで，脳内の独立した機能を表すモジュール群が相互作用して認知過程を実行するとしています（**図 1.9**）．これらのモジュールには，視覚や手の動作を受けもつ知覚運動モジュールと，人のもつ**宣言的記憶**（declarative memory）と**手続き記憶**（procedural memory）*15 という 2 種類の記憶を扱う記憶モジュールがあります．そして，モジュール間の情報の流れを**プロダクション**（production）と呼ばれるプログラムで実現することで，認知的な処理を実現しています．

しかし，ACT-R も含めて多くの認知アーキテクチャは，実際には，人の認知過程を総合的に再現するシステムとして実現されてはいません．これらは「このような考え方でプログラムをつくると，人の認知過程に類似した処理で特定の機能を実現できる」という，いわば設計指針（フレームワーク）として提案されています．

---

*14 人の脳に，私たち自身が実際に感じているような自己意思が存在するメカニズムは不明であり，脳科学のハードプロブレムと呼ばれている．意識についてもこれまで多くの説が提案されている中で，脳科学の立場からありうる意識現象の説明として Global Workspace Theory が提案されている．
これによると，脳は外部からの刺激に対して反応するとき，弱い刺激に対しては意識にも上らないが，少し強くなると意識はせずとも行動に多少の影響が及び，さらにあるレベルを超えると意識されるようになり，その認識が脳全体に広がった状態になる．この状態は，**刺激を意識している脳状態**（stimulus awareness）と呼ばれている．

*15 人の記憶のうち，一般的な事実や個々人のエピソードに関する記憶を宣言的記憶という．一方，自転車に乗る方法やパズルの解き方などのように，同じ経験を反復することにより形成される運動・知覚・認知にかかわる技能の記憶を手続き記憶という．

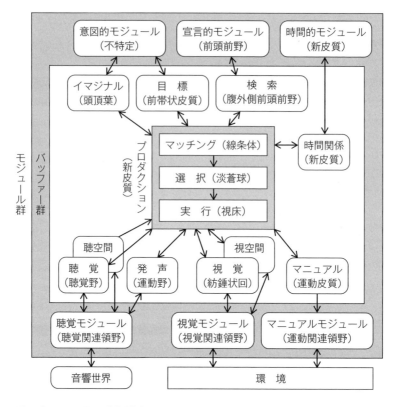

図 1.9　ACT-R の内部構造
（多くのモジュールがあり，それが脳の部位と結びつけられている．なお，
ACT-R には多くのバージョンがあり，長い期間をかけてその時代の知見
を取り入れて改良が積み重ねられてきた）
（Ritter *et al.*（2018）より引用）

1.4.4 他者に対する働きかけの計画

　通常，他者への働きかけは，何らかの目的をもって行われます．例えば，友人
に声をかけることには，友人の注意を引いて会話を始める準備をするという目的
があるでしょう．さらに，会話をすることで，自分にとって楽しい状態や必要な
情報を得るという次の目的のための準備でもあります．

　このように人は，意識する／しないにかかわらず，日常的に目的を実現する計

画をつくり，そのための働きかけの方法を選んで計画を遂行しています．そして，このような計画と遂行は，人や動物に対する働きかけだけでなく，アニマシー知覚やメディアエクエーションといった人に埋め込まれた認知バイアス（1.3.2 項参照）によって，人工物に対する働きかけにおいても同様に行われます．

したがって，AI 分野では，計画的な行動を実現するための手段についての研究が長く進められてきました．その最も基本的な方式が**ツリー探索**（tree search）です．ツリー探索とは，ある状態において選択可能な行動の 1 つをとった場合の結果の状態を予測し，さらにその状態で次の行動をとった場合の結果を予測する，という処理を仮想的に繰り返すことで，最終的に自分の目指す状態に到達できる行動の系列を探す手法のことです（Russell & Norvig, 2003）．一方，それぞれの状態で可能な行動が複数あると分岐が増えて探索範囲が膨大になってしまうことから，大きな問題への適用は適切ではないとされています．

また，計画的な心理的インタラクションを成功させるには，2 つのポイントがあります．1 つは，他者の内部状態を推定すること（1.3.5 項で説明した①）です．そして，もう 1 つは，他者モデルの構築と利用（1.3.5 項で説明した②）です．これがないと，推定した他者の内部状態を用いても，自己の働きかけに対する他者の反応の予測精度は上がりません．後者を実現するためには，他者の個性，すなわち行動傾向を知る必要があります．人は，個々の他者の行動を観察して，その傾向を推定し，いざ自分がかかわる場面において行動予測に使うための知識として蓄積しています．その知識を集積したものが**他者モデル**なのです．すなわち人は，計画的な心理的インタラクションを行うにあたり，働きかけを行った場合の相手の変化を，他者モデルを使ってあらかじめ予測して，目的に最も沿った変化を引き起こすと考えられる働きかけを選んでいるのです．

1.4.5 | 他者のレベルに応じた働きかけ戦略

前項までであれば，物理的インタラクションと心理的インタラクションとの間で，働きかけの計画を立てる過程の違いは少ないでしょう．心理的インタラクションの計画立案をさらに難しくするのが，「他者もまた自己のことを考える主体である」ということです．つまり，ある目的をもって他者に働きかけをしたとき，働きかけられた側である他者のほうでも，働きかけを認識してその目的を推定し，そ

れに応じるかどうかを自らの都合で決定します．これが心理的インタラクションを難しくします．

　さらに，働きかけた側は，他者が自己の働きかけを認識したことを察知して，他者が働きかけに応じるかどうかを他者の振舞いから予測します．そして，その予測に応じて，さっそく次の行動を始めます．

　このような自ら考える主体どうしの複雑な相互作用は，私たちの日常生活の中でもよく観察されます．例えば，狭い廊下を歩いている際に，このままだと自分の進行方向からやってきた他者とぶつかりそうだと認識したとします．このとき，他者がどちらかに寄ってくれるのに合わせて，自分がその反対側に寄れば，無事すれ違うことができます．しかし，相手も同じことを考えているならば，ぶつかる寸前までお互いにそのまま直進してしまいます．すなわち，無事にすれ違うには，どちらか一方が先に左右のどちらかに寄って，相手に反対側に寄るよう誘導する働きかけを行う必要があります．人のすれ違いの場面では，お互いに顔を見合って相手の様子を探り合い，何かのきっかけにどちらか一方が先に左右のどちらかに寄るという，ある種の交渉が行われます．これが，ともに相手のことを考える主体どうしの心理的インタラクションの1つの特徴といえるでしょう．

　このような，考える主体どうしが相互に相手のことを推定し合うことで，心理的インタラクションの入れ子の構造が深くなっていく現象を**再帰**（recursion，**リカージョン**）といいます．この入れ子の構造は

　① 自分が「相手の状態」を推定する（レベル1）
　② 相手が「自分が『相手の状態』について推定したこと」を推定する（レベル2）
　③ 自分が，「相手が『自分が（相手の状態）を推定したこと』を推定していること」を推定する（レベル3）
　④ さらに，…

となって，理論上は無限に繰り返すことができます．

　しかし現実には，人に可能な再帰には限界があります．この人における再帰の限界は，経済学における**ケインズの美人投票ゲーム**（Keynesian beauty contest）[*16] として知られており，実際の調査によると，一般に人は上記のレベル3相当まで他者の内部状態の推定を行っていると報告されています．これは，人の作業記憶に容量限界があるためだと説明されています（Camerer *et al.* 2004）．しかし現時点では，再帰が頭の中でどのように表現されているかについての認知科学的，および脳科学的な知見は知られていません．

　一方で，仮に高レベルの再帰の複雑な入れ子の構造を理解できたとしても，それが自己にとって利益があるとは限りません．横山・大森(2009)は，**ハンターゲーム**(hunter game)という協調課題において，相互に協力し合う二者の行動決定戦略の組合せが，課題解決のパフォーマンスに影響を与えることを示しました．ここでハンターゲームとは，2人のハンターが手分けして，それぞれ2匹の異なる獲物をできるだけ早く捕獲するというゲームです(**図1.10**)．ハンターどうしは，姿は見えてもコミュニケーションはできないように設定されますので，早く捕まえて好成績を得るためには，パートナの動きを見てパートナが狙っている獲物を推定し，それとは別の獲物を狙う行動をとらねばなりません．このゲームでとりうる戦略としては，次ページの4通りが考えられます．

図1.10 ハンターゲーム
(2人のハンターが2匹の異なる獲物を手分けしてできるだけ早く捕獲しようとする．これには，他者の行動を見てその狙う獲物を推定する必要がある)

---

*16 100枚の写真のうちから最も美しい顔をした6人を選んで投票することとし，投票者のうち最も平均に近い選択をした投票者を勝者として，賞品を与えることにすると，結果として，自分以外の他者がどのような顔を好むかを推定するゲームになっていくというもの．また，この発展として，平均値予想ゲームがある．このゲームでは，参加者は他者にわからないように0から100までのうち，いずれか1つの数字を選ぶ．そして，全員が選んだ数字の平均の3分の2にいちばん近い数字を選んだ参加者に賞品を与えるとする．このとき，他者モデルによる推定をしないとすれば，0から100までの数字の平均は50であるから，その3分の2である33を選んだ人が賞品を得るはずだが，この答えを自分以外の他者が予測するだろうと考えると，参加者全員の選んだ数字の平均が33になり，その3分の2である22を選んだ人が賞品を得ることになる．さらに，平均が22になるとすると，その3分の2である15を選んだ人が…，と再帰によって賞品を得られる数字はどんどん小さくなり，最終的には0になるはずである．しかし，実際にはそうはならず，ある実験では13を選んだ人が賞品を得られたという．これより，一般的な人の再帰の深さが推定できる．

（レベル 0）パートナのことは考えずに，自分の近くの獲物を目標にする．

（レベル 1）パートナの動きからその目標を推定して，それとは異なる獲物を狙う．

（レベル 2）パートナが，自分の動きから自分の目標をどう推定しているかを推定し，それに合わせてパートナが推定していると考えられる獲物を狙う．

（レベル 0*）パートナの目標の推定はせず，わざとパートナが自分の目標を容易に推定できるように動いて，パートナの判断を誘導する．

また，この場合，自分とパートナのとる戦略の組合せに，以下のよい組合せと悪い組合せが発生します（**図 1.11**）．

- よい組合せ：レベル 0-レベル 1，レベル 1-レベル 2，レベル 0*-レベル 1
- 悪い組合せ：レベル 0-レベル 2，レベル 0*-レベル 2

すなわち，自分とパートナがともに協調的に目標を設定しようとしても，その意思決定の戦略の組合せによってはお互いに不都合が発生することがあるのです．

このような意思決定の戦略の組合せにおける不利益を回避するためには，相手の行動そのものを予測するのではなく，その行動を決めるための戦略を推定して，相手の戦略に合わせて自分の行動決定の戦略を変更するという，**行動決定のメタ戦略**（meta-strategy for action decision）[*17] と呼ばれるものが必要になります．こ

（a）レベル 0-レベル 1　　（b）レベル 1-レベル 2　　（c）レベル 0*-レベル 1

図 1.11　戦略の組合せによるパフォーマンスの違い
　　（レベル 0-レベル 1 およびレベル 1-レベル 2 の組合せでは，自己が他者の目標あるいは推定に合わせることで協調的な行動を実現できる．また，レベル 0* をとると，他者に対して自己の目標を明示的に示すことで，他者の内部状態の推定を容易にすることができる）

[*17] ある戦略に対して，その上位にあって，戦略そのものの選択や調整などを行うための戦略をメタ戦略という．

の戦略も他者モデルの1つに含めることもできるでしょう．実際，横山らの研究では，相手の振舞いに応じて自分の再帰のレベルを変える戦略をとると，最も幅広く他者に対応できるという結果が得られています．

相手の行動そのものを予測するのではなく，その行動を決める戦略を推定する能力は，人にとっては当たり前のものです．しかし，現在の AI によるインタラクションのための認知モデリングでは，それを実現する明確な方式は示されていません．

1.4.6 | 他者モデルの獲得

これまで，考える主体である他者との心理的インタラクションでは，他者モデルを用いて他者の内部状態を推定することが必要だと述べてきました．

では，他者モデル自体はいかにしてモデリングすればよいのでしょうか．物理的インタラクションであれば，経験的に容易にモデリングできます．例えば，石を投げるにしても，どのくらいの重さと形の石をどう投げると，いちばん遠くまで飛ぶのか，あるいは狙った獲物に当たりやすいのか，石を投げて狩猟していた古代の猟師は暗黙のうちにモデリングしていたでしょう．

では，考える主体との**心理的インタラクション**の場合は，どうでしょうか．先に述べたとおり，主体の行動に影響する要因は幅広く，しかもその多くは内部状態です．例えば，身体的な状態，精神的な状態，選好，癖，知識など多くのパラメータが考えられ，そのうち外部から直接観察できるものは少数です．そのため，他者の行動観察や働きかけに対する反応をみることで推定するほかありません．

例えば，鴫原他(2014)は**囚人のジレンマゲーム**(prisoners' dilemma game)[*18] を題材に，エージェントどうしが他者の特性を推定して相互適応していく過程をモデリングして，直接観察できない心理的パラメータの値を，確率モデルを用いて推定しています．この事例では，モデルの構造は事前に与えられていて，相互適応の過程がパラメータ推定の学習として実現されています．しかし，現実には他者モデルの構造は不明であることが多く，その推定も含めると，モデリングはよ

[*18] 囚人のジレンマとは，お互い協力するほうが協力しないよりもよい結果になることがわかっていても，協力しない者が利益を得る状況のこと．

り難しくなります(column 1.1 参照).

　では，なぜ人は人どうしのインタラクションにおいて，他者の内部状態がわかるのでしょうか．私たちは確かに多様な場面で他者の内的状態を推定して，自己の行動を決めています．しかし，互いのパラメータもその値も共通ではないですし，モデルの構造さえも同じとは限りません．したがって，一般には他者の内部状態を表すパラメータを設定することすら容易ではないはずです．

　この問題を人が解決している方法は，自己と他者(自他)の，**同型性の仮定** (assumption of isomorphism)だと考えられます．これは，人はある場面で他者と向かい合うとき，他者が自分と同じ内部状態の変化過程をもつと仮定して，モデルの構造の推定を省略し，さらにパラメータも自分と同じだと仮定してパラメータの設定も省略することをいいます．少なくとも，人-人のインタラクションでは，多くの場合，これで上手くいくでしょう．もちろん，時として間違って推定してしまうこともあります．意図せず自他の同型性の仮定にもとづいて誤ったモデルで他者の内部状態を推定してしまい，心理的インタラクションの失敗につながった経験は誰でもおもちかと思います．

　また，発達心理学の観点からは，心の理論の獲得もまた他者モデルのモデリングの一段階ともいえます．つまり，他者は自分と似たような内部状態の変化過程をもちながらも，自分とは異なる認識になりうるという理解は，子どもが心の発達の段階を経て獲得した他者についての知識だということです．しかし，このメカニズムに関してもいまだ明確になっていません．高橋・宮崎(2011)は，自己・他者・モノに対して**構え**(attitude，態度)*19 を変える機構がその起源であることを示唆していますが，今後の解明が待たれるところです．さらに，アニマシー知覚もまた，自他の同型性の仮定から生じる現象であろうと考えられます．

　本節ではインタラクション，特に心理的インタラクションの背後にある他者モデルの認知モデリングについて説明してきました．心理的インタラクションとは考える主体である他者とのやり取りであり，それを成功させるには他者の反応を予測する他者モデルのモデリングが必要であることを述べました．しかし，一般に他者モデルのモデリングは容易ではなく，人は自己についての知識，すなわち自己モデルを他者にあてはめる自他の同型性の仮定によって，他者モデルの獲得を効率よく行おうとしているのです．

---

*19 特定の対象に合わせて認知や反応を促進する準備状態のこと.

1.5 他者モデルのモデリング

1.5.1 データ駆動の学習方式の導入

これまで述べてきたように，他者モデルのモデリングは一般的な条件では原理的に困難です．したがって，現実的にモデリングするには，機械学習などのデータ駆動の学習方式を使うことになります．ただし，他者モデルの構造およびパラメータは多種多様であることから，まったく事前知識を用いない機械学習ではあまりに効率が悪いため，インタラクション特有のヒューリスティックによる効率化を図る方法が主に報告されています．

例えば，寺田・山田(2019)では，人が実際に使うことが多いヒューリスティックとして **MRU アルゴリズム**(most recently used algorithm)を取り上げ，それを人がどのように理解していくかを評価しています(column 1.4 参照)．また，自他の同型性の仮定にもとづいて，モデルの構造やパラメータの選択，さらにはパラメータの初期値設定などを行っています．ただし，例えば人とウマのインタラクション(4.3.1 項参照)，あるいは人と伴侶動物(companion animal, ペット)のインタラクションのように，人のモデルをそのままでは適用できない場合もあります．その場合には，自己モデルの転用として簡単化したウマモデルや伴侶動物モデルを用意することになりますが，適切にモデリングできないと，過剰な擬人化や過度の単純化を引き起こす危険性が高くなります．

さらに，他者モデルは複雑であることから，このようなヒューリスティックを用いてさえも，その推定は容易ではありません．結果として，他者の行動予測には揺らぎが大きくなり，精度は決して高いとはいえない場合が多いでしょう．

その意味で，他者の行動予測は確率的であると考えると，モデリングが容易になります．例えば，鴫原他(2014)の他者モデルの相互適応のモデリングでは，他者の行動予測が**確率のグラフィカルモデル**(probabilistic graphical model)[20]で表

---

[20] 複数の事象間の確率的な関係を図で表す手法のこと．

現されています．このような前提のもとで他者モデルのモデリングの手法について考えると，その戦略は以下のようなものが考えられます．

1 ── データ駆動による近似

　データ駆動による近似(data-driven approximation)とは，例えば，強化学習(1.5.2 項参照)のように，試行錯誤により状況ごとの対象の行動確率を求める(Sutton & Barto 1998)，あるいは**ニューラルネットワーク**(1.5.2 項参照)などにより入力変数と出力変数間の任意の関係を表現する関数近似により，個々の状況に対する行動を予測する手法をいいます(江崎，2015)．有名な例は**多腕バンディット問題**(multiarmed bandit problem)と呼ばれるものであり，スロットマシンの各レバーに割り当てられた報酬確率を強化学習で推定することで，どのレバーを引くかを決定する手法が報告されています(本多・中村，2016)．これによって事前知識が少ない場合でも，機械学習アルゴリズムを使ってデータ駆動で他者の行動予測を行えるようになることが期待されますが，パラメータの多い対象の行動を近似するには，大量のデータが必要になるのがネックになります(2.6.1 項参照)．

2 ── 自己モデルの転用

　対して，パラメータが多い対象であるにもかかわらず入手できるデータ数が多くない場合には，事前知識によりモデルのパラメータ間の因果関係や**隠れ状態**(hidden state)[*21] の初期値などを決めて，追加の学習で精度を向上していく戦略が報告されています．

　ここで，事前知識は多くの場合，開発者の経験知であり，いわば，開発者が自身の自己モデルを転用して，他者モデルのモデリングを容易にしようとする戦略です．自他の同型性の仮定を利用するため，比較的少ないデータで済む一方で，誤った他者モデルを仮定する危険性もあります．

　この手法についての研究事例は少なく，例えば川添他(2021)はインタラクションが必要な対人ゲームにおいて，対戦相手のモデルと自己のモデルが同型である可能性を評価しています．

[*21] 外部からは直接的には観測されない内部状態のこと．

3 ── モデルの段階的な精緻化

人は，初対面の相手と会話をするとき，相手の人となりがわからないなりに一般的な対応で始め，会話が進むにつれてその人物のタイプがわかってくると，次第にそのタイプに応じた対応をすることができます．さらに，その人のことをよく知ると，その人個人の個性に合わせた会話もできます．

この過程には，一般的な他者に対応する一般他者モデル，他者のタイプごとに分かれて対応するタイプ別他者モデル，そして特定の他者に合わせて対応する個人他者モデルの3種のモデルがあると考えられます．現時点では，このような**他者モデル**の使い分けについての研究事例はないですが，人はこのような方法を用いて効率的な他者モデルの獲得を行っていると考えられるため，人工知能分野でも今後検討していくべき事柄です．

1.5.2 | 他者モデルのモデリングに使用する 機械学習の手法

データ駆動の学習を実現するために用いることができる機械学習の手法について，整理してみます．以下，利用可能な手法とその特性を簡単に述べていきます．

1 ── ニューラルネットワーク

ニューラルネットワーク(neural network; **NN**)は，基本的には大量のデータによる入力 - 出力間の近似関数を獲得する手法です(2.4.4 項参照)．これには，**深層学習**[*22] に代表される階層型のものなど，多様なバリエーションがあります．また，出力側に教師信号を与えて誤差を最小化する**教師あり学習**(supervised learning)のほかに，教師信号を必要としない**教師なし学習**(unsupervised learning)による手法もあります．ただ，教師なしといっても，データに依存して出力をつくり出すメカニズムはあらかじめ埋め込まれたものです．そのしかけが明示的でないだけ，扱いにくい側面もあります．

[*22] ニューラルネットワークの階層を深くすると，これまでにない強力な関数近似や特徴抽出が可能であることが発見され，深層学習と呼ばれている．これにより，2010 年代の人工知能ブームが引き起こされた．

2──スパースモデリング

スパースモデリング(sparse modeling)とは，ニューラルネットワークの学習法の変形の 1 つであり(永原, 2017)，機械学習の基本原理である誤差最小化に，さらに係数最小化の原理を加えることで，不要な変数を削除してネットワークの規模を縮小し，重要な因果関係のみを見いだすものです．これにより，少数のデータからでも，従来の機械学習で大量のデータを必要としたものと同等の結果を得ることができます．ただし，すべての対象に適用できるわけではありません．

3──強化学習

強化学習(reinforcement learning)とは，出力に対して結果としてよかったかどうかだけを情報として与える学習法です(2.6.1 項参照)．いわば，すべての出力を細かく指示する教師あり学習と何も指示しない教師なし学習の中間の手法ともいえます．もとは動物心理学から提案されたものですが，次第に一般化されてきて，いまでは人も含めた脳の基本的な学習原理の 1 つとされています(Sutton & Barto, 1998)．

4──確率モデル

ここで扱う確率モデルとは，**マルコフ確率過程**(Markov stochastic process/ Markov chain)*23 の原理にもとづき，他者の内部状態とそれにともなう出力の変化を確率的に記述した状態遷移モデルである **HMM**(hidden Markov model，**隠れマルコフモデル**)や，その拡張の **POMDP**(partial observable Markov decision process, **部分観測マルコフ決定過程**)によって対象の記述を行うものです(2.4.3 項参照)(竹居, 2020)．

事象の条件付き確率を求める必要があるため，データ数が多く必要ですが，初期の確率分布に経験を積ませることで改善していくアルゴリズムも多く開発されています(中出, 2019)．また，HMM では対象の状態遷移が自律的になる一方，POMDP では外部からの働きかけによる対象状態の変化も記述できます．

---

*23 未来のデータの動きが現在の値にのみ依存して決まり，過去の動きには依存しないという性質をもつ確率現象のこと．例えば，他者の行動は現在の内部状態に依存して決まるなど．

　いずれの手法も，記述する対象とそのタスクに応じて選択されるべきもので，一意にこれがよいというものはありません．他者モデルに関するデータは，多くの場合に非線形であるため，学習には多くのデータが必要となります．したがって，適切なデータの取得方法とセットで学習の手法を選ぶ必要があります．

　これらの手法を用いて他者モデルのモデリングを試みた事例としては，前述の鴫原他(2014)があります．また，モデリングの戦略としての自己モデルの転用について，川添他(2021)はHMMを用いて対人ゲームでの他者の行動のモデリングを行い，自他の同型性の仮定により人が他者モデルを自己モデルからの転用でモデリングしている可能性を検討しています．これらはいずれも未完成ですが，他者の行動予測のためのモデリングとしては新たな試みといえます．

　また，人の学習方法はこれらのいずれとも異なり，ごく少数のデータで対象の行動予測ができるようになります．これは，ヒューリスティック(column 1.3 参照)による先験的な知識のもとでのモデリングと自他の同型性の仮定を組み合わせているためと考えられます．逆にいうと，上記1.～4.の手法は，いずれもモデリング戦略でいうところの**データ駆動**による近似に属するものといえるでしょう．

　以上，インタラクションという現象の背後にある認知メカニズムと，そのモデリングの手法を概説してきました．人の認知過程にはこのようなメカニズムが多く含まれていて，それらが総体として，私たちの日常的なコミュニケーションやインタラクションを実現しています．第2章以降ではこのようなインタラクションを分析するための手法と研究事例について紹介していきます．

---

column 1.4　適応認知における認知バイアス

　AIの社会導入が進むとともに，人(ユーザ)とAIが協働したり，一緒に意思決定を行ったりすることが増えていくでしょう．そのとき，人とAIが上手く協調するには，相互理解が重要になると考えられます．しかし，AIが人を理解するとはどういうことでしょうか．一般には，AIが人のモデルをもって，それを

もとに人の挙動を予測し，対応できることを意味するといえます．逆に，人がAI を理解するとは，人がAI のモデルをもって，AI の挙動を予測して対応することと考えられます．しかし，前者の人を理解するAI については，これまでさまざまな研究が行われてきましたが，後者のAI を理解する人を実現するための研究，つまり，人が理解しやすいAI の研究は皆無に近いのが現状です．ここでは，このような，人が理解しやすいAI の基礎研究として，適応認知における認知バイアスの解明を試みた 2 つの研究について紹介します（Terada et al., 2013; 寺田・山田，2019）．

　AI，特に現在，応用が進んでいる機械学習システムと人が協調するには，人のほうにも，AI で使われている機械学習（アルゴリズム）を理解することが求められます．このためには，その機械学習自身が人にとって理解しやすいものであることが望ましいでしょう．そして，人がAI の**適応認知**（adaptive cognition）[*21] をどのように行うのか，また，そこで使われる知識（すなわち，認知バイアス）はどのようなものかを解明すれば，人が理解しやすいAI（機械学習）を実現することに役立つと期待されます．

　これらの実験では，**図 1.12** に示すような協調記号合せゲームを人とAI で行ってもらう間，適応アルゴリズムとゲームのパラメータを変化させて，それに対する人の挙動を観測することで，認知バイアスの解明に迫るというアプローチをとっています．ここで，**協調記号合せゲーム**（collaborative symbols matching game）とは，2 人のプレーヤ（ここでは，人とAI）による繰返しゲームであり，プレーヤは各ラウンドにおいて，複数の記号（例えば，♧，◇，♡）の中から 1 つを選択し，同時に見せ合います．そして，記号が一致すれば両方のプレーヤに得点が与えられ，一致しなければ両者ともに得点はなしとします．このゲームで記号を一致させるには，相手の次の手を読む（相手に適応する）必要があります．

　まず，AI が相手（人）の次の手を読む適応アルゴリズムを，**系列学習**（sequence learning）の枠組で定式化し，その定式化のうえで，下記の 2 つのパラメータ P_1，P_2 を設定しました．そして，そのパラメータを変えて，AI に対する人の適応，つまり人がAI のアルゴリズムを理解して，AI の次の手を予測して獲得できる得点を計測しました．

[*21] すなわち，人が機械学習アルゴリズムを理解すること．

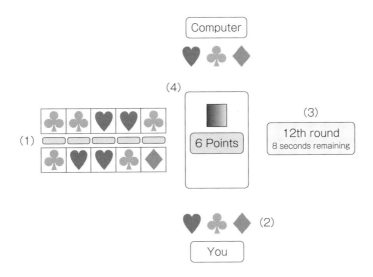

図 1.12　実験に用いたインタフェース
(1)：両方のプレーヤが過去に選択したマークの履歴，(2)：マークの選択肢，(3)：ラウンド数と残り時間，(4)：プレーヤの選択結果と点数)

① P_1 : **MRU アルゴリズム**(most recently used algorithm)

　1 つ前の相手の手を次の自分の手とするアルゴリズム．マルコフ性バイアス（手の予測に 1 つ前のデータしか使わない）を検証するのが目的．

② P_2 : **決定論的アルゴリズム**(deterministic algorithm)／

　　　確率的アルゴリズム(randomized algorithm)

　5%のランダムさを入れた MRU アルゴリズム．決定論バイアス（確率的ノイズは想定しない）を検証するのが目的．

　実験結果を分析したところ，P_1 では，実験参加者はわずか 4 手ほどで AI の MRU アルゴリズムを理解し，適応していました．一方，人にとって，P_2 の確率的アルゴリズムを理解することは非常に難しいことがわかりました．これらの結果は，AI に対する人の適応が，マルコフ性バイアスと決定論的バイアスの両方にもとづくことを示唆すると考えられます．

第 **2** 章

インタラクション分析の基礎

　人の活動を理解したいと考えたときには，その背後にある認知メカニズムのことを踏まえて振舞いを考察することが重要です．一方，前章(1.3節およびcolumn 1.3)で述べたように，そのようなメカニズムの働きを直接的に観察することはできません．

　こうした場合には，研究当初に直感的にもっていた問題意識にもとづいて，人の活動をつぶさに観察することから始め，活動を引き起こしていると考えられる原因とその活動とを結びつける仮説を立てていきます．そして，立てた仮説が正しいのかどうかを明らかにするための実験や調査を計画します．このような実験や調査では，注目した人(あるいは人の集団)の活動のすべてを研究対象とすることもありますが，その背後にある認知メカニズムを特定するために活動の一部分だけを取り出して抽象化(モデリング)することもしばしばあります．そして，実験や調査を実施した後には得られたデータを分析して，立てた仮説とデータの関係を解釈し，仮説が正しいのかどうかを検討します．さらに，仮説が正しかった場合は，立てた仮説以外に予想しなかった新たな知見が得られないかどうかを検討します．また，仮説が正しくなかった場合には，新しい仮説を立てるための手がかりがないかどうかを検討し，新たな仮説が立てられるようであれば，それを検証するための実験や調査を検討します．

　こうした手続きは，人の活動の理解に限らず，問題解決を行おうとする場合にあてはまる一般的な手続きだといえます．本章では，これらを実行するための方法を紹介します．

2.1　仮説を立てる

2.1.1　仮説の立て方

仮説(hypothesis) とは，「なぜ○○は△△なのだろうか？」といった形で示される疑問に対して，「○○は，□□だから，△△なのではないか」といった形で説明や予測をするときの，「□□だから」にあたる原因に関する仮定を指します．一般に，仮説を立てることで，原因が未知の問題を解決するための筋道をつけることができます．

また，仮説を立てる主な方法には，1. 実世界(社会)で起きている現象をじっくりと観察して，原因だと考えられることを抽出する方法(**ボトムアップ型**(bottom-up approach))と，2. 関連する先行研究を調べて，それらから論理的に導かれるものの，まだ検証されていない仮説を探す方法(**トップダウン型**(top-down approach))の 2 つがあります．さらに近年では，3. 先行研究から得られた仮説に沿って実践場面を設計し，その実践結果から新たな仮説を見いだす方法(**デザイン型**(design approach))もとられるようになっています．多くの場合では，これらを適切に組み合わせて仮説を立てていくことになります．

表 2.1 は，上記の 1., 2., 3. のそれぞれの特徴をまとめたものです．以下では，この 3 つのタイプの仮説の立て方について詳細に説明します．

1──ボトムアップ型

ボトムアップ型の仮説の立て方とは，前述のとおり，実際に起きている現象をじっくりと観察して，原因だと考えられることを抽出するというものです．すなわち，対象の観察を通じて，ある共通した環境の状態や条件，手続きなどのもとで，注目すべき事象が抽出されたり問題点が顕在化したりしたとき，複数の対象に共通してみられる要素を帰納的に集約し，原因と結果の因果関係を仮説として立てるアプローチといえます．

こうしたものの 1 つに，**フィールド研究**(field research，**フィールド実験**)があ

表 2.1　ボトムアップ型，トップダウン型，デザイン型の，仮説の立て方の特徴

	1. ボトムアップ型	2. トップダウン型	3. デザイン型
主たる目的	実世界（社会）で起きている現象の観察から，原因だと考えられることを仮説として抽出し，検証する.	先行研究等から論理的に導かれる，検証されていない仮説の妥当性を検証する.	先行研究から得られた仮説にもとづいて設計された実践場面における実験結果から，その仮説の妥当性を検証する.
主な場所	人々が日常的に活動する自然な環境	環境が統制された実験室	自然な環境，または実験室など（設計した実践場面に準ずる）
調査者の役割	観察	実験遂行	共同参加または観察
扱う変数の数	複数を同時に扱うことが多い.	1つ，または少数のみを扱う.	扱う数が状況に応じて変化する.
データの性質と特徴	定性的（質的）なデータを扱うことが多い.	定量的（量的）なデータを扱い，統計処理されることが多い.	定性的・定量的データの両方を扱うことが多い.
方法・アプローチ	比較的自然な環境における対象を観察し記録する.	統制された状況で実験を通してデータを取得する.	問題の解決と新たな問題の顕在化を，デザインされた状況に沿って適宜，評価する.
実世界（社会）との関連	実世界（社会）をほぼ反映していると考えられる.	実世界（社会）とは分離して，純粋に変数間の関係性を明らかにできると考えられる.	実世界（社会）の中で実験を実施しながら，生じる現象を観察する.

ります．ここでいう**フィールド**（field）とは，人々が実際に生活している場面のことです．フィールド研究とは，そのような場面に密着して観察を行い，人々の行動や生活様式，コミュニティが置かれている環境等について詳しく記述する手法にもとづく研究全般を指します．中には，学校やショッピングセンターなどのフィールドへコミュニケーションロボットを導入し，そのロボットによって人々にどのような行動が新たに生まれるのかを観察する実験的介入をともなうフィールド研究もあります（宮下他, 2008）[*1].

　フィールド研究では，基本的にフィールドで起きている出来事に対して，客観的な視点で記述することを目標とします．したがって，実験的介入を行う場合であっても，あらかじめ介入のルールは決めておいたうえで，介入のときにフィー

ルドで生じている現象を記述します．そして，その記述にもとづいたデータ分析を通して，その現象が生じる要因や各種条件をボトムアップに抽出，探求していくことになります．

　さらに，フィールド研究の1つに**参与観察**（participant observation）という手法があります．これは，観察者自身がフィールドで行動する人々の1人となり，フィールドの内側から自分の周囲で起きている現象を記述して，定性的なデータを得る方法です．従来から，社会学や文化人類学，民俗学などの分野で多く用いられている方法で，定式化された手法はないものの，外部からは観察が困難なコミュニティ内の人間関係や因習などのデータを多元的にとることができるという特長があります．また，観察者自身の体験として，そこで起きている現象に対する人々の主観的な認識や理解についてのデータを得られることも特長です．一方で，観察者の周囲で起きていること以外はデータとして収集できない可能性があるため，データの質と量の観点から，そのデータがフィールド全体で起きていることを記述していない可能性があることが指摘されることもあります．また，観察者自身の資質によってデータの一般性や信頼性が影響を受けるため，観察には高度なスキルと経験が必要になると考えられています．

　特に，インタラクション研究においては**エスノメソドロジー**（ethnomethodology）と呼ばれるフィールド研究のアプローチがとられることがあります．エスノメソドロジーでは，社会やコミュニティがどのような秩序やシステムによって成り立っているかを，そこにいる人々が個々の現象をどのような解釈のもとで理解しているかという点に着目して観察します（ガーフィンケル他著　山田他訳 2008/1987）．

　いいかえると，専門的立場から社会現象に説明や解釈を加えるための観察をする参与観察とは異なった視点をとり，社会現象をそこにいる人々がどのように理解しているのかにもとづいて分析するための方法がエスノメソドロジーです．例えば，この方法で会話を分析する場合，会話に参加している人そのものが分析者であるともいえます．そのため，必ずしも高度なスキルや経験は必要ないとされています（サーサス他著　北澤・西坂訳 2004/1997）．エスノメソドロジーにもとづ

---

*1　後述するデザイン型のアプローチに近いといえるが，デザイン型のアプローチは，実社会で実際に機能しているものの中に実験者が重要と考える要素を投入し，その結果にもとづいて実験デザインを変えるものであるため，実験デザインへのフィードバックの有無の点でデザイン型とフィールド研究とは異なる．

表2.2 エスノメソドロジーとエスノグラフィーの特徴

	エスノメソドロジー	エスノグラフィー
研究者の立ち位置	観察対象のコミュニティや現象の内側	観察対象のコミュニティや現象の外側
研究者が行うこと	観察対象者間に存在している秩序を解釈する.	観察対象者それぞれの行為の背後にあるものを解釈する.
研究者の典型的な興味	観察対象の人々の関係性がいかに構築されているか，観察対象の社会がどのように秩序立てられているのかを知る.	観察対象者の行動観察結果を束ねて解釈し，観察対象者がどのような文化の中で生きているのかを知る.

く会話分析では，会話がどのように成り立っているのかを，実際に行われた会話がどのように人々に解釈されたのかにもとづいて観察を行います．一方，よく混同される**エスノグラフィー**（ethnography）では，会話を事実として捉えたうえで，研究者がその特徴を解釈して説明することが焦点になります（**表2.2**）．

　このようなボトムアップ型のアプローチは，一般に，個別の事例がどのような要素から構成されているのかを詳しく把握するうえで有効だと考えられています．一方で，個別事例を超えて共通する事項を抽出することは，ボトムアップ型のアプローチでは難しい場合があります．また，「どのような要素が観察対象の人々にとって必要不可欠なのか」，あるいは「どのような介入が人々の新たな行動を引き起こしたのか」といった個別の要素に注目して，それらの要素を人工的に加えたり除去したりすることで，実際に人々が生活している場を好ましくない方向へ変化させてしまう可能性があります．そのため，こうした介入を実施する場合には，十分な配慮が求められます．

　ボトムアップ型のアプローチでは，対象となる現象をできる限り詳しく捉えるために，現象を詳細に観察して記録に残します．記録の方法としては，発話や行動を書き起こす，写真や動画に撮る，スケッチに描くなどがあります．さらに，人々の思想や印象を調べるために，インタビュー調査を行うこともあります．こうして得られた定性的なデータ（質的なデータ）は，観察対象の現象や人々において特徴的な思想や行動などの存在を示すためのエビデンスとして扱われます．

2 ── トップダウン型

　トップダウン型の仮説の立て方とは，前述のとおり，関連する先行研究を調べて，これまでにまだ検証されていない仮説を探すというものです．すなわち，先行研究で実証された知見や，論理的には真である命題，自分を含む複数の人から報告された同様の経験などから得られたある程度一般性のあるいくつかの事実（とされているものも含む）にもとづいて，まだ検証されていない原因と結果の因果関係を演繹的に導出したものを仮説とするアプローチです．

　したがって，正しい論理にもとづいた適切な演繹的導出が必須となります．前提となる知見や命題が事実とは異なっていたり，不確実であったりすると，そこから導き出される結論の正しさに疑念が生じてしまいます．あるいは，実験結果が仮説の妥当性を実証できなかった場合，それが，実験が適切に実施されなかったことによるのか，仮説自体を導くための前提に誤りがあったことによるのかを判断することが困難な場合があります．

　一方，先行研究があまり多くない新しい領域や，技術の進歩によって可能になった新しい計測方法を用いる場合であっても，トップダウン型のアプローチで仮説を立てることができます．例えば，人の日常的な行動に関する仮説を考える際には，日常的な行動を行う人に自分が含まれる以上，自分の問題に置き換えて直観的に考えても決定的に誤っているということはないでしょう．この方法は科学的・論理的ではないという批判もありますが，インタラクション研究では，しばしばヒューリスティックスにもとづいて仮説を立てることがあります（1.3.4 項および column 1.3 参照）．

　ヒューリスティックスを用いて仮説を立てる方法は，**構成論的アプローチ**（constructive approach）と呼ばれる「つくることによる理解」（池上，2007）を目指すものにも含まれています．これは，仮説としてある現象を説明するプロトタイプ的なモデルを関連研究や個人の経験から立て，それにもとづいてシミュレーションや実験を実施し，対象としている現象が生じる十分条件を探っていくものです．構成論的アプローチでは，最初のモデルでは再現できなかった現象の振舞いを実現するために，シミュレーションや実験の結果の分析にもとづいてモデルの改良を行って再びシミュレーションや実験を繰り返します．そして，最終的に対象としている現象を支える論理構造や変数，および，変数間の関係などを理解しようと試みます．

　なお，構成論的アプローチだけでは，その結果が対象に関する科学的根拠，論理的妥当性を十分に担保しているかどうか明言できません．しかし，特にインタラクション研究では，行動主体が複数存在し，それぞれが固有の内部状態をもつような状況を取り扱うことが多いため，このような「つくることによる理解」が有効に働くケースが多いといえます(Pfeifer & Scheier, 1999　石黒他訳 2001)．例えば，モデリングした人の脳の働きを実装することで，人のような振舞いを実現するロボットを工学的な観点で設計するには，まず人の脳の働きを理解しなくてはなりません．しかし，人の脳の働きは複雑であり，まだ多くのことが未知なままです．そこで，脳科学研究や心理学研究等で検証されている人の行動パターンなどにもとづいて，まず「人の脳では，ある状況ではこういう処理が行われているのではないか」というモデリングを行い，これを構成論的アプローチによって改良していくことで，モデルの構造，必要な変数，それらの関係など，研究の初期段階で必要となるさまざまな指針を得ることができます．

3──デザイン型

　デザイン型の仮説の立て方とは，前述のとおり，先行研究から得られた仮説に沿って実践場面を設計し，その実践結果から新たな仮説を見いだすというものです．このとき，観察したい現象がどのような要素から構成されているのかを分析するためには，まずはその現象を引き起こす必要があります．そのため，観察したい現象を引き起こすための実験や実践を行うことを最優先とします．

　そして，実際に期待する現象を引き起こすことができたら，ボトムアップ型やトップダウン型を組み合わせて仮説を立て，現象の分析を行います．そして，期待する現象を構成する要素が整理できたら，要素間の関係を記述するモデリングを行います．このアプローチを適切に実行するには，実践場面の設計(デザイン)と評価を通じて，実践場面における仮説の検証と，モデルを精緻化するための新たな問題の顕在化とを同時に進めるという複合的な観点が必要になります．したがって，特に，複数の要素が相互に絡み合いながら影響していると考えられる場合に有用なアプローチといえます(Barab & Squire, 2004)．

　例えば，ロボットと人の間で気持ちよくコミュニケーションが成り立つためのインタラクションについて仮説を立ててみましょう．ここで，ロボットと人のコミュニケーションに影響を及ぼす可能性がある構成要素は，ロボットと人の距離や接触時間，ロボットの動きなど，さまざまなものが考えられます．しかも，こ

れらは要素どうしで互いに影響し合う可能性があります．そこで，デザイン型によるアプローチをとる場合，まず人とコミュニケーションをとるロボットの印象に影響を与えそうな要素を考えます．例えば，ロボットが自発的に人へ近寄ってくる行動が好印象をもたれたとしても，一定の距離を超えて人へ近寄り過ぎるとむしろ印象は悪くなる，という仮説を立てます．また，ロボットが人に接触する時間は長ければ長いほど好印象をもたれる，という仮説も立てられます．さらに，これらの仮説を条件分けして適用することで，距離が遠い場合は接触時間が短いほうが好印象をもたれ，距離が近い場合には接触時間が長いほうが好印象をもたれる，という仮説も立てられます．このように，さまざまな要素が複雑に絡み合っていることが予想できる場合には，「影響を与えると考えられる要素を複数取り入れて実践しながら次の仮説を考える」というデザイン型の仮説の立て方が，複雑な要素間の関係に影響を与えている変数を推定するうえで有効になります．なお，こうした複数の要素を含む仮説にもとづいて定義されたモデルの場合，モデルにどのような要素が含まれていたのかを書き出すことで，モデルの妥当性，すなわち仮説の妥当性を検討する助けになります．

　また，デザイン型のアプローチでは，仮説にもとづいてトップダウン型で実践を評価した後，実践で観察された現象をボトムアップ型で検証することがあります．この場合，ボトムアップ型のアプローチで使用する質的なデータを集めながら，トップダウン型のアプローチで統計的な処理を行うことができる量的なデータも集めておくように注意します．ただし，上記のとおり，デザイン型のアプローチは，複数の要素が相互に関係し合う状況で，それらの切り分けが難しい場合にしばしば実施されるため，トップダウン型のアプローチのように統制された状況で実験群と統制群を分けて検討することは，通常はできません．かわりに，異なる振舞いをみせた実験参加者を，実験後に振舞いの特徴にもとづいていくつかの群に分け，疑似的な実験群と統制群と見なして比較することで，どのような変数が結果に影響を及ぼすかについて考察する場合があります．これを**ポストホックな分析**(post hoc analysis)と呼びます．

　デザイン型のアプローチは，これまで観察されたことがないような現象や興味深い現象を引き起こすことを目指しますが，このような現象を引き起こすためには調査者の経験や知識が必要とされます．例えば，実践場面を設計する際に，先行研究で示されているさまざまな方法を組み合わせて適用したり，実践現場で蓄積されてきた経験則を適用したりといった工夫を行います．これらの工夫は，結

果によい影響を与えそうなものを主観的に取捨選択するだけとなる危険性をはらんでいます．一方で，「工学的なデザインの感覚」(植田，2019)を取り入れているとも捉えられます．実際，多様な先行研究の中から，対象とするフィールドに合う理論を選び出したり，フィールドへの適用方法を検討したりする過程では，工学的なデザインの感覚が必要になります．また，デザイン型のアプローチでは，フィールドを外から観察するのではなく，フィールドの中から観察することで，参加者の目線でフィールドをよりよくするために必要な修正が可能になることも特長です．

　そして期待する現象を引き起こすことができたら，次に，その現象を再現するための原則を抽出することになります．一度きりのデザインで期待する現象を引き起こせることは稀なので，デザイン，実践，検証，適用のサイクルを何度も繰り返すことが一般的です．さらに，このサイクルを繰り返す際には，前回の検証と異なる属性をもつ参加者集団を対象にしたり，参加者の人数を増減させたりして，フィールド側の変化が，抽出された原則に対してどのように影響するかを確認することも合わせて行います．

　デザイン型のアプローチでは，現実場面を丸ごと対象として捉えられる利点がある反面，複数の変数がどのように結果に作用しているのかを特定するのが容易ではない点が欠点として指摘されています(Barab, 2014 大浦訳 2018)．個々の変数を特定するには，検証を繰り返したり，いくつかの変数を抽出してトップダウン型の手法で追加実験を行って検討したりすることが有効です．

2.1.2 インタラクション分析の特徴

　次に，**インタラクション**という現象に固有の 2 つの特徴について説明します．1 つ目は，インタラクションは，他者や環境に存在するさまざまな要因が多様に絡み合いながら，お互いの内部状態を推定し合いつつそれに合わせて変化していくことによって成立していることです．一方で，1.4 節で説明したとおり，正確な内部状態の推定は一般に簡単ではないうえに，インタラクションを通じて内部状態が変化していきます．これが，インタラクションという現象を解明するうえでの困難の 1 つです．

　2 つ目は，インタラクションの場面では，異なる内部状態をもった他者どうし

が集まることです．しかも，1 人ひとりで外部からの刺激に対して反応する閾値が異なっている可能性が高く，かつ，閾値を超えたときに生成する行動の種類もそれぞれ異なる可能性があります．そのため，他者の内部状態を推定するための手がかりの候補が多い一方で，そのうちのいくつかしか有用ではない状況となります．

　このような状況では自分の経験が直接的に生かしにくく，内部状態の推定には，多くの事例を蓄積することが必要となります．一方，事例を蓄積するためにインタラクションを連続的に繰り返すと，どの行動が後に続く行動を引き起こしたのかという因果関係を特定することが難しくなります．さらに，共起する複数の行動や連続的に行われる行動によって後に続く行動が変化する場合は，因果関係の特定はより困難になります．こうした因果関係を推定する手法として Griffiths & Tenenbaum などに代表されるベイズ統計学のアプローチを用いた因果推論や帰納推論などに関するモデル論的理解に注目が集まっています（Griffiths & Tenenbaum, 2005, 2009; Griffiths *et al.*, 2007）．

　以上のような特徴をもつインタラクションの分析には，デザイン型の仮説の立て方を用いる場合が少なくありません．デザイン型の仮説の立て方では，複数の仮説を同時に設定でき，これらを試行錯誤的に繰り返し検討することで，新たな観点が見いだされる可能性があることは，前述のとおりです．

　エージェントやロボットと人の間で引き起こされるインタラクションの質は，エージェントやロボットの基礎技術の進化によって日々改善されています．こうした技術を活用することで，デザイン型の手法によって，事前の期待を上回る成果が得られる可能性が高まっています．

　一方，デザイン型に限った問題ではありませんが，結果の再現可能性を担保するには，その現象の発現にかかわった可能性がある変数を見つけ，モデルづくりへと発展させる必要があります．これには，実験参加者の発話や行動などの質的データも含めて記録をとることが重要です．

2.2　仮説検証のための実験デザイン

　個々のインタラクションに対して立てた仮説を検証するには，観察された現象の背後にある因果関係を明らかにする必要があります．このための方法の1つが**実験**（experiment）です．仮説検証のための実験をデザインするうえで重要なことは，因果関係を左右する変数間の関係について，要因の候補である独立変数が，注目している現象である従属変数に与える影響（因果関係）を，現象に影響する可能性のある他の変数である共変量（剰余変数）を統制した環境下で調べることができるようにすることです（**図2.1**）.

　例えば，二者間の会話を促進するエージェントをつくり，その効果を実験的に検証することを考えてみましょう．ここで，実験の条件として，つくったエージェントを会話に介入させる条件と，エージェントを介入させない条件の，2つを設定したとします．これらの，「会話を促進させるための方法としてエージェントを介入させる」「それとの比較として何も介入させない」といった設定は実験者が自由に操作できます．このような変数を**独立変数**（independent variable）といいます．対して，設定した独立変数の影響を調べるために，例えば，実験者が何らかの形で二者間の会話量に注目し，測定したとします．この会話量という変数は，実験者が直接操作できず，エージェントの介入に依存して変化するものだと考えられ

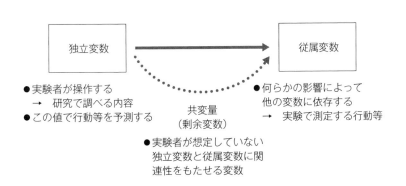

図2.1　実験における変数どうしの関係

ます．このような変数を**従属変数**（dependent variable）と呼びます（共変量については，2.2.2項参照）．

　また，実験室環境において統制して行われる実験（研究）には，大きく分けて，**仮説検証型**（hypothesis testing）と**仮説生成型**（hypothesis generation）の2つがあります．仮説検証型とは，事前に何らかの仮説をもっており，その仮説が実際に正しいかどうかを，検証の対象となる要因以外は可能な限り統制して，検証していくものです．対して，仮説生成型とは，事前に明確な仮説をもたずに，実験状況で観察される事象から重要と思われる要因を探り，そこから仮説をつくり上げるものです．インタラクションのメカニズムを調べるためにはいずれの方法も重要ですが，以下では仮説検証型を中心に説明を進めていきます．

　仮説検証型の実験にあたっては，対象とするインタラクションに影響を与える要因以外は可能な限り統制して特定の要因に焦点を絞ることで，独立変数が従属変数に対してどのような影響を与えているのかを分析します．一方，特定の要因に焦点を絞ることで，実験場面が現実世界にはあまり存在しないような状況になることがあります．そのため，実験で得られた知見から，現実世界で生じている現象を直接説明できない可能性があることが，実験室環境を使用する方法のデメリットの1つといえます．

　しかし，インタラクションに影響を与える要因について，その因果関係をはじめとするメカニズムを厳密に調べていくうえでは，実験環境で統制して行われる実験による仮説検証は必要不可欠です．

2.2.1 ｜ 検証すべき仮説の選定とその検証

　それではまず，実験で検証する仮説をどのように立てるのかについて考えましょう．2.1節でも説明したように，それぞれの仮説はさまざまなプロセスを経て立てられます．例えば，先行研究による数多くの知見の蓄積がある場合には，それらを俯瞰していく中で新たな気づきがあり，新たな仮説にいたることがあります．また，私たちの日常生活の中で浮かんだある程度一般性のある疑問をもとにして，仮説を立てることもあります．ただし，気づきや直感にもとづいて仮説を立てた場合でも，類似した研究をよく調べ，それらの知見との整合性を考慮したうえで，より洗練された仮説に仕上げていくことが重要です．

　仮説が立案できたら，次に，その妥当性を実験的に検証します．例えば，統計解析にもとづく検証では，実験を実施し，そこで得られたデータを統計的な手法で分析します．

　いま，「グループ A のほうが，グループ B よりも，X がより多く観察される」という仮説を，X が観察された時間で検証する場合を考えてみましょう．統計的な検定の結果，実際にグループ A のほうがグループ B よりも，X が観察された時間が有意に長かった(例えば，t 検定を行い，p < 0.05 になった)ならば，仮説は支持されたと見なします．

　ただし，ここで注意しなくてはいけないのは，「グループ A のほうが，グループ B よりも，X がより長く観察される」という仮説はたまたま支持されただけかもしれない，という点です．統計的な検定によって仮説を支持する結果が得られたからといって，それが正しいことを必ずしも意味しているわけではありません．統計的な検定では，一定の確率で，実際はグループ A とグループ B で差異は存在しないにもかかわらず，有意な差異が存在するという結果が得られる危険性があります(上記の例のように，有意確率 p を 0.05 に設定した場合だと，20 回のうち1 回の頻度でそのような危険性が現実のものとなりえます)．これを**第 1 種の過誤**(Type I error)といいます．もちろん，逆に，実際はグループ A とグループ B で差異が存在するにもかかわらず，有意な差が存在しないという結果がたまたま得られる危険性もあります．これを**第 2 種の過誤**(Type II error)といいます．これらの関係を**表 2.3** にまとめました．こうした危険性があるため，たとえ仮説を支持する実験結果が得られたとしても，「実験結果を再現できるか」という点を踏まえながら慎重に解釈していく必要があります．

　仮説検証において，実験の結果を再現できるかどうかは非常に重要です．実験の結果から得られた知見が科学的に信憑性の高いものならば，同じ実験状況で，同じ実験を行った場合に，同じ結果が得られるはずです．したがって，再現性の

表 2.3　第 1 種の過誤と第 2 種の過誤

		真　実	
		2 つの間に差はない	2 つの間に差がある
検定の結果	差がない	正しい	第 2 種の過誤
	差がある	第 1 種の過誤	正しい

検証が可能な実験デザインや(論文等での)実験結果の提示を心がけなくてはなりません.

　なお，実験結果の再現性については，近年，心理学やその関連分野でも大きな問題となっています. Open Science Collaboration(2015)において，心理学分野で有力とされる学術誌に掲載された研究について，論文内に記述された手続きにしたがい，忠実に再現を行ったところ，再現率はたった36%であったという大変驚くべき結果が報告されています. 同様に，人間行動を扱う分野である経済学で行われた実験の再現性について検討した Camerer *et al.*(2016)でも，再現率は 61%と，高い数値とはいえない結果が報告されています(日本における詳細な議論については，(友永他, 2016)を参照). インタラクション研究でも，人間行動が分析対象となることが多いために，このような結果を真摯に受け止め，再現性の高い，科学的といえる実験研究を心がける必要があります.

　一方で，インタラクションの実験では，まったく同じインタラクションが繰り返し観察されるということはあまりありません. 加えて，インタラクションの仮説検証では，フィールド実験をしばしば実施します. 特に，多人数のインタラクションを対象としたフィールド実験は，そもそも繰り返し実験を行うことが不可能な場合もあります. このようなときは，観察された事象から，その背後にある心理や行動のメカニズムについて考察する分析を行います. これを定性分析といいます. 対して，前述のような，実験室で得られたデータに対して統計分析を行うものを定量分析といいます. 定性分析と定量分析(いいかえると，質的分析と量的分析)の違いについては，次の 2.3 節で詳しく説明します.

　定性分析を行う際は，先行研究で得られている知見との整合性から，「その結果がどの程度頑健にみられる現象といえるのか」などを慎重に検討する必要があります. 特に，人は一般的に確証バイアスを示すといわれており，注意が必要です. **確証バイアス** (confirmation bias) (Wason, 1968; Nickerson, 1998) とは，自分のもっている仮説に関して，それを支持する，または整合的な情報や証拠を積極的に集める一方で，仮説を反証する，または非整合的な情報を集めることには消極的であるという認知バイアスを指します. つまり，定性分析では，自身のもつ仮説と一致するような現象に注目しがちになると考えられます. 定性分析を進める際には，自分の仮説を反証する，または非整合的な情報や証拠を意識的に集めるように注意する必要があります.

このように，仮説検証のための実験では，分析対象となる独立変数を適切に選び，それ以外の要素を適切に統制するようにデザインすることが重要です．また同時に，得られた実験結果を適切な視点から解釈する必要があります．適切な実験デザインと結果の解釈が，実験で得られた知見が有益なものになるかどうかを決めるといっても過言ではありません．さらに，人がもっている認知バイアスの特徴をよく理解し，同じバイアスをもちうるということを謙虚に受け止めたうえで，誤った仮説検証に陥らないように十分注意する必要があります．

2.2.2 実験の統制と実験結果の解釈の注意点

実験の統制と実験結果の解釈の注意点として，1. 共変量，2. 仮説を比較できるようなデザイン，3. 代表値に注目した分析，の 3 つについて説明します．以下では，エージェントによるインタラクションの促進効果について検討することを例にして，これらの重要性について説明します．

いま，あるエージェントが，人どうしの二者間のコミュニケーションを促進する(つまり，より円滑な会話を行うようにする)効果をもつ，という仮説を立てたとします．そして，この仮説を検証するために，エージェント介入群と統制群の2 群(グループ)を設定し(それぞれ, 50 ペアずつ)，**図 2.2** のような手続きで実験を行うものとします．

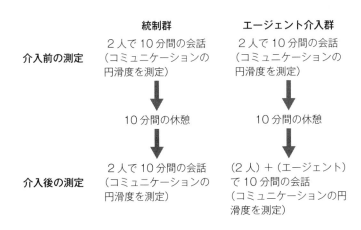

図 2.2　コミュニケーションを円滑にさせるためのエージェントの介入実験の例

　この実験では，介入前の 10 分間の会話と比べて，介入後の 10 分間の会話において，統制群(2 人だけで会話を行う群)では特に変化は生じないものの，エージェント介入群(エージェントも含めて会話を行う群)では，より円滑な会話を行うようになる，という仮説を立てて，これを検証するとします．そのためにコミュニケーションの円滑度を測る何らかの変数(例えば，0 ～ 100 で定義され，値が大きいほどコミュニケーションが円滑に行われていることを意味する指標)を測定し，仮説を検証していくとします．つまり，エージェントの介入の有無が独立変数であり，コミュニケーションの円滑度が従属変数です．

　この仮説を検証する方法はいくつか考えられます．1 つ目は，各群において，参加者の 1 人ひとりから得られたデータそれぞれについて，介入前のコミュニケーションの円滑度と介入後のコミュニケーションの円滑度を比較し，多くの参加者で同じ傾向があるかどうかを分析する方法です．このように，同一の参加者から得られた異なる条件のデータで実験を実施した結果を比較分析することを**参加者内要因分析**(within-participant design)といいます．

　2 つ目は，参加者に偏りがないのであれば，介入前のコミュニケーションの円滑度に差はないはずなので，介入後のコミュニケーションの円滑度のデータを群ごとに集め，群間で差がないかどうかを比較する方法です．このように，異なる参加者から得られた異なる条件のデータで実験を行った結果を比較分析することを**参加者間要因分析**(between-participant design)といいます．

1──共変量

　共変量(covariate)または**剰余変数**(extraneous variable)とは，実験者が注目していない，独立変数以外で従属変数に影響を与える変数のことを指します．上記の例では，コミュニケーションの円滑度にかかわる，独立変数以外のすべての変数を指します．さまざまな変数が共変量になりうるので，注意が必要です．

　これと関連して，実験の手続きのうえで注意すべき点の 1 つとして，群間で実験参加者の性質に大きな違いが生じないようにする必要があります．つまり，実験を実施する際には，基本的な手続きとして，統制群と実験群(上記の例では，エージェント介入群)へ実験参加者をランダムに振り分け(**ランダムサンプリング**(random sampling)と呼びます)，群間の性質が均一になるようにしなければなりません．

　しかし，実験参加者をランダムに振り分けても，結果的に群間の性質が均一に

なっていないことがあるかもしれません．たとえ妥当と思われる手続きのもとで実験を行ったとしても，気がつかないうちに共変量が影響を与えている場合があることに十分注意する必要があります．

例えば，先行研究の知見からある認知特性が課題に影響を与えることが明確にわかっているときは，その認知特性を実験時に測定して，群間や実験条件間で差がないかどうか確認する，あるいは統計分析の際に共変量として扱ってその特徴を確認するなどの方法が考えられます．

2── 既存の知見と比較できるような実験デザイン

図 2.2 のエージェントの介入効果について調べる実験では，エージェントの介入の有無でコミュニケーションの円滑度に変化があるかどうかについて調べています．この実験で統制群よりもエージェント介入群のほうがコミュニケーションの円滑度が高かったという結果が得られたとします．これで最初に立てた仮説は検証されました．

しかしながら，実験後に，類似したエージェントが違う方法で介入することでコミュニケーションの円滑度を高めている先行研究が見つかったとします．そこで，先行研究で提案されたエージェントと比べて，自分たちが提案したエージェントの介入方法がコミュニケーションの円滑度に「どの程度の影響を与えたか」について検証することを考えます．

これには，例えば，先行研究にある類似したエージェントと，提案したエージェントを直接比較する方法があります．そこで，先行研究の類似したエージェントの介入デザインに則ってエージェントを作成し，先行研究のエージェントが介入する実験を，前述の実験と併せて行ったとします*2．図 2.3 には，統制群，提案エージェント介入群，先行研究エージェント介入群それぞれの介入前と介入後のコミュニケーションの円滑度を示しています．これによって，提案したエージェントでも一定の効果が得られているものの，先行研究のエージェントと比べると，それほど効果的ではないことがわかります．このように，異なるエージェントの介入が与える影響を比較することで，はじめて「提案したエージェントがコミュニケーションの円滑度に対してどの程度の影響を与えたか」を検証することができ

---

*2　先行研究のエージェント介入群の実験のみを新たに行い，その結果と，すでに行った実験（図 2.2）の結果を混ぜて分析するのは問題である．
　このような実験方法では，実験参加者のランダムサンプリングが保証されないからである．

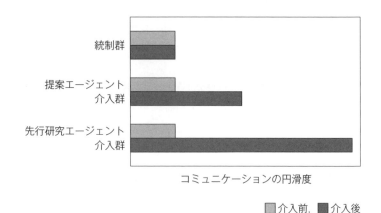

統制群

提案エージェント
介入群

先行研究エージェント
介入群

コミュニケーションの円滑度

□介入前, ■介入後

**図2.3 異なるエージェントがコミュニケーションの円滑度に与える
影響を調べた実験結果の例**

る場合があります.

　新たな提案は，これまでに得られている結果より，何らかのよい点があると思うからこそ行うわけですが，新たな提案を単体で調べるだけ(つまり，実験として統制群と比較するだけ)では，同様の問題に取り組んでいる研究全体に対する位置づけはわかりません. 既存の知見と比較できるような実験デザインを採用することで，新たな提案の優れた点(または好ましくない点)が検証でき，実施した実験によって得られた知見が明確になります.

3──代表値に注目した分析

　人には個性があり，それによって考え方や行動は大きく異なります. このような個人差は，それ自体が仮説検証の目的であるかどうかに関係なく，実験結果に影響することがあるので注意が必要です. 例えば，実験で多数のデータを得たとき，平均値や中央値を計算して分析を進めることが一般的に行われます. これらはデータの代表値の1つですが，実際にはまったく実在しない特徴をつくり出してしまうことがあります(Estes, 1956, 2002; Heathcote *et al.*, 2000). 以下では，実際にはエージェントがコミュニケーションに影響を与えているにもかかわらず，盲目的にデータの代表値だけに注目してしまうことによって，その効果に気づかない例について紹介します.

表 2.3 介入群の，コミュニケーションの円滑度の平均値

（この表で示しているのは，仮想データである．介入前は，平均 50，標準偏差 10 の正規分布からランダムに 100 個の値を抽出して作成している．対して，介入後は，平均 25 または 75，標準偏差 10 の正規分布から，それぞれ 50 個の値をランダムに抽出して作成している）

測定時	コミュニケーションの円滑度の平均値
介入前	49.98
介入後	50.46

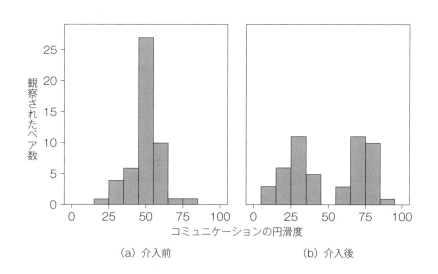

（a）介入前　　　　　　　　　（b）介入後

図 2.4 エージェント介入実験の結果（仮想データ）

（データの詳細については，表 2.3 の注記参照）

　前掲の図 2.2 の実験デザインで実験を行った結果，図 2.3 の結果とは異なり，**表 2.3** のようになったとします．コミュニケーションの円滑度の平均値だけみると，ほとんど介入の効果がなかったように思えます．実際，差を統計的に分析する際に一般的に使用される対応のある t 検定を行っても，$t(49) = 0.124$，$p = 0.902$，$d = 0.02$ となり，統計的に有意な差異はみられません．

　したがって，エージェントの介入効果はなかった，と結論づけてしまいそうですが，データを詳細にみると別の事実がみえてきます．**図 2.4** に介入前後における，コミュニケーションの円滑度の値についての分布（ヒストグラム）を示します．介入前後でコミュニケーションの円滑度に違いが生じているようにみえ，t 検定の結果からいえること以外にも特徴があるように思えます[*3]．特に，コミュニケーションが円滑になっているペアと，逆に阻害されているペアが存在しているようにみえます．

　この介入後のデータから，あるペアにとっては提案エージェントの介入はポジティブな効果をもたらす一方で，別のペアにとってはネガティブな効果をもたらす，という可能性がありそうです．この例では，代表性を失った平均値に注目したばかりに，あやうく「エージェントの介入効果はない」という結論のみに注目し，他の特徴を見逃すところでした．データのもつさまざまな特徴を踏まえて，エージェントの介入効果を検証するためには，平均値のみに注目するのではなく，提案エージェントがどのようなときにポジティブな効果をもたらすのか，個々のペアの特徴やその他の要因について詳細に分析し，よりよいエージェントの設計につなげていく必要があります．

　さまざまな分析を始める前に，まずは生データを可視化することが非常に大切です．そして，全体としてどのような傾向があるのか，どのような個人やペアが存在しているといえそうか，それを俯瞰したうえで，適切な統計的分析を進めていくことが求められます．

[*3]　ここでは十分なサンプル数があるデータに対して対応のある t 検定を実施しているため，介入後のデータの分布の形が，全体として正規分布になっていなくても問題ない．

2.3 分析データの扱い

　ここまで，仮説を立てて検証するまでの方法について述べてきました．次に，そうした方法によって得られたデータをどのように扱えばよいのかについて，個別の具体的な分析手法ではなく，分析をするときに注意すべきデータの特徴を中心にして説明します．なお，データの取得方法や具体的な分析手法の詳細については，第3章以降を参照してください．

　取得したデータを分析する方法を決定するには，まず，得られたデータをその性質によって分類することが第一歩となります．**表2.4**に，データの性質による典型的な分類を示します．

　近年になってさまざまな計測手法が開発され，多くのデータを客観的に取得できるようになってきましたが，インタラクションの仮説を検証する場合，「どのように感じたか」という人の主観や，「どのような行動をとりやすい人なのか」といった人の基本的な行動傾向にかかわるデータが必要であり，人が直接観察して記述したほうがよいデータを取得できる場合もあります．そのため，インタラクションの仮説検証におけるデータの取得には，人が判断したことを一定の基準にしたがって記述する方法と，機械を使用して測定する方法の両方が，状況に応じて利用されます．ここで，人が自らの主観にしたがって記述したデータを**主観評価**（subjective evaluation），機械的に測定されたデータを**客観評価**（objective evaluation）といいます．

　また，主観評価か客観評価かにかかわらず，データのもつ性質によって大きく分類すると，データの特徴を一定の共通性にもとづいて数量や頻度で表現する

表2.4　各分析で使用される典型的なデータの分類
（石黒他（2005）より改変）

	定量分析	定性分析
主観評価	心理尺度，SD法	自由記述，インタビュー
客観評価	脳活動，生理計測，動作解析	観察記録，会話・ビデオ観察

量的データ(quantitative data)と，個別のデータの特徴を観察にもとづいて直感的な記述で表現する**質的データ**(qualitative data)に分けられます．ただし，多くの質的データの記述の中から，一定の共通性(単語や表現のカテゴリなど)にもとづいて集約することで量的データを抽出できることもあります．

さらに，質的データを直接扱って仮説発見や仮説検証を行う分析を**定性分析**(qualitative analysis，**質的分析**)，量的データを扱って仮説発見や仮説検証を行う分析を**定量分析**(quantitative analysis，**量的分析**)といいます．定性分析が，得られた質的データを主観的かつ大局的に俯瞰して問題を把握することを目的とするのに対して，定量分析では，得られた量的データを比較して，大きさの差や変動の関係を分析することで数値に表れる特徴を客観的に把握することを目的とします．まず分析対象をよく観察する定性分析から仮説を立て，統制実験によって得られたデータを定量分析にかけるという流れが一般的ですが，定量的な分析の結果を解釈するためにビデオ映像などを用いて定性的な分析を行うこともあります．

表 2.5 に，定性分析と定量分析の長所と短所を簡単にまとめました．このような長所と短所があるため，それぞれの特徴をよく把握して，定性分析と定量分析を相互に補う形で実施することで，よりよい結果を得ることが期待できます．

表 2.5　定性分析と定量分析の長所と短所

	定性分析	定量分析
長所	・少数のデータから有用な知見を得ることができる場合がある． ・数値で表しにくい対象の問題や原理，構造の全体像を表現できる．	・数値化された一貫性のある大量のデータを扱うことができる． ・注目した場面や事例の数値的な違いを客観的に判断できる．
短所	・得られた知見が主観的になりやすく，一貫した知見になりにくい． ・表現された原理や構造の根拠や評価基準があいまいになりやすい．	・対象の特徴が含まれた，十分な量のデータが必要である． ・注目している局所的な数値の特徴以外の大局的な特徴を把握できないことがある．

2.3.1 | 定性分析

　定性分析では，観察や直感的な記述によって得られた質的データから，データのもつ構造的な関係を分析します．具体的には，質問紙による自由記述データやインタビューなどの言語データ，あるいは，ビデオなどを用いた発話や行動の観察記録データなどを，何らかの知見や仮説を得ることを目的として構造化していきます．なお，決して量的データを使用しないわけではありません．グラフをみて，全体が上昇傾向にありそうだなどと推測することがあるように，定量分析の結果をまとめた図やグラフからデータ構造を主観的に解釈することも定性分析に含まれます．

　定性分析の基本は対象の観察です．最終的に客観的な分析を行うには，できるだけ予断をもたずに対象の事実を観察したうえで，多角的な基準にしたがって観察された事象を記述し，仮説を立てる必要があります．このために，科学的推論における，帰納，演繹，類推，アブダクションといった手法を使うことが有効です(森田, 2010)．

　帰納(induction)とは，いくつか観察された事例から，それらを説明しうる普遍的法則を導く推論のことです．自然に起こることには規則性や秩序があり，同様の条件では同じ原理によって同じような現象が繰り返されるはずだという前提に則った推論といえます．

　演繹(deduction)とは，一般的に想定される前提条件から，妥当な論理展開によって，言及されていない結論を導く推論のことであり，代表的な手法として，**三段論法**(syllogism)があります．これは，一般的な事実である大前提とより具体的な事実である小前提の 2 つの前提から 1 つの結論を導くことで，大前提に含まれている結論を小前提の具体的な事実と結びつける推論です．

　類推(analogy)とは，すでにわかっている領域の知識を，観察している未知の事例に適用してその性質を明らかにする推論のことです．違う領域の知識であっても，抽象化したうえで一定の関係性を見いだして観察している事例にあてはめることで，新たな視点から対象を理解する手がかりを得ることができるのが類推の特徴の 1 つです．例えば，太陽系の運動や構造の知識を原子の世界の事例に適用して類推することで，原子構造についての仮説が立てられた，と説明されることがあります．

　アブダクション(abduction)とは，すでにわかっている法則を組み合わせることで，観察している事例をうまく説明できるような原因や原理を考える推論のことです．ただし，帰納や類推と同様に，特にアブダクションは，説明としてはもっともらしいとしても，妥当とは限らないことに注意が必要です．したがって，ある程度，説明としての妥当性を高めるには，いくつかの可能な説明を比較，検討して，そのうち最もよいと思われる説明を選ぶ必要があります．これには，一般に「もっともらしさ」「検証可能性」「単純さ」「説明範囲」の4つを基準にするとよいとされています．

　定性分析では，上記の4つの科学的推論を適用しながら，直接観察できないことを推測し，観察している事例を整理して把握します．すなわち，観察事例に対する，帰納や類推，アブダクションによって，観察事例に内包されている可能性のある要素や構造を推測し，可能であれば，演繹的に観察されていない事象を予測して検証するといったことを繰り返します．このような推論の結果を整理するには，図表や有向グラフが役に立つこともあります．

　一方，たまたま2つの事例が同時に観察されただけで，それらの間に何ら因果関係がないこともよくあります．定性分析で得られた説明は観察者の主観にもとづくものが多く，説明の根拠が客観的ではない場合が多いことに注意が必要です．さらに，AならばBという事実が観察されたときに，無意識にBならばAという関係も成り立つと想定してしまうこともよくありますが，「AならばB」と「BならばA」の両方が常に成り立つとは限りません．定性分析の説明を一般化する際には，観察者の主観的な解釈に関連するさまざまなバイアスに注意してください．

2.3.2 定量分析

　定量分析では，得られたデータを特定の尺度にしたがって数値化したり，カテゴリ分けされたものの頻度を算出したりしたうえで，異なる条件で取得されたそれぞれのデータを比較して対象の性質を分析します．数値化されたデータは，そのまま比較に使用するほか，平均や分散などの統計量に変換して使用されます．

　現在，MATLAB や R 言語をはじめとして，定量分析で利用できる統計ツールは多種多様にあり，比較的簡単に利用可能になっています．ここで，数値化されたデータはどのようなものであっても，基本的に，さまざまな分析手法を適用で

きてしまうことに注意しなければなりません．分析の前提条件が誤っていれば，誤った結論を導いてしまうからです．そのため，何も考えずとりあえず統計分析ツールを適用してみることは，避けなくてはなりません．

ここで，データの**尺度水準**(level of measurement)*4 のうち，一般的なものを**表 2.6** に示します．

名義尺度(nominal)は，性別や所属，好きなものなど，あらかじめ定義されているカテゴリに属するかどうかを区別するための尺度で，これ自体は質的データになります．データ処理のために数値を割り当てることもありますが，数値そのものには意味がありません．例えば，男性を 1，女性を 2 として数値を割り当てることがよく行われます．このとき，同じ数字のデータを集めてくると，それは男性や女性のデータを集めたことになりますので意味がありますが，男性と女性に割り当てられた数値そのものの大小関係に意味はありません．

また，**順序尺度**(ordinal)は，順位や実行順，感覚的な評価などの大小関係に意味がある尺度で，これも質的データとなります．順序尺度の数値間の差に意味はありません．また，基準(0)に意味がないので，乗算や除算を行った結果にも意味がありません．例えば，マラソンの順位は順序尺度です．順位はゴールに到着した順番に，1，2，3，…と番号がついていきます．このとき，1 位は 2 位より上位です．しかし，1 位と 2 位の到着時間の差は，2 位と 3 位の到着時間の差と同じだとは限らないので，差をとって 1 であることに意味はありません．また，2 位

表 2.6　データの尺度水準とその性質
(Stevens(1946)より改変)

質的データ	名義尺度	他のものと区別するためのカテゴリを表現したもので，同じである場合だけに意味がある．
	順序尺度	表現された数値の順序や大小に意味があるが，数値間の差には意味がない．
量的データ	間隔尺度	大小関係に意味があり，かつ，表現された数値間の差(間隔)に意味があるが，数値どうしの比率には意味がない．
	比例尺度	基準となる原点があり，原点からの距離に意味があるため，大小関係と間隔，および，比率に意味がある．

*4　データが表現する情報の性質にもとづいて分類する基準のこと．

と 4 位の間で比較したとき，4 位のほうが 2 倍，マラソンの成績が悪い，という
わけでもありません．

　対して，**間隔尺度**(interval)は，量的データの尺度であり，気温や西暦など，大
小関係はもちろんのこと，表現された数値の差にも意味がある尺度です．したがっ
て，これをもとに加算や減算を行った結果にも意味があります．ただし，基準(0)
には意味がないので，乗算や除算を行った結果は意味がありません．例えば，摂
氏温度は水の融点から沸点までを 100 等分した尺度なので，気温が 10℃ から
20℃ になったときと，5℃ から 15℃ になったときでは，どちらも 10℃ 増えた
という点では同じ意味をもちますが，20℃ が 10℃ の 2 倍であるとはいえません．

　比例尺度(ratio)は，身長や体重，距離など，間隔尺度と同様に数値の差に意味
があることに加えて，基準(0)にも意味があるため，数値どうしの比率が意味をも
つ尺度です．したがって，比例尺度であれば，四則演算の結果すべてが意味をも
つことになります．例えば，体重が 40 kg から 50 kg になったときと，50 kg から
60 kg になったときは，どちらも 10 kg 増えたという点では同じ意味をもちます．
また，前者は 25% 増，後者は 20% 増，ということにも意味があります．もちろん，
量的データの尺度です．

　それぞれの尺度に対応するデータには，それぞれに適切な統計的な分析手法が
あります．また，統計分析手法の背後には，**正規性**(normality)[*5] をはじめ，その
分析を実施するうえで満たさなくてはならないさまざまな前提条件があります．
したがって，定量分析にあたっては，どのような前提条件を必要としているのか
に十分に注意して統計分析手法を適用する必要があります．例えば，分析対象の
データに正規性が仮定できると，強力な統計分析手法であるパラメトリック検定
の多くを適用することができます．一方，正規性が仮定できないデータに対して
は，特定の分布を仮定しなくてよいノンパラメトリック検定を適用できます．た
だし，適用する統計分析手法によっては，データの正規性以外にも考慮すべき前
提条件があるので，注意が必要です．

　このように，定量分析を実施する場合には，分析するデータそのものの特徴を
踏まえて分析手法を選定し，分析する必要があります．

[*5]　データが正規分布にしたがっていること．

2.3.3 | 分析における一般的な注意点

72 ページに，定性分析と定量分析を相補的に行うことが重要だと述べました．ここで，分析するデータを取得するために行われる調査と実験の研究全体における位置づけを確認しておきましょう．

研究全体の流れは，すでにわかっていることや，それから推論された結果からインタラクションについての仮説を構築し，構築された仮説を調査や実験を通して実際に得られたデータにもとづいて検証するということになります．ここで，仮説検証の過程で，また次の仮説構築の手がかりが得られたり，検証された仮説からさらに次の発展した仮説を立てたりすることが多いため，「仮説構築」と「仮説検証」は循環したサイクルになります．これを表したものが**図 2.5** です．図の左側の点線で囲まれた部分は，取り組もうとしている問題の抽象化を行うことで仮説構築を行っている部分で，ここでは定性分析が役立ちます．対して，図の右側の点線で囲まれた部分は，問題の具体化を行うことで仮説検証を実施している部分で，こちらでは定量分析が役立ちます．これらの，問題の抽象化と具体化，および，仮説構築と仮説検証は，全体が循環的につながっているため，単純にその時点で注目している部分の結果を得ることだけを目的に分析を行うのではなく，次の段階となる部分を意識した分析を行うことが望ましいでしょう．

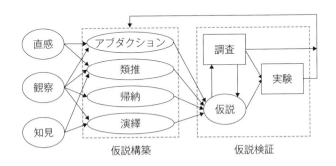

図 2.5 仮説構築と仮説検証のサイクル
(篠原(2005)を参考に改変)

　一方，インタラクションを対象としてデータを取得する場合には，2.1.2 項でも述べたように，厳密な統制を行って調査や実験を実施できないことがよくあります．これは，インタラクションが一連の流れとして構成されており，あるインタラクションの結果がその後のインタラクションに影響を与えるため，物理的条件や心理的状態をほぼ同一にしてデータを繰り返し取得することが困難だからです．例えば，同じ人に似たような条件で複数回のタスクを実施してもらうとき，学習効果や順序効果の影響が無視できないことがあり，その場合は物理的条件や心理的状態が，実験試行の間で同一にはなりません．

　そのため，厳密な統制は困難だとしても，ある程度の統制を行って調査や実験を実施し，データを取得することになります．それでも，事前の予測が難しく，統制が難しい要素(共変量，剰余変数)の影響を受けたデータが得られることがあります．こうしたデータを分析の前に適切に処理することが**データの前処理**(data preprocessing)になります．データの前処理には，データの整形，統合，変換が含まれます．

　ここでは，重要なデータの前処理として，外れ値の処理について説明します．ここで，(広義の)**外れ値**(outlier)とは，データ全体の傾向からみて明らかにおかしいと思われる極端な数値のことです．外れ値を見つけたときには，なぜそのようなデータが生じたのかを検討し，焦点を当てている要因とは異なる要因によって生じていると推測される場合には，分析対象から除いたりする処理が必要となります．例えば，計測機器の不具合によってデータの欠損が生じたとき，そのままデータを処理すると誤った結論にいたります．あるいは，すべての質問項目に同じ回答をするなど実験に真面目に取り組んでいないと考えられる参加者がいたとき，該当のデータを除外しないと，本来確かめたいことが明確にならないことがあります．

　しかし，「明らかにおかしい」ということを見分ける明確な基準はなく，データの性質を踏まえて，得られたデータに応じて対応を考える必要があります．このために，データをグラフにプロットして，目で見て，大きく外れている値を見つけるという定性分析が行われることがあります．また，データ全体の傾向を示す値(平均，分散，標準偏差など)を計算し，その値から一定以上(例えば，標準偏差の 3 倍以上)離れていた場合に外れ値と見なす，という定量分析もよく行われます．このデータ全体の傾向を示す値を**要約統計量**(summary statistics)，あるいは**記述統計量**(descriptive statistics value)，**代表値**(representative value)といいます．

例えば，データが正規分布にしたがうのであれば，基本的に平均と分散または標準偏差によってデータの分布の特徴を捉えることができます．正規分布が仮定できない場合には，中央値，最頻値，最大値・最小値，四分位点などを用いてデータ全体の傾向をつかみます．**図 2.6** に，平均値，中央値，最頻値の例を示しました．それぞれ，データの異なる特徴を示しています．

　また，標準的な統計分析では，データを取得し始めてから取得し終わるまで，データ全体の傾向が変わらないことを暗黙の前提とします．もちろん，一般的な法則がモデルとしてデータの背後にはある，ということが調査や実験の基本的な考え方なので，インタラクション分析でもこの前提は大枠では間違っていません．しかし，前述のように，インタラクションでは，あるインタラクションの結果がその後のインタラクションに影響を与えることが多く，それによってデータを生成するモデルが変化するということは十分に考えられます．

　次節では，このような時間的な変化を考慮した分析方法について説明します．

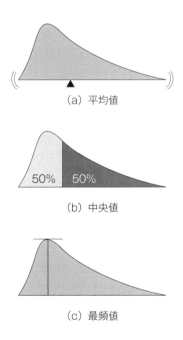

(a) 平均値

(b) 中央値

(c) 最頻値

図 2.6　平均値，中央値，最頻値の例

2.4 インタラクションの基本的な 時系列モデル

2.4.1 情報理論の基礎

　以下で紹介しているさまざまな解析手法の基礎となっているのが，**情報理論** (information theory)です．したがって，まず情報理論の基礎的な概念を説明します．

　ある事象 x が発生したという情報を得たとき，情報理論では x の**情報量**(amount of information) $h(x)$ を次のように定義します．

$$h(x) = -\log_2 p(x) \tag{2.1}$$

　ここで，x は，ある事象が観測されると，その事象と対応した値が代入される 変数(確率変数)です．例えば，コインを投げて表であれば 0，裏であれば 1 が代 入されるような変数になります．また $p(x)$ は x が起きる確率です．つまりコイン 投げであれば，表の目が出る確率 $p(x=0)$ は $\frac{1}{2}$ となります．$h(x)$ は直感的には， x が生じることがどの程度珍しいのかを示すと考えられます[*6]．

　すなわち，発生確率が高い事象は，その事象が発生することを予測することが 容易であるために情報の価値が低く，その事象には多くの情報はないといえます． 一方で，発生する確率が低い事象の場合，その事象を観測しなければ何が起こっ たかはわからないため，その事象を知ることで得られる情報量が多いと考えるこ とができます．例えば，回答者が自分には見えていないサイコロの目を当てるゲー ムにおいて，ヒントとして，偶数であるという確率 $\frac{3}{6}$ の情報を知るよりも，1 か 2 であるという確率 $\frac{2}{6}$ の情報を知るほうが，回答者にとっては価値があるため， 情報量がより大きいと考えられるわけです．

　ここで，x は確率 $p(x)$ にしたがう情報源から生成されるとすると，その情報源 のもっている平均の情報量(期待値)は，次のようになります．

$$H[x] = -\sum_x p(x)\log p(x) \tag{2.2}$$

[*6] $h(x)$ の値は，x が珍しい事象のときほど大きく，よく起こる事象のときには 0 に近づく．

これは熱力学や統計力学で定義される**エントロピー**（entropy）と同じ式であり，直感的には情報源から生成される情報の予測のしづらさを表しています．

例えば，コイン投げで表が出る確率 $p(x=0)$ を変えられる「イカサマコイン」を考えてみます．**図 2.7** は，このイカサマコインのエントロピーを表しています．$p(x=0)$ が 1.0 に近づくと，表しか出なくなり，容易に予測ができるようになるので，エントロピー（情報源がもっている平均情報量）は減少しています．一方，$p(x=0)$ が 0.5 に近づくと表と裏が出る確率が同じになり，表が出るか裏が出るかは予測が難しくなるため，エントロピーは最大となっています．

ここで，各事象が独立に発生する（独立同時分布）情報源を**無記憶情報源**（memoryless source）といいます．対して，現在の事象 x_t が過去の事象 $x_{t-1}, x_{t-2}, …, x_{t-m}$ に依存している確率分布 $P(x_t | x_{t-1}, x_{t-2}, …, x_{t-m})$ をもつ情報源を，**m 重マルコフ情報源**（m-th order Markov source）といいます．現実の事象の多くは無記憶情報源から発生しているのではなく，m 重マルコフ情報源から発生しています．例えば，現在の天気は 1 時間前の天気にも依存していると考えられます．特に $m=1$ のとき，**単純マルコフ情報源**（first-order Markov source）といい，1 つ前の事象 x_{t-1} のみから現在の事象 x_t が決定されることになります．このような性質をもつ確率過程を**マルコフ過程**（Markov process），あるいは**単純マルコフ過程**（first-order Markov process）といいます．

私たちの観測可能な情報は，さまざまな情報源 $p(x)$ から生成されていると考え

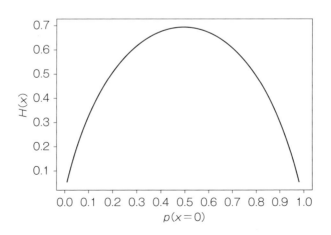

図 2.7 「イカサマコイン」のエントロピー

られますが，それぞれの $p(x)$ がどのような構造とどのようなパラメータをもった
情報源かがわかれば，すべて予測できるはずです．しかし，実際には $p(x)$ の真の
構造やパラメータは未知なことが多いため，$p(x)$ をモデル $q(x)$ で近似することに
なります．すなわち，「ある観測情報を解析する」ということは，「$p(x)$ の構造を
仮定したモデル $q(x)$ を設計し，その予測誤差が最小となるようなパラメータを求
める」ことに相当するといいかえることができます．

2.4.2 時系列データのモデリング

　時系列データをモデリングすることは，観測される時系列データがつくられる
プロセスのモデルを作成することを意味しています．また，通常は真のプロセス
は未知なため，前述したように真のプロセスを近似したモデルを作成することに
なります．以下では，代表的な時系列モデルを簡単に紹介します．

　時系列データをモデリングする場合，マルコフ情報源のように現在の観測値は
過去の観測値から決定される，と考えるのが自然です．この考え方にもとづき，
時系列データをモデリングする方法の 1 つが以下の**自己回帰モデル**（autoregres-
sive model; AR model）（Box & Jenkins, 1976; 沖本, 2010）です．

$$\hat{x}_t = c + \sum_{p=1}^{P} a_p \, x_{t-p} + \varepsilon_t \tag{2.3}$$

　ここで，$\hat{x}_t$ は時刻 t の予測値であり，x_{t-p} は t より前に観測された値です．ε_t は
誤差項であり平均 0，分散 σ^2 の**ホワイトノイズ**（white noise）[*7] です．a_p は係数で
あり，実際の時系列データから誤差が最小になるよう推定されます．自己回帰モ
デルは，式(2.3)のとおり，過去の P 個の値の重み付け和によって現在の値を予測
するモデルであり，現在の値と過去の値に相関（このような自身との相関を**自己相
関**（autocorrelation）といいます）があることを利用しています．すなわち，x_t と x_{t-p}
に正の相関があれば a_p は正の値に，負の相関があれば a_p は負の値となります．

　また，自己相関をモデル化する他の手法として，**移動平均モデル**（moving aver-
age model; MA model）（Box & Jenkins, 1976; 沖本, 2010）があります．

[*7]　ノイズの分類で，あらゆる周波数成分を同等に含むノイズのこと．

$$\hat{x}_t = \mu + \varepsilon_t + \sum_{q=1}^{Q} \theta_q \, \varepsilon_{t-q} \tag{2.4}$$

ここで，μ は平均を表し，ε_t はホワイトノイズを表します．このように移動平均モデルでは，過去のノイズ ε_{t-q} の重み付け和によって，自己相関を表現しています．$Q=3, \mu=0, \theta_q=1$ の場合，$\hat{x}_4 \sim \hat{x}_6$ は以下のように計算されます．

$$\begin{cases} \hat{x}_4 = \quad\qquad\quad \varepsilon_4 + \varepsilon_3 + \varepsilon_2 + \varepsilon_1 \\ \hat{x}_5 = \quad\qquad \varepsilon_5 + \varepsilon_4 + \varepsilon_3 + \varepsilon_2 \\ \hat{x}_6 = \varepsilon_6 + \varepsilon_5 + \varepsilon_4 + \varepsilon_3 \end{cases} \tag{2.5}$$

この例からわかるように，$\hat{x}_4 \sim \hat{x}_6$ は $\{\varepsilon_6, \varepsilon_5, \varepsilon_4, \varepsilon_3, \varepsilon_2, \varepsilon_1\}$ という数列に対して，1つずつずらしながら4つずつの和を計算しています．すなわち，$\hat{x}_4$ と $\hat{x}_5$，$\hat{x}_5$ と $\hat{x}_6$ の計算においてそれぞれ共通する要素を3つもつことで，両者の値が近くなることを利用して，自己相関を表現しています．

さらに，自己回帰モデルと移動平均モデルではそれぞれ異なる方法で自己相関を表現しており，これら2つを統合することで，より柔軟に自己相関を表現するモデルを定式化することができます．それが，以下の**自己回帰移動平均モデル**（autoregressive moving average model; ARMA model）（Box & Jenkins, 1976; 沖本, 2010）です．

$$\hat{x}_t = c + \sum_{p=1}^{P} a_p \, x_{t-p} + \varepsilon_t + \sum_{q=1}^{Q} \theta_q \, \varepsilon_{t-q} \tag{2.6}$$

自己回帰移動平均モデルを利用すると時系列データをより正確にモデリング可能なため，時系列データの解析によく使用されています．

そのほかに，**状態空間モデル**（state space model）があります．これは，観測値の背景にある状態が時間とともに変化して，その状態に応じて観測が生成されると考えるモデルです．図 2.8 に，状態空間モデルの状態と観測の関係を表した模式図を示しました．ここで，観測値と状態は，解きたい問題によって異なります．例えば，観測値を気温として，その背景には天気があると仮定し，状態が晴れのときは観測値である気温が高くなるといった形でモデリングできます．また，状態を狭い道で2人の人が譲り合ってすれ違おうとしているときに動こうとしている方向として，観測値であるノイズを含んだ2人の身体動作についてのセンサ情報から，状態である動こうとしている方向を推定する問題をモデリングすることもできます．この状態空間モデルのうち，**線形ガウス状態空間モデル**（linear

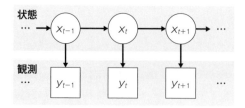

図2.8 状態空間モデルの模式図
（x は状態を表し，y は状態 x から生成さ
れた観測を表す）

Gaussian state space model）は次式で表されます．

$$x_t = T_t\, x_{t-1} + R_t\, w_t \qquad (w_t \sim N(0,\, \Sigma_w)) \tag{2.7}$$

$$y_t = Z_t\, x_t + v_t \qquad (v_t \sim N(0,\, \Sigma_v)) \tag{2.8}$$

ここで，x_t と y_t はそれぞれ時刻 t における状態と観測値を，w_t, v_t はそれぞれ状態と観測のノイズを表しています．T_t, R_t, Z_t はモデルのパラメータである行列であり，問題に応じて設計または推定する必要があります．式(2.7)で1つ前の状態から現在の状態を予測し，式(2.8)で状態を観測値へ変換しています．また，状態の予測においても，観測値がノイズを含むことを想定して，それぞれノイズが加算されています．

線形ガウス状態空間モデルの応用例の1つとして，ノイズのある観測から状態を推定する**カルマンフィルタ**（Kalman filter）（Kalman & Bucy, 1961; 沖本, 2010）があります．状態 x_t を時刻によって変化するスカラ値とし，そのスカラ値にノイズが加算された値を観測 y_t としたシンプルな場合を考えてみましょう．式(2.7)と式(2.8)から，パラメータを $T_t \to 1, R_t \to 1, Z_t \to 1, \Sigma_w \to \sigma_w^2, \Sigma_v \to \sigma_v^2$ とすると

$$x_t = x_{t-1} + w_t \tag{2.9}$$

$$y_t = x_t + v_t \tag{2.10}$$

となります．式(2.9)は，1つ前の時刻の状態から現在の時刻の状態の予測値を，式(2.10)は状態にノイズが混入することで観測が生成されることを表しています．そして，この生成過程にしたがって推定した値 y_t と，実際に観測された値 $\hat{y}_t$ の誤差を最小化するように状態を推定すると，x_t が観測ノイズ v_t を除去した推定値となります．実際に，正弦波にノイズを加えた波形の y 座標を観測値として，カルマンフィルタにより状態を推定した結果を**図2.9** に示します．予測値が観測値よりも真値に近くなっていることがみてとれます．

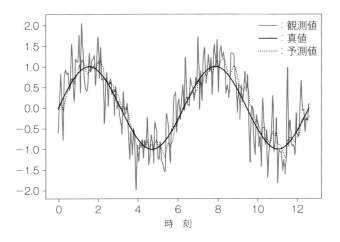

図2.9 カルマンフィルタによる状態(真値)の予測

2.4.3 | 隠れマルコフモデル

前項で説明した状態空間モデルにおいて，離散的な状態を扱うことができるモデルとして，**HMM**(hidden Markov model，**隠れマルコフモデル**)(Elliott *et al.*, 1995; Bishop & Nasrabadi, 2006 元田他監訳 2012)があります．隠れマルコフモデルでは以下のようなプロセスによりデータが生成されることを仮定しています．

$$z_t \sim P(z \,|\, z_{t-1}) \tag{2.11}$$

$$\boldsymbol{y}_t \sim P(\boldsymbol{y} \,|\, z_t) \tag{2.12}$$

ここで，z_t は状態です．式(2.11)は，1つ前の時刻の状態 z_{t-1} を条件とした確率分布 $P(z_t \,|\, z_{t-1})$ によって z_t が生成されることを表しています．また，式(2.12)は観測 $\boldsymbol{y}_t$ が状態 z_t に依存した確率分布 $P(\boldsymbol{y} \,|\, z_t)$ から生成されることを表しています．

HMM では，状態が離散的でよいため，前項の線形ガウス状態空間モデルとは異なる現象をモデリングすることができます．例えば，時系列データとして音声をモデリングする場合によく用いられます．音声は連続的な空気の振動である一方，その背後には「こんにちは」といった1つひとつの音を表す離散的な状態である音節が存在します．HMM を用いることで，連続的な音声のみからその背後にある離散的な状態である音節を推定することが可能となります．そのほかにも，人の身体に取り付けたセンサ値を観測値として，歩く，走る，飛ぶといった離散

的な状態である動作を推定することも可能です.

　また，HMM のような確率的なプロセスによってデータを生成するモデルは**確率モデル**(probabilistic model)と呼ばれ，**有向非巡回グラフ**(directed acyclic graph; **DAG**)である**グラフィカルモデル**(graphical model)によってしばしば記述されます. ここでの**グラフ**(graph)とは，ノード(円)がエッジ(線)で接続されたものをいいます. 有向非巡回グラフとは，エッジが方向をもつ矢印になっており，矢印をたどっても循環することがないグラフのことです. 例えば，状態空間モデルの模式図として示した図 2.8 はグラフィカルモデルです.

　グラフィカルモデルでは，ノード内に確率変数が示されており，エッジでその確率変数間の依存関係を表現します. 例えば，図 2.8 のノードの確率変数を，上記の式(2.11)，式(2.12)のものに対応するように x_t を z_t に変更すると，データ $\boldsymbol{y}_t$ が生成されるプロセスをより直感的に表現できます.

　一方，線形ガウス状態空間モデルの場合と同様に，HMM の式(2.11)の確率分布も，扱う問題に応じて変える必要があり，一般的には，連続値の場合はガウス分布を，離散値の場合は多項分布を使用します. なお，HMM では状態に離散値を仮定しているため，式(2.12)の確率分布には多項分布が用いられます.

　さらに，HMM では，状態 z_t と 2 つの確率分布のパラメータは，実際の観測 $\hat{\boldsymbol{y}}_t$ がこのモデルから生成される確率(**尤度**(likelihood))が最大となるよう推定されます. この尤度の最大化は，実際の観測 $\hat{\boldsymbol{y}}_t$ と予測値 $\boldsymbol{y}_t$ の誤差が最小になる状態とパラメータを推定することに相当します[8]. 4 つの状態を仮定した人工データを観測値として，HMM で状態を推定した結果を**図 2.10** に示します. 時系列データを 4 つの状態へ分類できており，観測される時系列データのみから，その背後にある観測することができない離散的な状態を正しく推定できていることがみてとれます.

2.4.4 | 機械学習を活用した時系列データのモデリング

　近年では，機械学習の手法を活用して，より複雑な時系列データのモデリングが試みられています. その 1 つが**ニューラルネットワーク**を利用したものです.

---

[8]　本書では詳細は省略する. Bishop & Nasrabadi(2006)，元田他監訳(2012)などを参照.

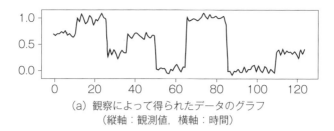

（a）観察によって得られたデータのグラフ
（縦軸：観測値，横軸：時間）

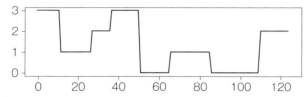

（b）HMM で状態を推定した結果を時系列に沿ってつないだグラフ
（縦軸：推定された状態につけられた番号（0〜3），横軸：時間）

図2.10　HMM による状態の推定

一般的なニューラルネットワークは，入力 x に対して出力 y の対応を学習するモデルであり，以下のように線形結合（$W_* h_* + b_*$）した値を，非線形関数（$\sigma(\cdot)$）へ繰り返し入力することで，より複雑な構造をしたモデルをつくることができます．

$$h_1 = \sigma(W_1 x + b_1) \tag{2.13}$$

$$h_2 = \sigma(W_2 h_1 + b_2) \tag{2.14}$$

$$\vdots$$

$$h_{L-1} = \sigma(W_{L-1} x + b_{L-1}) \tag{2.15}$$

$$y = \sigma(W_L h_{L-1} + b_L) \tag{2.16}$$

ここで，式(2.13)は**入力層**（input layer），式(2.16)は**出力層**（output layer）です．式(2.14)〜(2.15)は入力と出力の中間に位置しているため，**中間層**（intermediate layer）あるいは**隠れ層**（hidden layer）と呼ばれています．この中間層の数を多くすることで，より複雑な入出力の対応関係を捉えることができます．

　時系列データをニューラルネットワークでモデリングする際には，入力を1つ前の時刻のデータ y_{t-1} とし，出力を現在の時刻のデータ y_t として学習します．これにより，現在の値から未来の値を予測するモデルをつくることができます．**図2.11** は中間層を1層としたニューラルネットワークの模式図です．しかし，実際には，1つ前の値 y_{t-1} のみから現在の値 y_t を予測するだけでは不十分な場合

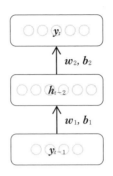

図 2.11　中間層を 1 層としたニューラルネットワークの模式図

がほとんどであり，より正確にモデル化できるニューラルネットワークに **RNN**
（recurrent neural network，**回帰型ニューラルネットワーク**）（Rumelhart *et al.*,
1986; 坪井他，2017）があります．

　RNN では，$\boldsymbol{y}_t$ の予測の際に入力 $\boldsymbol{y}_{t-1}$ だけでなく，1 つ前の時刻の $\boldsymbol{y}_{t-1}$ を予測
した際の中間層の値を利用することで，入出力間の短期的な依存関係を間接的に
表現します．中間層を 1 層とした RNN の模式図を**図 2.12** に示します．RNN を
利用してモデリングする場合，次式により時刻 t の情報を予測することになります．

$$\boldsymbol{h}_t = \sigma(\boldsymbol{W}_1\boldsymbol{y}_{t-1} + \boldsymbol{W}_h\boldsymbol{h}_{t-1} + \boldsymbol{b}_1) \tag{2.17}$$

$$\boldsymbol{y}_t = \sigma(\boldsymbol{W}_2\boldsymbol{h}_t + \boldsymbol{b}_2) \tag{2.18}$$

　ここで，シンプルなニューラルネットワークとの違いは，式（2.17）において，
入力だけでなく，1 つ前の時刻における中間層の値 $\boldsymbol{h}_{t-1}$ を用いて，現在の中間層
の値 $\boldsymbol{h}_t$ も計算している点です．すなわち，$\boldsymbol{h}_{t-1}$ は $\boldsymbol{y}_{t-2}$ とその前の中間層の値 $\boldsymbol{h}_{t-2}$

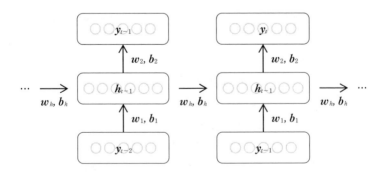

図 2.12　中間層を 1 層とした RNN の模式図

から計算されます．このように中間層の値を自己回帰することで，間接的に過去の時系列データの情報を保持することができ，それによって時系列データ間の短期的な依存関係を扱うことができるわけです．

さらに，RNN を発展させ，時系列データのより長期的な依存関係を扱うことができるようにしたモデルに **LSTM** (long short term memory, **長・短期記憶**)(Hochreiter & Schmidhuber, 1997; 坪井他, 2017) があります．LSTM では，RNN に対して**セル** (cell) と呼ばれる長期的な時間情報を保持する変数 c_t を導入し，1 つ前の時刻のセルと中間層の値 (c_{t-1}, h_{t-1}) と現在の時刻の入力 y_{t-1} から，現在の時刻のセルと中間層の値 (c_t, h_t) を予測する構造になっています．この c_t は，現在の時刻の入力 y_{t-1} を用いて，予測に必要のない情報を c_{t-1} から削除し，必要な情報を c_{t-1} に追加することで計算されます．これによって最終的に，中間層の値は，入力 y_{t-1} と計算された c_t から計算されます．

図 2.13 は，LSTM で y_{t-1} から中間層の値 h_t を計算する流れを表した模式図です．このように LSTM は，**忘却ゲート** (forget gate)，**入力ゲート** (input gate)，**出力ゲート** (output gate) から構成されます．まず，忘却ゲートでは，c_{t-1} の情報のうち，削除する情報と保持する情報を，h_{t-1} と y_{t-1} にもとづき決定します．

$$f_t = \mathrm{sigmoid}(W_f\,[h_{t-1},\, y_{t-1}] + b_f) \tag{2.19}$$

ここで，**シグモイド関数** (sigmoid function)[*9] $\mathrm{sigmoid}(\cdot)$ により，計算される f_t の各要素は 0〜1 の値をとることになります．すなわち，f_t と c_{t-1} の要素積 $f_t * c_{t-1}$ をとったとき，f_t の値が 0 に近い要素は削除されることになり，これによって忘却ゲートは f_t が保持する情報を取捨選択する役割を果たしています．次に入力ゲートでは，次式により現在の入力を c_t にどれだけ反映させるかを決定します．

$$i_t = \mathrm{sigmoid}(W_i[h_{t-1},\, y_{t-1}] + b_i) \tag{2.20}$$

ここで，i_t の各要素は f_t と同様に 0〜1 の範囲の値をとります．入力 y_{t-1} と前時刻の中間層の値 h_{t-1} を全結合層[*10] に通した値 $\tanh(W_c[h_{t-1},\, y_{t-1}] + b_c)$ と，計算された i_t との要素積をとることで，i_t の値が大きい要素が c_{t-1} に加算され c_t が

[*9] $\mathrm{sigmoid}(x) = \dfrac{1}{1+e^{-ax}}$ $(a > 0)$

の式で表される，座標点 (0, 0.5) を基点として点対称となる S 字型のなめらかな曲線で，0〜1 の値を返す．ニューラルネットワークの活性化関数としてよく用いられる．

[*10] 入力となりうるすべての変数を使用して計算する層．この層のノードすべては 1 つ前の層のノードすべてと結合している形になるため，このように表現される．

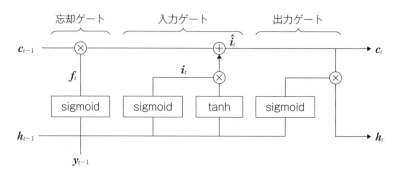

図 2.13　LSTM で y_{t-1} から中間層の値 h_t を計算する流れを表した模式図

計算されることになります.

$$\hat{\boldsymbol{i}}_t = \boldsymbol{i}_t {}^* \tanh(W_{\mathrm{c}}[\boldsymbol{h}_{t-1},\, \boldsymbol{y}_{t-1}] + \boldsymbol{b}_{\mathrm{c}}) \tag{2.21}$$

　このように入力ゲートは $\boldsymbol{i}_t$ によって,入力 $\boldsymbol{y}_{t-1}$(から計算される値)を $\boldsymbol{c}_t$ に対して反映させる程度を決める役割を果たしています.また,最終的な出力値を決定する出力ゲートでは,これまでの処理で計算された $\boldsymbol{c}_t$ のどの部分をどれだけ $\boldsymbol{h}_t$ として出力するかを,次式により決定します.

$$\boldsymbol{o}_t = \mathrm{sigmoid}(W_{\mathrm{o}}[\boldsymbol{h}_{t-1},\, \boldsymbol{y}_{t-1}] + \boldsymbol{b}_{\mathrm{o}}) \tag{2.22}$$

　この $\boldsymbol{o}_t$ もこれまでと同様に,シグモイド関数により各要素が $0 \sim 1$ の値となります.出力ゲートは,過去の入力から忘却ゲート,入力ゲートを通して計算された $\boldsymbol{c}_t$ のうち,現在の出力を予測するために必要な要素を取捨選択し,$\boldsymbol{h}_t$ を計算する役割を果たしています.

$$\boldsymbol{h}_t = \boldsymbol{o}_t {}^* \tanh(\boldsymbol{c}_t) \tag{2.23}$$

　また,LSTM では,忘却ゲート,入力ゲート,出力ゲートのパラメータである $W_f,\, \boldsymbol{b}_f,\, W_i,\, \boldsymbol{b}_i,\, W_{\mathrm{o}},\, \boldsymbol{b}_{\mathrm{o}}$ も学習の対象となります.つまり,与えられた時系列データから,入力に対して各ゲートの働きが学習されることになります.この学習された忘却ゲート,入力ゲート,出力ゲートを通して,不必要な情報の削除,必要な情報の加算,出力を得るために必要な情報の選別を繰り返すことで,時系列データ内に存在する長期的な依存関係を捉えることができます.

2.4.5 分節化

　ここまで，1つ前の時刻 $t-1$ のデータ（データ点）から，現在の時刻 t のデータ（データ点）を予測する時系列モデルをみてきました．しかし，データの中には，各データ点単体では意味をもっておらず，ある範囲のデータ点がひとまとまりとなってはじめて意味をもつようなデータが存在します．例えば，音声データは時間的に連続した空気の震動の記述なので，ある時刻の振幅だけでは意味をもたず，特定の音（例えば「あ」）を構成する，まとまった範囲となってはじめて意味をもちます．この時系列データの中で，特に意味をもつ範囲を**分節**（segment）といい，データを解析し，分節を抽出する技術を**分節化**（segmentation）といいます．これまでに教師なし学習で分節化し，データを解析するモデルもいくつか提案されています（Mochihashi *et al.*, 2009; Nakamura *et al.*, 2017; Nagano *et al.*, 2019）．これらのモデルでは，HMM と似たプロセスでデータが生成されることを仮定しています．

$$z_j \sim P(z \mid z_{j-1}) \tag{2.24}$$

$$(\boldsymbol{y}_t, \cdots, \boldsymbol{y}_{t+l_j}) \sim P(\boldsymbol{Y} \mid z_j) \tag{2.25}$$

　ここで，z_j は離散的な状態を表し，$\boldsymbol{y}_t$ は観測データです．例えば，先の音声の例でいえば，z_j は音節であり，$\boldsymbol{y}_t$ が音声波形の振幅ということになります．HMM との大きな違いは，式(2.24)での観測データの生成の部分です．HMM では，ある時刻の1つのデータ点を生成していた（式(2.11)）のに対して，分節化モデルでは，ある範囲のデータが生成されます．すなわち，分節化モデルでは，ある意味をもつ範囲をまとめて生成しており，このようなモデルを **HSMM**（hidden semi-Markov model，**隠れセミマルコフモデル**）（Yu, 2010）と呼びます．ただし，HSMM では，観測される時系列データから，j 番目の分節が属する離散的な状態 z_j だけでなく，その状態に属する分節長 l_j も同時に推定する必要があります．

　以上のような分節化モデルにより，意味のある単位である分節を抽出し，さらに分節どうしのつながりである $P(z \mid z_{j-1})$ も推定できます．しかし，実際にはパラメータが多く，単純にはパラメータ推定ができないため，動的計画法を利用したパラメータ推定法なども利用されています．また，分節化をニューラルネットワークによってモデリングする研究も行われています（Kim *et al.*, 2019）．

2.5 時系列データの因果関係の分析モデル

　人は，日々経験する事柄の因果関係を捉えることで，さまざまな思索をめぐらしています．すなわち，情報の中に潜む因果関係を分析すれば，そこから重要な知見を得られると考えられます．例えば，ある行動の原因を時系列データから見つけることができるかもしれません．しっかりとした結論を導くには因果関係の適切な把握が重要です．

　以下では，こうした因果関係を分析するための手法についてみていくことにします．この際に大きな壁となるのが，相関と因果の違いです．

2.5.1 因果推論

　一般的に**因果**（causality）とは，原因と結果を意味する用語で，「事象 A と B が因果関係をもつ」とは，A が原因となって B という結果が引き起こされること（もしくはその逆）を意味します．ここでは，データ解析の視点から因果関係を捉えることを考えます．つまり，因果をデータ間の性質として定義し，その性質をあぶり出す手法によって分析することにします．そのように因果を推論することを**因果推論**（causal inference）といいます．

　データ間の関係として最も基本的なものは**相関**（correlation）です．一般に相関は，変数 X と Y の線形関係の度合いを表しており，決してそれらの因果関係を説明するものではありません．単純に関係があるというだけでは，どちらが原因でどちらが結果かわかりませんし，見かけ上の相関が存在する場合もあります．因果と相関の違いの例として，アイスクリームの売上と水難事故の発生件数の関係をみてみましょう．

　アイスクリームの売上がよい時期は気温が高く，海や川で泳ぐのにも最適な時期となるので，水難事故も多くなると考えられますが，アイスクリームが水難事故の増加の直接的な原因とは考えにくいでしょう．つまり，アイスクリームの売上と水難事故の件数は相関しているもののそれは見かけ上の相関であり，背後に

は気温という別の要素が存在しています．このような見かけ上の相関を**疑似相関**（spurious correlation）といい，その背後にある要因を**交絡因子**（confounding factor）といいます．

それでは，因果関係を正しく捉えるためにはどのように考えればよいのでしょうか．原因 X と結果 Y を変数間の関係として考えると，因果は「変数 X の値を大きくしたときに変数 Y の値も大きくなる」といいかえることができます．ここで，因果が相関と大きく違うのは，「大きくしたとき」という介入がかかわっている点です．すなわち，介入が因果を考えるうえで重要です（Pearl & Mackenzie, 2018）．

また，変数 X が Y の原因という関係を別の視点からみてみると，「同じ状況で，もし X が起こらなければ Y も起こらなかったであろう」と捉えることができます．これは，反実仮想（反事実）にもとづく因果の解釈です．反実仮想も，「もし X を起こせば」という表現を用いれば，基本的には介入と同じであるといえます．このように，因果を捉えるためには介入や反実仮想といった考え方を導入する必要があります．

これを分析として実現するためにはどのようにすればよいかを考えることが次の問題です．これには，**ランダム化比較試験**（randomized controlled trails; **RCT**）がよく利用されます．ランダム化比較試験は，変数の値をランダムに決めることで，共変量の従属変数への影響をキャンセルして，因果関係を浮かび上がらせるものです．「変数の値をランダムに決める」ということが，ある種の介入となっているわけです．例えば，医薬品の病気の治療に対する有効性を調べる場合，医薬品の投与以外の要素（男女比，年齢層，病気の状況など）が固定されている参加者群，もしくは，完全にランダムな参加者群のどちらかを 2 組用意して，片方には実際に医薬品を投与し，もう片方にはプラセボ（偽薬）を投与して結果を比較するという臨床試験がよく行われます．後者の完全にランダムな参加者群を使用する試験がランダム化比較試験になります．こうしたランダム化比較試験の設定は，非常に直観的で当たり前のように感じるかもしれませんが，因果推論の枠組とつながっているという点が重要です．

しかし，ランダム化比較試験は原理的には可能であるとしても，例えば倫理的な問題や労力の問題で実施できない場合もあります．また，ランダム化比較試験はあくまで集団の平均的な結果であり，個人における因果推論には利用できません．一方，こうした場合に用いることができる因果推論のさまざまな手法が提案されています（Glymour *et al.*, 2016; 岩崎, 2015）．

　最も基本的な考え方の 1 つは，必要な変数(独立変数，共変量，従属変数)を決定して，重回帰分析によって独立変数の従属変数に対する影響を推定することで因果を捉えようとするものです(宮川，2004)．このためにまず必要なことは，**図 2.14**(a)のような有向非巡回グラフによる因果ダイアグラムを描くことです．ここで，**因果ダイアグラム**(causal diagram)とは，因果関係を考えたい 2 つ，あるいはそれ以上の要因を矢印で結ぶことで，それぞれの間の因果関係を視覚的に整理した図のことです．また，因果ダイアグラムからどの変数を回帰モデルに含めるべきかを決める基準を**バックドア基準**(backdoor criterion)といいます．バックドア基準とは，簡単にいえば，独立変数と従属変数の両方に影響を及ぼす変数を共変量としてモデルに組み込む際の選択の基準のことです．このような変数がブロックされると独立変数と従属変数をつなぐ迂回路(backdoor，バックドア)がなくなります[*11]．重回帰分析を機械学習の手法(例えば，ランダムフォレストなど)で置き換えることで，非線形な関係性であっても独立変数の従属変数に対する影響を推定可能です(小川，2020)．

　もう 1 つの考え方は，介入の考え方を用いて平均因果効果を計算して，因果を捉えようとするものです．ここで，**平均因果効果**(average causal effect)とは，介入を行った場合に独立変数が変化することによって結果がどれだけ変化するかを表すものです．例えば，介入[*12] によって，図 2.14(b)の有向非巡回グラフは図 2.14

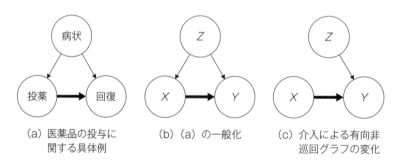

（a）医薬品の投与に
　　関する具体例　　　（b）(a) の一般化　　　（c）介入による有向非
　　　　　　　　　　　　　　　　　　　　　　　　　巡回グラフの変化

図 2.14　有向非巡回グラフによる因果ダイアグラムの例

[*11] 図 2.14 の Z のように，X と Y に矢印の向いている変数が最も簡単な例だが，これ以外にも複雑な例がある．詳細な説明は割愛する．

[*12] 図 2.14 で X を固定する操作に相当する．実際に固定するという意味ではなく，データから計算することを意味する．

(c)のように構造が変化します．つまり，介入は，有向非巡回グラフにおける迂回路を閉じることに相当します．このとき，$X=1$（医薬品を投与した場合）の結果 Y の期待値と，$X=0$（プラセボを投与した場合）の結果の期待値の差をとったものが平均因果効果で，X を 1 単位量だけ介入により変化させたときの，Y の平均的な変化量を意味することになります．

ここで，介入は反実仮想を含むため，計算によって実現します．実際に，確率計算を行うことで，**調整化公式**（adjustment formula）と呼ばれる次の関係性を導くことができます（小川, 2020）．

$$P(Y=y \mid \mathrm{do}(Z=z)) = \sum_x P(Y=y \mid Z=z, X=x) \, P(X=x)$$

$$= \sum_x \frac{P(Y=y, Z=z, X=x)}{P(Z=z \mid X=x)} \tag{2.26}$$

右辺 2 行目の分母を調整化係数といい，これを回帰や機械学習の手法で推定することで平均因果効果を計算することができます．

なお，上記の 2 つの考え方はそれぞれ関係があり，共変量を回帰分析に取り入れることが，迂回路を閉じること，つまりは介入による効果を推定していることと同じ意味合いになります．

2.5.2 │ 時間と因果

ここまでの因果推論では，時間を明示的には扱っていませんでした．しかし，因果が原因と結果によって捉えられることから，時間とは切ってもきれない関係にあります．実際，因果推論がよく使われる疫学や経済学の分野では，離散的な事象間の因果関係を解析することが多く，事象の時間的な関係を自明として事象間の関係を計算します．つまり，暗に事象の時間的な関係を仮定して有向非巡回グラフを描くことが多いのです．

一方で，時系列データ間の関係性を考える場合にまず考えられるのは，2.4.5 項で述べた分節化を用いる方法です．つまり，時系列データを意味のあるまとまりに分割し，離散的な事象の集まりと考えることで，これまでと同様の手法を使うというものです．この際に注意すべきことは，分節化を行う時間幅です．この時間をみる粒度（単位の大きさ）によっては，期待する因果を取り出すことができな

い可能性があります．したがって，さまざまな粒度で分節化を行って結果を解析するのが，一般的な考え方でしょう．

　もう 1 つの考え方は，時系列データをそのまま使って重回帰分析するというものです．この考え方は，次に述べるグレンジャー因果性や移動エントロピーにつながります．

2.5.3 | グレンジャー因果性

　時系列データ Y の現在までのデータだけでモデルを作成するより，時系列データ X の現在までのデータも取り込んだほうが，有意により正確な Y の予測モデルが構築できるとき，時系列データ X から時系列データ Y への**グレンジャー因果性**（Granger causality）があるといいます（Granger, 1969）．つまり，時系列データ X を考慮したモデルの残差の分散が，時系列データ X なしのモデルより有意に小さいかどうかを検定することで，グレンジャー因果性があるかどうかを検討することになります．逆方向の因果を知りたければ，X と Y を入れかえて検討すればよいでしょう．

　ただし，基本的なグレンジャー因果性では，交絡因子の影響などは考えることができないので注意が必要です．また，通常の因果とグレンジャー因果性は，本質的には異なるものである点に留意する必要があります．

2.5.4 | 移動エントロピー

　移動エントロピー（transfer entropy）は情報量の一種であり，確率変数間の情報の流れを定量化したものです（Schreiber, 2000）．情報の流れが考慮されている点が，**相互情報量**（mutual information）[*13] と異なります．移動エントロピーも，介入や反実仮想によって定義された通常の因果とは異なる概念であり，注意が必要ですが，場合によっては因果を捉える重要な手がかりとなります．

[*13] 2.4.1 項で述べた平均情報量（エントロピー）を，2 つの確率変数の依存度を表す量に拡張したもの．

2.5.5 | 因果探索

　因果の構造を見つける手法を**因果探索**(causal discovery)といい，これに対し多くの研究がなされています(清水, 2017)．そして，因果探索の問題を考えるうえで重要な概念が**構造方程式モデル**(structural equation model)です．例えば，x_1, x_2, x_3 の 3 つの変数に対する構造方程式は

$$x_1 = f_1(x_2, x_3, e_1), \quad x_2 = f_2(x_3, x_1, e_2), \quad x_3 = f_3(x_1, x_2, e_3) \tag{2.27}$$

と書くことができます．ここで，$f_i(\cdot)$は変数間の因果関係を表す関数，e_iは(外生変数を含む)誤差変数を表しています．式(2.27)によって因果探索の問題は関数$f_i(\cdot)$を仮定した場合のパラメータの推定問題となります．$f_i(\cdot)$に線形関数を仮定し，e_i が非正規分布にしたがうと仮定した場合，**LiNGAM**(linear non-Gaussian acyclic model)(Shimizu *et al.*, 2006)と呼ばれるモデルによってこの問題を解くことができます．LiNGAM は，式(2.27)の関係を

$$\boldsymbol{x} = \boldsymbol{Bx} + \boldsymbol{e} \quad \rightarrow \quad \boldsymbol{x} = (\boldsymbol{I} - \boldsymbol{B})^{-1} \boldsymbol{e} \tag{2.28}$$

とベクトル表現すると，独立成分分析と呼ばれる手法を援用することで行列 $\boldsymbol{B}$ が推定できることによっています．特に，時系列データに拡張された LiNGAM を，**VAR-LiNGAM**(Hyvärinen *et al.*, 2010)といいます．これは，LiNGAM にベクトル自己回帰モデルを取り入れたものです．

$$\boldsymbol{x}(t) = \sum_{\tau} \boldsymbol{B}_{\tau}\, \boldsymbol{x}(t - \tau) + \boldsymbol{e}(t) \tag{2.29}$$

　一方，2.5.1 項で因果構造を有向非巡回グラフで表現したことを考えると，ベイジアンネットワークの構造探索問題として因果探索を捉えることもできます(Heckerman *et al.*, 2006)．ベイジアンネットワークの構造探索手法もさまざまに提案されていますが，最も直観的な手法は，すべての構造に対して，一定の基準にしたがってモデルのよし悪しを評価するための指標である**情報量基準**(information criterion)を算出し，選択するというものでしょう．情報量規準には，赤池情報量規準(Akaike's information criterion; AIC)やベイズ情報量規準(Bayesian information criterion; BIC)，逸脱度情報量規準(deviance information criterion; DIC)など，さまざまなものが提案されていますので，対象となるモデルに対して適切なものを選んで利用することになります．

2.5.6　より高度な最近の分析手法

　近年の AI 研究では，因果推論に注目が集まっており，さまざまな手法が活発に提案されています．AI が，この世界の因果構造を把握したうえでさまざまな因果推論を実行できるようになれば，その精度や学習の効率をさらに向上できる可能性があります．実際，深層学習を用いた因果探索手法や，因果推論の強化学習への応用などが進められています．これらは次世代 AI の開発としても重要でしょう．

　深層学習を用いた因果探索としては，**GAN**(generative adversarial network，**敵対的生成ネットワーク**) を利用した手法(Kalainathan *et al.*, 2018) や，グラフニューラルネットワークを用いた手法(Yu *et al.*, 2019) などが提案されています．GAN を用いる手法では，生成器が識別器を騙すように学習し，識別器は実データと生成データを識別するように学習しますが，その際に，生成器が因果構造を取り入れた形でデータ生成を学習するのが因果探索におけるポイントとなります(Kalainathan *et al.*, 2018)．

　しかし，まだまだ因果の本質を捉えることは，簡単なことではありません．さらに，それぞれの手法ごとに扱うデータに関して比較的厳しい仮定があり，それらを把握したうえで手法を選択する必要があります．また，インタラクションに関する時系列データを解析するという視点では，データ間の関係性として定義された性質が，本来解析したい関係性をどのように表しているかを考えることが重要でしょう(column 2.1 も参照)．

column 2.1　相談の成否を決める隠れ状態の推定（二者間インタラクションの時系列分析）

　一般に，人どうしの相談は言語的，また非言語的なインタラクションの中で進んでいくと考えられます．例えば，旅行代理店に行って販売員と相談する際，基本的なやり取りは言語的な会話によって行われますが，同時に，視線や体の動きなどの非言語的な動作が表出します．

　このとき，客側が「よい情報が得られた」「よい旅行プランを立ててもらえた」など満足する場合もあれば，逆に「あまりよい情報が得られなかった」「思ったほどよいプランを立ててもらえなかった」などあまり満足できない場合もありま

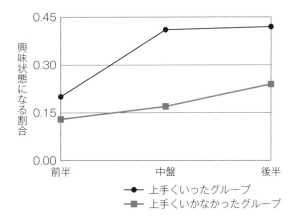

図 2.15 旅行相談中における顧客の興味状態の時系列変化
(本田他, 2017)

す．対して，販売員側も「よい情報を提供できた」「よい旅行プランを立てられた」と満足する場合もあれば，その逆の場合もあります．この違いによってインタラクションにどのような違いが生まれるのでしょうか．

本田らはこれを実験的に検証しています(本田他, 2018)．ここでは，近々旅行に行く予定で旅行代理店に相談に行くことを考えている人を「客」，実際に旅行代理店に勤務して相談窓口で業務を行っている人を「販売員」として，30分間，実際の店舗で行われるような形で相談をしてもらいました．その様子をビデオで撮影して，相談中に表出する客と販売員の言語行動および非言語行動(販売員を見る，前かがみになるなど合計10種類)と言語行動の表出パターンの確率的関係をHMMを用いて分析し，それらの背後にある隠れた状態を探りました．

そして，客は興味状態になると前かがみの体勢になりやすいことから(Honda *et al.*, 2016)，前かがみの体勢を確率的に表出しやすい状態を客の「興味状態」として，この状態が相談の前半(最初の10分)，中盤(中間の10分)，後半(最後の10分)で，表出する割合を，相談が上手くいったグループと上手くいかなったグループで調べました．この結果を**図2.15**に示します．相談の前半では大きな差異はみられませんが，中盤以降，興味状態が上手くいったグループにおいて強く表出されることが表れており，旅行相談が上手くいくか否かは，相談の中盤以降が分かれ目になる可能性が示唆されました．

このように，HMMは，複雑なやり取りの中で生じる心理状態の時系列的変化を解明するうえで大変有用な手法だと考えられます．

2.6 強化学習モデルによる インタラクション解析

　複数の個人間のインタラクションでは，各個人でやり取りされる社会的シグナルが時系列データとして観測されます．以下では，観測可能な他者の行動から，観測不可能な内部状態である他者の意図（目標や目的）や，他者の認知的状態（何を知っていて何を知らないのか）を推定する問題を相互に解きながらシグナルをやり取りする状況を想定し，相互の行動の状況を把握するための理論的枠組，および解析方法について述べます．

　また，インタラクションをする枠組（環境）には，他者と敵対する場合，協力する場合，特に目的がない場合などがありますが，以下では協力する場合，すなわち他者と協調しながら自己と他者の利益を最大にするように行動する場合について説明します．

2.6.1 行動主体からの時系列データ生成と 意思決定のモデリング

　さっそく他者との協力や協調を考える前に，まず，ある行為者がある目的に向かって周辺環境などを観察しながら行動し，目的が達成された際に報酬が得られる場面を考えてみましょう．このような場面で観測，行動，報酬の時系列に沿ってエージェント（行為者）の内部パラメータを学習する問題は，強化学習エージェント（Sutton & Barto, 1998）としてモデリングして，その内部状態を確率的変数として推定する問題と捉えることができます．いいかえると，合理的な目的を達成するために，報酬にもとづいて行動を最適化させるエージェントとしてモデリングできます．

　強化学習（reinforcement learning）の枠組では，エージェントは外部から与えられる状態入力に対して行動出力を決めることになります．すなわち，状態と行動のペアに応じてスカラ値の報酬が与えられ，エージェントは報酬を最大化させるような入出力関数を学習します．身近な例でいえば，将棋やオセロなどのボードゲームでは，ゲームの盤面が入力状態，コマを進めることが出力行動，ゲームの勝ち負けが報酬，ということになります．この場合は，盤面の変化を通して対戦

相手と対峙することになりますが，より一般化すれば，盤面と対戦相手を環境と見なして，自己を行動するエージェントのように捉えることができ，環境と自己との間で行動出力と状態観測を通してインタラクションするエージェントという枠組になります（図2.16）．

このような強化学習問題を解くアルゴリズムには，行動ごとにその行動選択後に得られる報酬を予測する価値関数を学習し，その価値が高い行動を選択する**行動価値法**（action-value method）や，状態から行動への変換（方策）と状態の価値を別の関数として学習し，価値の微分が大きくなる方向に方策を強化する**方策勾配法**（policy gradient method）などがあります．いずれの場合でも，価値や方策をある関数のパラメータとして，最大報酬が得られるようにパラメータを変化させる方法をとります．ここで，学習には，環境の確率性にもとづいて経験サンプルの量をどうするのかを決める学習率パラメータや，未知の行動を探索するのか／それとも学習した中で最大報酬が期待できるものを選ぶのか，という探索と刈取りのジレンマのバランスを決める探索パラメータ，現在の行動や状態からどのくらい先の将来までを見越して報酬予測や最適方策を求めるのかを決める将来割引パラメータなどの学習のためのパラメータ（**メタパラメータ**（meta-parameters）と呼ばれます）を用います．これらのメタパラメータは行動や状態とは異なり，学習アルゴリズムを仮定したうえで推定するのが通常です．逆にいえば，メタパラメータによって，それぞれの個人の学習速度や新規行動への探索の頻度，目先の利益と長期の利益のどちらを優先するかなどのいわゆる「個性」が表現されることになります．一方，行動価値や方策を表すパラメータは，各状態における内部パラメータであり，「次の状態での行動」を予測する指標となります．

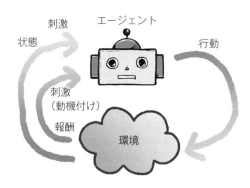

図2.16　強化学習の枠組

　ここで，他者の行動系列から内部パラメータを推定する単純な問題設定を考えてみます．**n 本腕バンディット問題**（n-armed bandit problem）という，n 個の行動選択肢とそれぞれの行動に応じた確率的な報酬があるだけの問題を取り上げます．この問題では行動選択肢ごとに決められた確率で報酬が与えられます．その確率は一定期間固定であり，エージェントは行動選択することで，より多くの報酬を獲得する行動列を生成します．つまり，各選択肢の報酬の確率を推定し，より確率の高い選択肢を選択することになりますが，一定の期間を過ぎると各選択肢の報酬の確率は変更されるため，それまでに学習した知識が使えなくなります．したがって，常に推定をするための**探索**（exploration）をしながら，それまでの知識にもとづく**刈取り**（exploitation）を行うことになります．この問題を解くには，他者が外界（この場合は選択肢ごとの報酬確率）を推定するのとは別に，外部観測者が他者の行動を観測することで，他者内部の外界を推定するためのアルゴリズムがもつパラメータを推定する必要があります．

　ここで，**最尤推定法**（maximum likelihood estimation method）とは，内部状態のパラメータから行動が生成される確率モデルを仮定し，その確率にしたがって行動が生成されたと仮定したときに実現される時系列データの確率を尤度として，それが最も高くなるように推定する方法のことです．ただし，与えられたデータに最もフィットさせることから，異なる他の時系列データでの適合が悪くなる**過学習**（overfitting）の状態が生じます．過学習を回避する方法としては，パラメータの事前分布を仮定し，時系列データを証拠として**ベイズの定理**（Bayes' theorem）*14 を適用した事後分布を用いて推定する**最大事後確率推定**（maximum a posteriori estimation）や，そもそもパラメータ分布を用いる**ベイズ推定**（Bayesian inference）などの方法が使われます．さらにベイズ推定では，周辺確率分布の計算コストが高くなるため，それを下げるためにさまざまな数値的近似手法が提案されており，特に時系列データの分布に対しては**粒子フィルタ法**（particle filtering）などが用い

---

*14　原因となる事象 A が観察されたときに結果となる事象 B が生じる確率（これを条件付き確率と呼び $P(B|A)$ と表す）にもとづいて，結果である事象 B が観察されたときに原因となる事象 A が生じていた確率（条件付き確率 $P(A|B)$ と表す）を求めるための定理．すなわち，条件付き確率 $P(A|B)$ を，条件付き確率 $P(B|A)$ と各事象の生起確率（$P(A)$ および $P(B)$）で表現することによって，結果から原因を探る定理であるといえる．数式としては

$$P(A|B) = \frac{P(B|A)P(A)}{P(B)}$$

で表される．

られます．また，粒子フィルタ法の1つとして，系のダイナミクスの時間発展を
モデル化し，そのモデルを実際のデータで逐次的に更新することでモデルの改善
を行う**データ同化手法**(data assimilation method)などが提案されています．

図 2.17 は，2本腕バンディット問題を動物が解く行動と報酬の系列に粒子
フィルタ法を適用し，学習率パラメータや探索パラメータが試行ごとに変化する
という仮定のもとで行動価値関数を推定し，次の行動選択確率を逐次的に予測し
た場合の結果です(Samejima *et al.*, 2005)．この例では，2つの行動選択肢の報酬
確率の設定が 10%，50%，90%と，それぞれの報酬確率の差が 40%となる組合
せからランダムに選択されています．また，この設定は一定の期間(30〜50 試
行)，固定されますが，次々に変化します．したがって，報酬確率の変化に応じて
行動価値の値が変動し，それに応じてメタパラメータである学習率パラメータや
探索パラメータが変化します．

このように，行動がある行動選択アルゴリズムから生じているというモデル(**生
成モデル**(generative model))を仮定して，パラメータ推定を行うことで，他者の
内部状態を推定することができます．

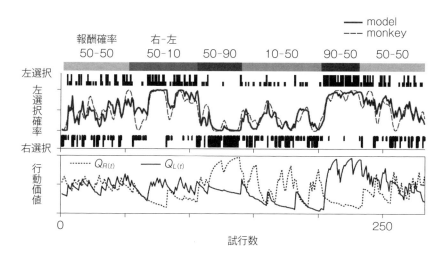

**図 2.17　2腕バンディット問題の時系列データ(上のグラフ)と動物の2本腕バンディッ
トの行動価値関数の推定(下のグラフ)**
(上のグラフの上下に書かれたバーが各行動選択を表し，長さはそのときの報酬
量を示している．実際のサルの選択確率をガウスカーネルで移動平均した値が
点線，モデルの推定確率が実線で表されている)

2.6.2 コミュニケーションシグナルの推定

　別の例として，2 人の行動主体が互いに情報を送り合うことで協力するゲーム（コミュニカティブコーディネーションゲーム）（Li *et al.*, 2019）を考えてみましょう（**図 2.18**）．このゲームの目的は，相手と同じ部屋にたどり着くことですが，相手のいる場所などの情報はわかりません．ここで，実験参加者はそれぞれ仕切られた部屋に分かれて入れられていて，会話をすることも相手の仕草を見ることもできません．ただし，4 つの記号のうち 1 つを 1 回だけ送受信することができます．また，PC 画面上に状態，すなわち 4 つの部屋のうち自分がいる位置の地図が与えられ，上下左右の隣の部屋のどちらかに移動するか，あるいは留まるのかを選択できます．つまり，2 人で送り合う記号の意味を探り合い，それを手がかりに相手の意図を推定し，合意し合うゲームです．

　このゲームをクリアするための戦略はいろいろと考えられますが，最も簡単なものは，4 つの部屋にそれぞれの別の記号を割り当てて，1 対 1 対応させる方法です．しかし，たとえ 2 人が 4 つの部屋の情報を記号から得ることができたとしても，それでもなおこのゲームをクリアすることができない場合があります．な

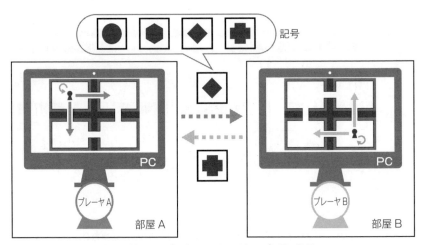

図 2.18　コミュニカティブコーディネーションゲームの概念図
（Li *et al*(2019）より引用）

ぜなら，その記号が，これから移動する最終地点（出会う場所）を示しているのか，現在位置（自分のいる部屋）を示しているのかが不明だからです．例えば，**図2.19**は2人の送り合う記号とそのときの行動の例を示していますが，2人の使用方法が同じであるのかどうかはわかりません．さらに，出会う場所の記号を送り合った場合は，記号は1回だけしか送受信できないので，不一致であればクリアすることができませんし，現在の部屋の記号を送り合った場合は，どの部屋で出会うのかが決められません．したがって，このゲームの最適な戦略は，先に記号を送る側が現在の部屋を伝え，それに応じて後に送る側が移動する部屋（または留まる部屋）を伝えることです．

さて，2人で記号を交換し，行動する，その結果を受けてまた記号を交換し，行動する，ということを繰り返し行っていくと，次第に記号と部屋の関係や，相手の示す記号が現在の部屋を示しているのか，あるいは移動する部屋を示しているのかが相互に理解されるように学習が進行していきます．その結果，最終的に上記の最適な戦略にたどり着く場合もあるでしょうし，そうならない場合もあるで

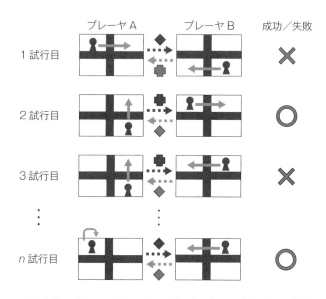

図2.19 コミュニカティブコーディネーションゲームでの記号のやり取り，行動，結果のデータ列の例
（これだけでは各実験参加者（図のプレーヤA，プレーヤB）が記号をどのような意味で使っているのかわからない）

しょう.

　これは，一般的には，記号と位置および行動との相関関係，すなわち条件付き確率で書けるモデルを用いてその意味をパラメータ化して確率推定によって求めることができます．ここで，4 つの部屋と 4 つの記号の対応関係と，それに付随する意味である，現在いる部屋であるのか，それとも移動する部屋であるのか，ということとの階層的な確率分布から記号が生成されたものとして，その尤度を計算し，ベイズの定理を使って各記号生成と行動から事後分布を逐次的に更新していきます．ただし，ある程度間違って記号を生成してしまうエラー確率や，使っている記号と部屋との対応関係がある確率で違う対応関係に遷移してしまう，という仮定を置く必要があります.

　図 2.20 はベイズの定理によって逐次的に推定された事後確率の推移です．1 つの記号が交換され，それにしたがって行動するたびに，それぞれのモデルの尤度によって事後確率が逐次的に更新され，他者と同じ部屋で同じ記号を使うことを合意すると 24 通りある組合せのうち，1 つの事後確率が 1 に近くなり，そのほかは下がっていくのがわかります．記号の意味の途中変更や，どちらか迷いながら記号を使っている場合には，複数の可能性に事後確率が残っています.

2.6.3 ｜ 部分観測マルコフ決定過程と他者の信念の状態

　ベイズの定理にしたがって，確率的に他者の心の状態を推定する問題は，一般に**部分観測マルコフ決定過程**（POMDP）と呼ばれる枠組でモデリングすることができます．1.3.3 項で説明した Baker らのフードトラック問題（Baker *et al.*, 2017）を例にしてみていきます.

　ここで，フードトラックを探しているエージェントは合理的であるとして，他者がどの種類の昼食を食べたいかを報酬関数，現在の状態から行動を行ったときにどのような状態に遷移するかを状態遷移関数，自分がいまの状態 S で何が見えるかを与える P を観測関数として，見えたものから自分の信念 B_0 がどのように遷移して次の信念 B_1 になるかという信念状態遷移を求めます.

　つまり，自分がある状態から何が観測されるか $\Pr(P|S)$ と，どのように信念が観測によって変化するか $\Pr(B_1|P, B_0)$，その信念と願望にもとづいてどのような行動をとるべきか $\Pr(A|B_1, D)$ については，自分の経験を他人に適用することで，

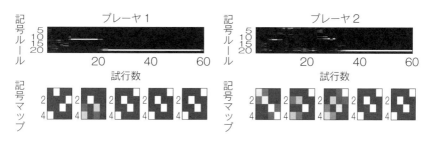

（a）30 試行あたりでプレーヤ 2 が記号の使用方法を固定し，その後，40 試行付近でプレーヤ 1 がその使用方法に合わせている．

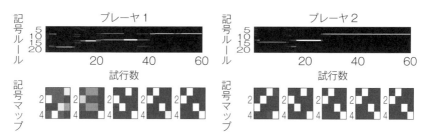

（b）上と別のプレーヤどうしでの結果．最初はそれぞれがさまざまな使用方法を試しているが，30 試行あたりで使用方法を一致させている．

図 2.20　ベイズの定理によって逐次的に推定された事後分布の推移と 12 試行ごとの記号マップ
（いずれの図でも，明るいほど 1 に近いことを示している．記号マップの図では，列は記号を，行は位置を表し，各列の記号が位置を示す事後確率を明るさで示している．）
（(a)と(b)は別のペアの結果を示しており，左右にそれぞれのプレーヤの推定結果を示している）

既知であると仮定して，他者が何を食べたいかに関する報酬関数の分布（願望 D）と，フードトラックの情報についての確率的な状態（信念 B）を推定する問題を解きます．ベイズの定理を使って，何も知らない状態，すなわちすべての状況に一様分布を与える事前分布 $\Pr(B_0, D, S)$ から，他者の行動を 1 回ずつ観察することで，願望と信念とを合理的に更新していきます．

$$\Pr(B, D, P, S \mid A)$$
$$\propto \Pr(A \mid B_1, D)\, \Pr(B_1 \mid P, B_0)\, \Pr(P \mid S)\, \Pr(B_0, D, S) \tag{2.30}$$

これを，他者の心的状態を信念や願望という形で計算要素を分解し，それを確率分布という形で表現し，それらをベイズの定理にしたがって合理的に更新して

いくという意味で，**ベイズ的心の理論**（Bayesian theory of mind; **BToM**）と Baker らは呼んでいます．

　図 2.21 の例では，エージェントは，右下の位置から移動し始め（フレーム 1），K に一直線に近づいて一度角を曲がり（フレーム 2），その後，K に戻ります（フレーム 3）．この一連の行動を見た後，最初の状態（フレーム 1）での願望と信念の分布を求めたもの（事後確率）と，人が推定して 1 点から 7 点で可能性を評価した結果は見事に一致しています．Baker らは，このような願望と信念という内部モデルを仮定することで，人が他者の行動を見たときにその意図や認知状態を推定する認知モデルを提案しており，他の刺激ベースのモデルや，単純な状態遷移だけを想定するモデルに比べて，人の認知プロセスを説明できると主張しています（**column 2.2** も参照）．

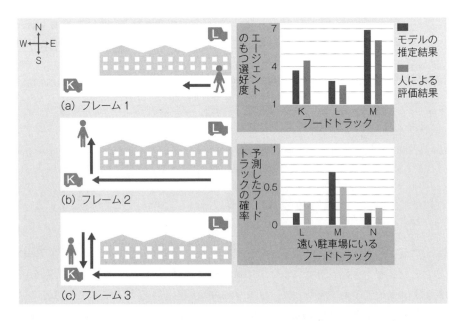

図 2.21　フードトラック問題におけるベイズ的心の理論の推定結果と人の評価結果の比較
（上の棒グラフは，エージェントがもつフードトラック（K か L か M か）に対する選好度を示している．下の棒グラフは，エージェントが最初に見えない遠いところにどのフードトラックが止まっているのか（L か M か，何もない（N）か）を予測した確率を示している．）
（Baker *et al*（2017）より引用および改変）

鹿狩りゲームと読みの深さ

　他者との協力によって自己の利益を最大化する問題では，戦略的な思考が必要とされます．このような状況は，経済学や社会心理学では**鹿狩りゲーム**（stag-hunt game）としてよく知られています．このゲームは 2 人が協力行動を行うことで大きなシカを狩るのか，それとも単独行動を行って自分だけウサギを狩るのか，その選択をさせるものです．経済学では 1 ショットの 1 行動のみを対象とすることが多いですが，社会心理学では相手の動きを連続的に見て，自分に協力してくれそうな相手であるのか，また，自分の動きから相手に自分が協力すると思ってもらえるか，という行動推定の問題として定式化した拡張版の鹿狩りゲームを使って，行動の解析および脳活動計測を行う実験が行われています（Yoshida *et al*., 2008）．

　この拡張版の鹿狩りゲームでは，ウサギの位置とシカの位置，そして相手の位置が各時刻で表示され，相手の行動を観察しながら自分の行動を毎試行決めて実行することになります．この間，相手も同様に自分の行動を見ることができるので，勝手にウサギを狩るような行動をしようとすると，一緒にシカを狩ろうとしても，協力してくれなくなります．すなわち，他者モデルを自分の中につくって最適行動をとろうとすると，他者モデルの中に他者が自己の行動を見ている過程も含めなければならず，その自己はまた他者の行動を見ているモデルが含まれ…，という入れ子構造が生じますので，深さに限界があるものと想定する限定合理的なモデルをつくる必要があります．鹿狩りゲームでは，相手がもっている入れ子構造の深さより 1 段深いモデルを使えば，最適な行動をすることができることがわかっています．実際，機械と人でこのゲームを行ってもらい，機械の入れ子構造の深さを変えながら行動させると，人の行動もその深さを変化させ，相手の深さに応じてそれより 1 段深い程度の行動をすることが示されています．

　例えば，自閉スペクトラム症の症状の 1 つとして相手の視線や認知状態を認識できないことがあるために，自閉スペクトラム症傾向のある人は他者モデルをうまく構築できないのではないかという仮説がありますが，上記の結果から，自閉スペクトラム症傾向のある人は，他者モデルそのものは構築できていますが，適応的にその他者モデルの入れ子の深さを変化させることができない可能

性が示唆されます.

　このように,時系列データから他者モデルの構造をベイズの定理によって逐次的に推定することで,人の社会行動を支えている神経メカニズムの解明に役立てたり,社会行動の異常を示す疾患に対する説明を与えたりする計算論的精神医学が,近年注目されてきています.

第 3 章

データの定量的表現と変数

　前章では，インタラクション研究において仮説を立て，その妥当性を検証するための考え方や代表的な手順などを示し，認知モデリング（cognitive modeling）を通したインタラクションと，そのとき人はどのような認知を行っているのかを理解するために必要な知識や方法を説明しました．このような方法を実践するには，まず必要とするデータを自分の手もとにもつことが不可欠です．つまり，ある目的のもとで，与えられた刺激や環境の変化に対する主体の心的状態や身体の状態，動作の変化を，適切かつ正確なデータとして計測し，変数として表現する必要があります．

　他人の心の中を私たちは直接みることはできません．そのため，心の状態をもった人間などの主体間のインタラクションを理解するには，主に次のような方法によって取得されたデータが用いられます．

- 行動心理学や実験心理学で発展してきた実験を通して得られたデータ
- 各種センサや計測機器を利用し，工学的な信号処理を通して得られたデータ
- エスノグラフィー的方法によって記録されたデータ
- コンピュータシミュレーションや機械学習といったコンピュータ技術によって計算的に求められたデータ

　そこで本章では，人の心の状態を非言語的指標として推定するための代表的なデータとして，人の顔表情や視線，身体動作，音声（声質），生理指標に関するデータの性質や機能とこれらをインタラクション研究における変数として用いる際に注意しなければならない点についてまず説明します．次に，人以外の動物を観察対象とする場合の方法についても紹介します．そして最後に，近年比較的安価でかつ正確なデータを得ることができるようになった各種センサや計測機器についても紹介し，それらをインタラクション研究で活用する際の技術的な方法に関して説明します．

3.1 表情と視線にかかわる変数

3.1.1 インタラクション研究における顔の表情と視線の役割

　第1章で述べたとおり，**顔の表情**(facial expression)や**視線**(gaze)の動きは，その人の心の状態が自動的に映し出される非言語的な身体表出だと一般的には考えられています．そのため，多くの対人的なインタラクション研究では，**表3.1**に示すような分析項目がこれらのデータ(顔の表情や視線の動きのデータ)から推定できる可能性が高いとされています．

　私たちの日常生活においても，他者の顔の表情や視線の動きを，相手が何を感じているか，ある対象に関して興味があるか／ないか，好意的に捉えているか／ないかといった情報を得るための重要な手がかりとしているのは事実であり，経験的にその妥当性が認められています(Ekman, 1982; エクマン・フリーセン, 1987)．一方，人は他者を騙したり欺いたりするときなど，自分の心の状態を他者が推定することを妨げるために，しばしば自らの顔の表情や視線の動きを意識的にコントロールすることがあります*1(エクマン, 1992)．すなわち，人は，生存

表3.1　観察対象とそれから推定できることが期待される分析項目

観察対象	分析項目
顔の表情	・感情(ムード，情動) ・態度 ・心的活動の状態
視線の動き	・注意の対象 ・他者の注意を誘導しようとする意図 ・思考過程の状態 ・身体運動に対する予期的な構え(準備)

---

*1　例えば，あえて無表情を装うポーカーフェイスは，他者に自分の心の状態を推定させないための防衛手段でもあり，**ブラフ**(bluff，**虚勢**)の手段でもある．

競争に生き残るうえで，他者に自分の心の状態を容易に推定されると不利な状況に陥ってしまう場合があることを知っており，他者に真の自分の心の状態とは異なる状態を推定させる表情や視線の動きをつくり出す場合があります．

このように，人の顔の表情や視線の動きは，心の状態を投影した非言語的なサインとしての性質を有する一方で，そのことを前提として，実際の心の状態をカモフラージュするためのディスプレイとしての性質も同時に有するのです．したがって，顔の表情や視線の動きを分析する際には，これらサイン性とディスプレイ性の両方に留意しておく必要があるといえます．

3.1.2 | インタラクションにおける顔の表情

視覚的な情報源としての顔の表情はあくまでも感情推定の情報を与える1つの要素に過ぎず，実際のインタラクションでは当事者間の言動の文脈や時間構造が感情推定に深く関与している可能性が高いと考えられています．

そのため，対話場面においては，次にあげるような，インタラクションの過程で表情と同時に生じている身体的な手がかりが変数として重要になってきます．

- **発話**(utterance)
- **視線の向き**(gaze direction)
- **姿勢**(posture)
- **ジェスチャ**(gesture)

また，これら以外にも，表情そのものの時間的な変化の過程も重要な手がかりになる変数だといえます(Goffman, 1981; Goffman, 1982)．いいかえれば，人の表情からその個体の感情(affect)状態を推定しようとする場合，表情を絶対的なものとして取り扱うのではなく，インタラクションに埋め込まれたさまざまな手がかりとの関係の中で相対的に取り扱うことが望ましいといえます．

例えば，ボクシングのチャンピオンが5回目のタイトル防衛戦で最終ラウンドまで決着がつかず，ジャッジによる判定が行われた結果，敗戦してしまったとしましょう．試合後のインタビューで敗戦について記者に質問されたとき，かすかな笑顔をともないながら，「ジャッジには挑戦者のほうが強かったようにみえていたということでしょう」といった場合と，「この試合をもって私は現役を引退します」といった場合とでは，たとえ，同じ顔の表情であったとしても，前チャンピ

113

オンの気持ち（感情）が同じだとは考えにくいはずです．前者の場合にはジャッジ
の判定の未熟さに対する皮肉と，試合に負けた悔しさを押し隠すための笑顔だと
も解釈できますし，後者の場合には現役選手としてやり終えた充足感と安堵感に
よる笑顔だとも解釈可能です．つまり，たとえ顔の表情が物理的（定量的）に同じ
であったとしても，前後の文脈や発話の内容といった定性的な要素との関係に
よって推定される感情は大きく異なる可能性があります．

　さらに**微表情**（micro-expression）と呼ばれる，人が真の感情を隠蔽するように，
ある偽りの表情を意図的にディスプレイしようとするごく短い時間（40〜200
ms）の間に，かすかに真の感情が表出してしまう現象が存在します（Svetieva &
Frank, 2016）．これは，真の感情が偽りの表情を表示する直前に表出してしまう
というものであり，顔の表情から感情の状態を推定しようとする場合には，時間
的な変化の過程も手がかりの 1 つとなることがこれからも窺えます．

　また，人の顔の表情を感情の表出として捉えることが一般的である背景には，
Ekman らの研究の影響があると考えられます（Ekman, 1982）．この研究では，幸
福感，驚き，悲しみ，怒り，嫌悪，恐怖を基本感情とし，これらは文化に依存せ
ず，普遍的にそれぞれの感情が統一的に表情として表出される（**感情の普遍性**
（universality of emotion））と主張されています．その後，面白さ，軽蔑，満足，困
惑，興奮，罪悪感，功績にもとづく自負心，安心，納得感，歓喜，恥など，他者
や外界での出来事に対する態度や内発的な動機付けと密接な関係にある感情的な
表出に対しても，感情の普遍性に関する研究が続けられています．一方，西欧文
化圏と日本などの東洋文化圏との間では，必ずしも感情と人の顔の表情との対応
が一致しないという実証的な結果も示されています（Jack *et al.*, 2012; Matsuda
et al., 2008）．

　なお，インターネットの普及にともなって SNS でのテキストチャットなど，テ
キスト（言語情報）を使ったコミュニケーション，特にカジュアルなコミュニケー
ションでは，語気や話速などのパラ言語情報の欠落を補うために，これらを視覚
的表象（絵文字，エモティコン，スタンプなど）によって表現する手法が用いられ
ています．このような視覚的表象の生成と理解においても**文化依存性**（cultural
dependency）があることが知られています（Takahashi *et al.*, 2017）．

3.1.3 インタラクションにおける視線

　視線に関する情報も，インタラクションにおいて大変重要な役割を果たしています．特に，心の理論(1.2.3項，1.4.3項，およびcolumn 1.2参照)モデルは，基本的に視線に関する情報を基盤として成り立っています．例えば，Simon Baron-Cohen は，他者の心的状態を推定する能力や，三者間の関係を構築する能力（shared attention mechanism; **SAM**）の基盤として，**EDD**(eye direction detector, **視線検出器**)があり，脳内にこれに対応するモジュールがあると主張しています(Baron-Cohen, 1995)(**図 3.1**)．EDD の機能には

① 目や，目に似た形状のものから自分，あるいは何かを見ている他者の「目」の存在を検知する能力
② 他人が自分を「見ている」かどうかを判別する機能
③ 自分が「見られている」と感じたときに，自分を見ている他者は自分に関心があるのだろうと推定する能力

がかかわっていると考えられています．

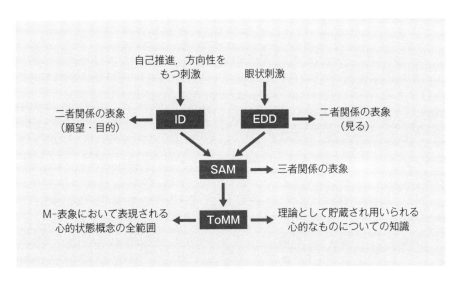

図 3.1　心の理論モデルを支えるモジュール
(Baron-Cohen(1995)より引用)

　このEDDは**ID**(intentionality detector, **意図性検出器**)とともに作動し, 前述の SAMによる注意の共有メカニズムを通して最終的に**心の理論モジュール**(theory of mind module; **ToMM**)において, 他者の行動の背後にある感情や欲求, 信念などを推定することに寄与します. さらに, 視線は人の発達段階において, 自分と他者がともにある対象を注視することを通して, 他者の態度を理解したり自分の関心を他者に理解させたりする共同注意や母子間相互作用, 自分だけでは対処できないことに直面したときに周囲の人の態度や表情を見て行動を決める社会的参照, 注意や情動の共有(共感), さらには言語の獲得においても重要な役割を果たしています.

　このため, 心理学研究から始まった**眼球運動計測**(eye tracking)の歴史は古く, 1800年代前半から行われてきました(橋村他, 2015). **眼球運動測定器**(eye tracker)の多くは光学的方法を採用しており, 装着型(眼鏡式, ゴーグル式)と非装着型の機器があります. 検出方法としては主に角膜反射法(3.6.2項参照)が多く採用されています. なお, 眼球運動から得られる情報には, 視線方向, 眼振, サッケード(saccade, 急速性眼球運動), 睡眠時の眼球運動, 回旋運動, 輻輳などがありますが, 本書では視線方向に注目します.

　装着型の眼球運動測定器を使用した視線計測では, ゴーグルやカメラフレームに装着した視野カメラによって撮像された視野映像に時々刻々の視線の位置を重ねて, 注視している場所や注視している時間のデータを得ます(橋村他, 2015). 例えば, トビー・テクノロジー(株)の装着型アイトラッカでは, 角膜反射法を用いて, 近赤外(通常700〜900 nm程度の波長)のLEDによって角膜上に生成された反射パターンをアイトラッキングカメラで取得します(トビー・テクノロジー(株)). さらに, 画像処理アルゴリズムと眼球の生理学的3Dモデルを使用して, 空間中の目の位置と視点を高精度で推定しています. また, (株)ジンズ(J!NS)の眼鏡デバイスでは眼電位により眼球や瞼の動きを検出します(碓井・坂・山本, 2016).

　ここで, 視線知覚の大変興味深い現象として**モナリザ効果**(Mona Lisa effect)と呼ばれるものがあります(佐藤, 2011). これは, ルネサンス期のイタリアの画家レオナルド・ダ・ヴィンチが描いた有名なモナリザの絵の正面に立つと, モナリザはこちらを見ているように感じられますが, 少し斜めから絵を見ても, やはりモナリザはこちらを見ているように感じられるというものです. このような現象はモナリザの絵に限らず, 一般に映画やテレビを視聴する際にも起こります. ま

た，**アイコンタクト**（eye contact）[*2] は，社会的コミュニケーションの手段として
とても重要です．例えば，バスケットボールの技の1つに，あえて目を合わすこ
となく，味方の選手にパスを出すノールックパスがあります．これによって敵の
選手はパスを出す方向の予測が難しくなり，味方どうしの合意が上手く形成され
ていればチャンスを大きく広げることができます．

　これらの効果を検証するためには視線知覚の精度を知る必要があります．視線
知覚に関する研究のオリジナルともいうべきものは James J. Gibson の論文です
（Gibson & Pick, 1963）．その実験はとてもシンプルなもので，実験参加者（観察
者）から2m離れた位置に刺激となる人物（刺激人物）を立たせた後，刺激人物に室
内に配置されたマークを凝視するように伝え，その際に刺激人物が観察者を見て
いると感じるかどうかを観察者に尋ねるというものです．

　この結果，人が他者の視線をかなり正確に知覚できることが示されたと報告さ
れています．**図 3.2** に示すように，刺激人物が観察者の顔の中央を見ているとき
に，「見ている」と判断する率が高く，凝視点が左右に離れるほど低下します．こ

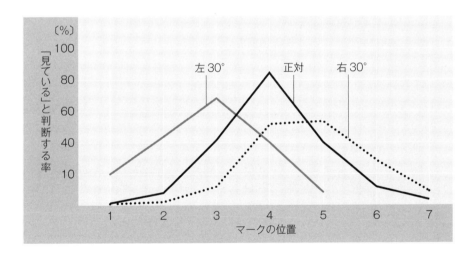

図 3.2　Gibson & Pick（1963）の実験結果
（正対：刺激人物が観察者の真正面に向き合った場合
左 30°：刺激人物が左に 30° 頭を回転させた場合
右 30°：刺激人物が右に 30° 頭を回転させた場合）

---

*2　他の人と目が合うこと．

の実験でマーク 1 つあたり眼球の回転は 2.9°になり，それは 10 cm ほどの移動に相当するので，「見ている」の限界はほぼ顔の幅に一致すると考えてよいでしょう．

　ここで「正対」は刺激人物が観察者の真正面に向き合った場合，「左 30°」は刺激人物が左に 30°，「右 30°」は刺激人物が右に 30°，それぞれ頭を回転させた場合の結果です．「正対」に注目すると，刺激人物の視線が少しずれただけでも，観察者はそれを認識できることがわかります．

　一方，絵画や写真ではモナリザ効果が生じますが，実際の人の顔ではモナリザ効果が生じないことが知られています(佐藤，2011)．実際の人の顔でモナリザ効果が生じない理由は，頭部回転効果によるためといわれています．例えば，実際の人が顔を左に回転させると，それまで見えていた左耳が見えなくなり，右耳が余計に見えるようになったり，鼻の左側が見えにくくなったりしますので，顔の各部の見え方，つまり遮蔽関係が変わってきます．しかし，絵画や写真ではこのような遮蔽関係の変化は起こりません．この遮蔽関係が不変なことによって，絵画や写真ではモナリザ効果が生じるとされています．

　また，人は視線知覚が重要な役割を果たすことを相互に理解しているため，それに適応できないことによる**視線恐怖症**(scopophobia)という視線に関連して発症する不安要素，不安要因，不安症状も注目されています(生月・田上，2003)．特に日本では，集団に対する協調性が重視される傾向があり，自己主張よりも周囲に合わせる同調傾向や他人の目を気にする意識が高いためにこれらの症状が現れやすいといわれています．

　このように視線を計測して定量化することでさまざまな有益な知見を得ることができますが，視線データはその人の意図や願望，心的状態を表すものであるため，倫理面にも配慮して，慎重に活用していく必要があります．

3.2 身体運動と空間配置にかかわる変数

3.2.1 身体をともなう行動とインタラクション

　人の行動はしばしばその人の心の状態を反映しているという考えにもとづいて，私たちは他人の心の状態を行動から推定しようとしています．しかし，人の心の状態は，その人自身ですら常に意識できているとは限りません．危険を回避するときのように反射的に体が動いてしまうこともあれば，わき上がってきた情動に駆られて衝動的に行動することもあるでしょう．人の身体をともなう行動には，環境の変化や外部の刺激を知覚したことによって本人の自覚がないまま，いわば無意識に生じさせているものもあります．またその反対に，自分にいま何が起きているか，相手にどんなことをすればよいのかなどの思考をともない，自分の行動がもたらす効果について意識された行動もあります．さらに，自分では意識していなくても，心の状態の変化にともなって他者に対してシグナル的な行動を行っていることもあります．

　このように人の行動は，どのような意識レベルのもとで生起しているのかという指標にもとづいて，次の3レイヤ(層)のもとで分類することができます．

- **物理的レイヤ**(physical layer)
- **前言語的レイヤ**(prelinguistic layer)
- **言語的レイヤ**(linguistic layer)

そこでまずは人がどのような意識レベルのもとで行動しているかによって，身体をともなうインタラクションを構成する変数間の関係をどのように記述すべきかを検討しなければなりません．最初に，このことを現実世界での実例で確認してみましょう(それぞれの中身については後で説明します)．

　例えば，**図3.3**のようなエレベータの中の様子を見てみると，そこにいる人たちどうしのさまざまな行動が相互に生じた結果，互いにできるだけ体どうしが接触しないように立ったり，いま何階にいるのかを表示している数字の表示を誰もが見つめたり，ドアに正対するように全員が同じ向きを向いていたりしています．

図 3.3　エレベータの中の人々の様子

中には携帯電話に着信があり，ばつが悪そうにうつむき気味に小声で話す人もいたりします．こうした状況では，上記の物理的レイヤでの行動(他者との距離や体の向き)や前言語的レイヤでの行動(視線の向き)，さらには言語的レイヤでの行動(小声で話す)など，無意識に行っている行動や意識的に行っている行動を観測することができます．

　また別の事例を示しましょう．乳幼児はヘビやクモに対して，たとえそれらに関する知識や経験がなくても恐怖心を抱くという研究報告があります(Hoehl *et al.*, 2017)．私たち大人もヘビやクモを見ると恐怖心や嫌悪感を抱くことは(おそらく大多数の人が)自覚しており，目の前にそれらがいれば距離をとったり，目を背けたりする行動が引き起こされるかもしれません．しかし，このような負の**情動**(emotion)がなぜ自分の中にわき上がってくるのかを，自分の言葉で説明することが難しいのも確かです．このように自分の心の変化や状態にもとづいてある行動が引き起こされていることは意識しつつも，情動や注意(attention)，**興味**(interest)，**内発的な欲求**(intrinsic need)などによって衝き動かされた結果生じた行動もあります．一方で，私たちは外界の変化に気づいたり自分自身の心の状態を内省的に意識したりする中で，**思考**(thinking)や**判断**(decision)，**信念**(belief)などにもとづいて自らの行動を起こすことができます．少なくとも人はこのように意識的に行動することができ，その行動によってどのような効果を他者や周囲の環境に与えることができるかを予測する認知能力を有しています．このような行動を通して行われるインタラクションでは，人の行動の背後にある**意図**(intention)や**目的**(purpose/goal)，**願望**(desire)を推定する高次な認知過程をともなう可

能性が高いといえます.

　ここまでで述べた意識レベルに対応した3レイヤの行動の間では, レイヤの違いを越えてさらにミクロな相互作用が起きていると考えられます. すなわち, 各レイヤは相互に含む／含まれるという包摂関係にあり, 物理的レイヤのような低次な水準が言語的レイヤのような高次な水準を包摂するボトムアップな性質を有する場合もあれば, 反対に高次な水準が低次な水準を包摂するトップダウンな性質を有する場合もあります. column 0.1(3ページ)で説明したインタラクションの階層モデル(図0.1)も, このような行動の階層性を反映したものになっています.

　それでは先述の3つのレイヤにおける行動とそこから導ける変数に関して, それぞれ個別に説明していきましょう.

3.2.2 物理的レイヤにおける変数

　物理的レイヤでの行動とは, 身体をともなう行動において最も原初的水準であり, 実世界の環境下での個体の生存のために不可欠な生得的(本能的)な能力や, 個体に閉じた欲求にもとづいた行動と定義されます. それらの多くは無自覚であったり事後的に解釈されたりします. つまり, 必ずしも行為者自身の意図や感情など, 本人が自覚できる内部状態を前提としておらず, 基本的には行動そのものが行為者の意識にかかわらず生じます[3](**図3.4**).

　具体的な事例としては, ヘビを見たときにとっさに距離をとろうとするような, 本能的な危険回避能力にもとづいた行動や**パーソナルスペース**(personal space)[4]

---

[3] ここで述べる感情とは, 意識的な**感情**(affect)のことを指している. いわゆる喜怒哀楽と呼ばれるものや, Ekman(1971)による人類が文化に依存せず普遍的に有している感情として示した, 怒り, 嫌悪, 恐れ, 幸福感, 悲しみ, 驚きなどのことである. 近年, 脳科学研究が発展してきたのにともない, 非認知説とも呼ばれるソマティックマーカー仮説に代表される「意思決定に対して情動的な身体反応が重要なシグナルとなる」という考え(悲しいから泣くのではなく, 泣くから悲しいという考えともいえる)が注目され始めてきて, その場合では**情動**(emotion)という用語を用いている. 情動は感情を引き起こす身体生理的なメカニズムであり, 基本的に無自覚的(無意識的)だと定義され, 身体的な変化によって引き起こされるとされている(Damasio, 1991).

[4] 他人に近づかれると不快に感じる物理的な空間のことで, 性別や相手との関係, 文化, 民族, 個人の性格によっても変化する. Hall(1966)は, これを4段階の対人距離によって分類される同心円で説明する**近接学**(proxemics)を提唱している.

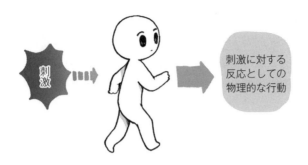

図 3.4　物理的レイヤにおける行動

表 3.2　物理レイヤで成り立つインタラクション分析のための変数と推定内容の例

変　数	推定内容
・行為者と対象，あるいは行為者間の距離 ・行為者と対象，あるいは行為者間の角度 　（相対角度） ・それらの時間変化（速度，角速度） ・エンブレム	・生得的に忌避される対象（生命の危険を示唆する性質を有したものなど） ・個体にとって好ましい／好ましくない自覚をともなわない物理的状態 ・個体にとって好ましい／好ましくない自覚をともなわない原初的な心の状態

の成立，何となく落ち着く場所を無意識に選んで座ること，無自覚的な情動や欲求によって快状態や望ましい状態を満たそうとする行動，あるいは不快状態や嫌な状態を回避しようとする無自覚的な行動などがあげられます（川合，2016）．これらは**表 3.2** のような変数を通して観察することができます．

　このレイヤで成り立つインタラクションでは，相手の物理的な存在そのものが行為者にとっての環境であり，行動は環境の変化として認知されるだけなので，分析にあたって，行動の背後にある相手の心の状態の認知までは必要とされません．したがって，このレイヤで成り立つインタラクションの構成要素であるそれぞれの個体の振舞いは，個体が外界から直接得た知覚情報にもとづいて動的に生成されます．この点で，**アージ理論**（urge theory）におけるダイナミックスキーマに通じているといえます（戸田，1992）[*5]．

　例えば，街中でしばしば遭遇するビラやティッシュ配りでは，渡す側と渡される側との位置関係や渡す直前の相互の動きによって，タスクの成功（渡せた）／不成功（渡せなかった）が決まることがあるため，物理的レイヤで成り立つインタラ

クションとして分析できる可能性があります(4.1.2 項参照). また, あおり運転など
が発生するきっかけになる車列への割込みや車間距離の急接近などに関しても,
物理的レイヤで成り立つインタラクションと捉えることで, 割込みや急接近された
ドライバがどのような心の状態になってしまうのかを予測できるかもしれません.

このほか, それ自体に他者へのメッセージ性はなく, 自分自身の内部状態をジェ
スチャとして表出させたものを**エンブレム**(emblem)といいます. これも物理的レ
イヤでの行動の 1 つといえます(Morris *et al.*, 1979). 例えば, ホッとしたときに
胸に手を当てる仕草や, 何かを拒否したい気持ちの現れとして手のひらを自分の
体の正面方向に出す仕草は, しばしば当人が意識していなくても表出するため,
エンブレムといえます.

3.2.3 | 前言語的レイヤにおける変数

次に, **前言語的レイヤ**での行動について説明します. Gregory Bateson は, 乳児や
動物など言語的なコミュニケーションができない段階を, 論理的な思考の一種で
ある否定(not)を使えない前言語期とし, 言語的な思考をともなわない段階の行動
の特徴を指摘しています(Bateson, 1972). Bateson によると, 動物の甘噛みは相手
を噛んではいるもののそれは本当の「噛む」ではない, すなわち相手を噛む意思が
ないことを示すために, まず噛むという行動を通して, 相手にその行動の目的を演
繹的に理解させるものだと解釈します. 翻って子どものころ, 友人や気になる異性
に対して一種の嫌がらせや意地悪だともいえるようなちょっかいを出したり, 互
いに軽く叩いたり蹴ったりしてじゃれ合った経験があれば, それは相手を本気で
困らせたりダメージを与えたりしようとしていたわけではないことは実感できる
でしょう. つまり, 前言語的レイヤにおける行動とは, **前言語期**(言語発達の段階
において言語を介して思考を行う前段階)におけるある対象に対する情動や感情,

---

*5 戸田(1992)によって提唱されたアージ理論は, 人の意思決定においてしばしば不合理な
判断が起きるのは情動や感情が基底にあり, これが人の認知システムを支えていると考え
る. また, この認知システムは進化論的に説明され, 人のような思考をともなわない動物
であっても情動や感情にもとづいた行動が即座に生成されることを説明するために, 直観
的なイメージ自身が動的かつ自律的に変化するスキーマの存在を提案し, これを**ダイナ
ミックスキーマ**(dynamic schema)と呼んでいる.

ある対象への注意を引き起こす関心・興味，外界の事象に対する自発的な意欲や欲求といった，思考をともなわない意識領域から直接生じる行動と定義されます．

　前述の物理的レイヤでの行動との違いは，物理的レイヤでの行動が外界の環境の変化や自分自身の心の状態の変化に対して受動的に生じた反応として観察されるのに対して，前言語的レイヤで生じる行動は，他者を含む外界の事物や自分自身の心の状態を意識できる対象として認知したうえで，自発的（能動的）に生じるものです（**図 3.5**）．つまり，前言語的レイヤでの行動は，自らの行動やそれにともなう環境の変化が他者の反応を引き起こすという，因果的関係の認知にもとづいて成り立つものとして分析できます．

　母子間相互作用にかかわる研究でしばしば着目される**共同注視**（joint attention）を例にとりましょう．共同注視では，親と子および注意が向けられる対象物からなる三項関係が成立します．その成立にともなって生じる，乳児と養育者との間での視線追従や社会的参照などは，両者の間に存在する外界の事物を，共同注視を通して相手に知覚させることになります．それによって暗黙的にその事物への関心や欲求を相手に伝えることができるという，前言語的インタラクションの具体的な事例としてあげられます（トマセロ, 2006; Tomassello, 2010）．また，試験の合格者の受験番号が多数掲示されている中で特定の受験番号を探すときのように，人差し指を伸ばして，ある方向や場所，あるいは事物を指し示す**直示的ジェスチャ**（deixis gesture）も，視線と同様に自らの興味や関心が向けられている対象を示す行動として表出することがあり，前言語的レイヤにおける行動だといえます（McNeill, 1992; 喜多, 2002）．**表 3.3** に前言語的レイヤで成り立つインタラクション分析のための変数と推定内容の例をまとめます．

刺激にともなう
自分自身の内部
状態にもとづく
外部へのシグナ
ル的な行動

刺激

図3.5　前言語的レイヤにおける行動

表 3.3 前言語的レイヤで成り立つインタラクション分析のための変数と推定内容の例

変 数	推定内容
・行為者と対象，あるいは行為者間の距離 ・行為者の視線の向き，凝視時間 ・行為者の姿勢 ・行為者の対象への指差しとその向き 　（直示的ジェスチャ）	・ある対象に対する情動・感情 ・ある対象への注意を引き起こす関心 ・興味・外界の事象に対する自発的な 　意欲・欲求

3.2.4 言語的レイヤにおける変数

　前言語的レイヤにおける行動が思考をともなわない意識領域から直接生じるものであったのに対して，**言語的レイヤ**で成り立つインタラクションとは，思考をともなった，すなわち自分の行動がもたらす効果について意識された行動と定義されます（**図 3.6**）．言語を思考や他者との意思疎通のための道具として用いたり，知識を保存したり他者と共有したりするための記録手段として用いているのは，おそらく人だけだと現状では考えられています．このことは人工物と人との円滑なインタラクションを設計しようとしたときには，言語的レイヤにおける行動の生成と理解も両者の間で共有できるようにする必要があることを意味しています．

　ここで，**言語**（language）とは**ロゴス**（logos）という性質を象徴するものとして取り扱います．ロゴスとは，自分自身だけでなく，他者の心の状態を「～である」／

刺激

他者に対する作用を前提に表出される思考をともなうメッセージ的な行動

図 3.6 言語的レイヤにおける行動

「～になる」／「～している」という形で記号的(symbolic, シンボリック)な概念や観念として認知し，その論理的または因果的な処理過程を意識のうえで理解するためのものです．つまり，言語的レイヤで成り立つインタラクションに対しては，その分析を行う中で，知識や論理的な思考，あるいは外界に対する観察や経験を通じて得た情報にもとづいて導き出すという認知的な処理過程を通して，自分や他者が「いま何を考えているのか」という問いに対する答えを理解，あるいは推定することになります．

　しかし，人は言語(＝言葉)を使った情報の伝達によって，通常は明示的に自分自身の考えや気持ちを他者に伝えますが，行動の背後にある発話者の心の状態が言語によって伝達された情報とすべて合致しているとは限りません．人はある意図をもって他者を任意の状態にさせようと，あえて特別な情報を，言動を通じて他者に与えることがしばしばあります．その特別な情報は，事実と異なるものであれば嘘であり，相手に何か行動を自発的に起こさせる性質を有していれば外発的動機付けになります．したがって，心の状態の推定にあたっては，発話データの内容以外にも音声の**韻律**(prosody, **プロソディ**)や顔の表情，視線の向きや仕草，動きなどの身体的な振舞いに関するデータ，発汗量や心拍数などの生理的なデータも合わせて，発話された情報との整合性を手がかりとする必要が生じます(Kendon, 2004)．

　すなわち，このように言語的レイヤで成り立つインタラクションの理解にあたっては，自他の間におけるインタラクションがどのような心の状態のもとで相互に認知されているのかを正しく理解するために，言語やジェスチャ，視線などにより表現された情報と，実際の心の状態を直接反映した表出した情報とを同時に取り扱い，それぞれの変数間の差異やそれらが発現する時間構造の分析が不可欠だといえます(喜多, 2000)．**表 3.4** に，言語的レイヤで成り立つ，インタラクション分析のための変数と推定内容の例をまとめます．

表 3.4　言語的レイヤで成り立つインタラクション分析のための変数と推定内容の例

変　数	推定内容
・発話にともなう音声の韻律や顔の表情 ・能動的な身体的な振舞い(視線の向き・動き，表象的ジェスチャなど)	・個体の行動の目的・意図 ・個体の信念・願望 ・ある対象に対する態度(同意／不同意など) ・ある状況に対する姿勢(受諾／拒絶など)

3.3 音声言語にかかわる変数

3.3.1 音声言語と文字言語

　人類の言語の起源は数万年前にさかのぼることができますが，文字を利用するようになったのは約 5000 年前とされており，ごく最近のことといえます．したがって，現在でも正書法のない言語のほうがはるかに多いのが実情です．個々の人における**言語コミュニケーション**（verbal communication）の発達も同じく，まず声（音声言語）による他者とのコミュニケーションを覚え，読み書き（文字言語）による他者とのコミュニケーションを学ぶという順番をとります．ここで，音声言語はそれを使う他者がまわりに存在し，コミュニケーションの機会が十分あれば，明示的な学習を経ずに獲得できるのに対して，文字言語は，教育機関等における明示的かつ長期的な学習が獲得に必須になるという特徴があります．一方で，文字言語は記録として残すことができ，時間や空間を越えた知識伝達を可能とします．以下では，音声言語にかかわる変数について説明します．

　友人と会話する際，まわりが騒々しかったとしても，友人の声を聞き分けることができるでしょう．また，声の調子から，身体的および精神的な状況も推測できるかもしれません．さらには，会話中の間（無音の長さ）から，相手の気持ちを察することもできるでしょう．このように，文字言語に比べて，音声言語のほうが他者に自分の気持ちを明確に伝えることができます（**図 3.7**）．文字化すれば「ん」となってしまう発話に，実にさまざまな意図が込められることを示した研究もあります（渋谷他, 2005）．

　これらは，私たちにとってごく当たり前のことですが，音声は音波，つまり，空気を媒質とした縦波でしかありません．音波のどこに，健康状態から感情にいたるまでの情報が埋め込まれているのでしょうか．以下では，この謎解きに必要な，音声の音響分析の基礎，音声言語に関する変数について説明します．

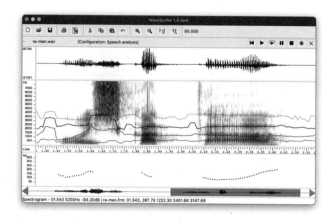

図 3.7　「美味しかった？」に対する音響分析結果
（上から，音声波形，スペクトログラムとフォルマント周
波数，ピッチパターン）

3.3.2 | 音声の 4 要素とその音響的対応物

　音声（あるいは音）が伝える情報においては，音の 3 要素（音の高さ，音の大き
さ，音色）に加えて，音の長さの伝達への寄与を考えることになります．これらの
組合せによって，人は音を聞き分けています．

　図 3.8(a)に「あ」の音声波形の一部を示します．一般に，声帯振動をともなっ
て生成される声は，およそ周期的な波形となります．この周期構造を通して人は
音の高さを感じます．周期構造がない（s などの子音）と音の高さを感じることは
できません．この周期を**基本周期**(fundamental period)と呼び，その逆数を**基本周
波数**(fundamental frequency)と呼びます．いいかえれば，基本周期が短い／長い
（基本周波数が高い／低い）ことが，音が高い／低いという感覚と対応します．こ
の音の高さに関する心理量を**ピッチ**(pitch)といいます．さて，周期的な信号 $s(t)$
はフーリエ級数により，次のように表されます．

$$s(t) = \sum_{n=0}^{\infty} A_n \cos(2\pi(nF_0)t + \theta_n) \tag{3.1}$$

　ここで，A_n，θ_n は nF_0（F_0 は基本周波数）の正弦波に対する振幅と位相です．
式(3.1)は周期波形が周波数軸上で飛びとびの線スペクトルをもつことを表して

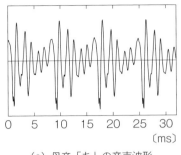

(a) 母音「あ」の音声波形

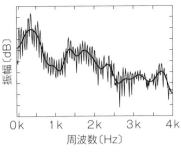

(b) (a) の対数パワースペクトラム
とその包絡特性

図 3.8 母音の音響分析

います．この周波数が $nF_0(n=2, 3, 4, ...)$ の音を**倍音**(harmonic sound)と呼び，基音($n=1$)と倍音のみにエネルギーが集中することを**ハーモニクス**(harmonics, **倍音構造**)と呼びます．図 3.8(b)に「あ」の対数パワースペクトラムを示しますが，くし状の細かい構造がハーモニクスです．なお，線スペクトルというと，nF_0($n=2, 3, 4, ...$)にだけエネルギーが集まった(パルス列状の)スペクトルを想像するかもしれませんが，図 3.8(b)の縦軸を対数化せずにプロットすると曲線で示されているスペクトル全体の包絡特性が見えにくくなり，確かにハーモニクスが強調された表示となります．

次に，音波の振幅を通して人は音の大きさを感じます．したがって，音の大きさを物理的に表現する場合には一般に最小可聴パワー値($10^{-16}\,\mathrm{W/cm^2}$)，あるいは対応する最小可聴音圧値($0.0002\,\mathrm{dyn/cm^2}=20\,\mu\mathrm{Pa}$)を基準とするデシベル値〔dB〕で表します．前者は**インテンシティレベル**(intensity level)，後者は**音圧レベル**(sound pressure level)と呼ばれます．この音の大きさに関する心理量は**ラウドネス**(loudness level)です．なお，簡易な表現として，ある区間に対する音波の振幅に対する 2 乗平均の平方根(root mean square, **RMS**)も広く使われています．これは，$s(t)$ の標本値を s_t とすると，時間長 T の音声に対して次式で定義されます．

$$\mathrm{RMS}(s_0, ..., s_{T-1}) = \sqrt{\frac{1}{T}\sum_{t=0}^{T-1} s_t^2} \tag{3.2}$$

音色(timbre)は，物理的には周波数軸上でのエネルギー分布(**スペクトル包絡**(spectrum envelope))として定義されます．図 3.8(b)の対数パワースペクトラムには，周波数方向の平滑化パターンとして包絡特性も示しています．母音の場合，

129

声帯振動によって生じる音が音源となり，その後，声道形状（口の中の隙間の形状）の違いが，各母音の音色の違いをつくり出します．つまり，「あ」に対して舌の位置を変えると声道形状が変わり，「い」や「う」に音が変わりますが，これは音響的には包絡特性の変化として現れ，私たちはそれを「い」や「う」の音色として知覚することになります．

また，**音の長さ**（duration）については，音声の波形やその**スペクトログラム**（spectrogram）*6 をみれば，音素の開始時刻，終了時刻（すなわち，継続時間）を目測できます．さらに，私たちは音声を聞くと平仮名列のような記号列（音素境界）を知覚しますが，波形やスペクトログラムに明確な境界が存在しているわけではありません．これは舌や唇などの調音運動が連続的な運動であることに起因します．この音素境界を手作業で検出し，ラベル化した**音声コーパス**（speech corpus，音声のデータセット）が流通していますが，これらは「知覚された音素列を，強引に，連続的に変化する音響現象にあてはめることで得られる境界」と考えるのが妥当でしょう．

図 3.9 は，日本語および米語（American English）における各母音の舌の位置を示しており，**母音図**（vowel diagram）と呼ばれるものです．また，**図 3.10**(a) に米語の母音 [ɚ]（図 3.10(b) の中心にある母音）におよそ相当する，断面積一定となる声道形状を示します．声道は片方が開放された開放端であり，定常波（定在波）が生じ，声道の管としての長さによって決まる共振周波数（固有振動数）以外の振動は減衰します．すなわち，声道の管としての長さやその形状が規定する特定の周波数にのみ，エネルギーが集まります（共振現象）．これは次式で表すことができます．

$$F_n = \frac{c}{4l}(2n-1) \qquad (n = 1, 2, 3, ...) \tag{3.3}$$

ここで，l は気柱（声道）の長さ，c は音速です．第 n 番目の共振周波数 F_n を第 n **フォルマント**（formant）といいます．上記の場合 $F_{n+1} - F_n$ は定数ですが，一般に母音は複雑な声道形状をともなって発声されるため，フォルマントもそれに応じて変化し，$F_{n+1} - F_n$ もさまざまに変化します．当然，フォルマントは l（すなわち，性別や年齢）にも依存します．図 3.10(b) に成人男女，子どもの日本語母音

---

*6　周波数分析を時間的に連続して行い，色によって強さを表すことで，強さ，周波数，時間の 3 次元を表示したもの（図 3.7 参照）．

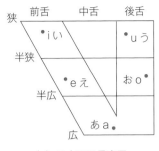

(a) 日本語の母音図

(b) 米語単母音の母音図

図 3.9　異なる言語の母音図

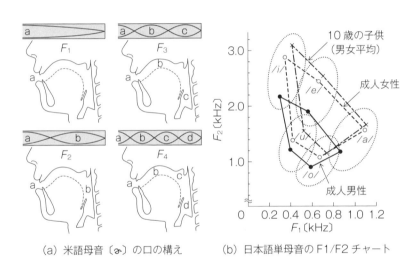

(a) 米語母音〔ɚ〕の口の構え　　(b) 日本語単母音の F1/F2 チャート

図 3.10　口の構えとフォルマント周波数との関係
（中川他(1990)より引用）

の第 1，第 2 フォルマントの分布を示します（中川他, 1990）．

3.3.3 | 音声の音響分析

音をコンピュータに取り込む場合，まずマイクロホンによって空気の振動を電気の振動に変換して，それをさらにコンピュータのオーディオインタフェースに

てアナログ／デジタル(A/D)変換します．このとき，44.1 kHz で標本化(sampling,
サンプリング)されることが多く，すなわち 1 秒あたり 44100 個の整数値として
データ化されます．

　人の耳では，鼓膜が捉えた空気振動を蝸牛の基底膜において電気信号へと変換
し，周波数解析を行っていると考えられていますが，コンピュータによる音響処
理でも，同様の解析を**フーリエ解析**(Fourier analysis)によって行うのが一般的で
す．しかし，フーリエ解析で使用する**フーリエ変換**(Fourier transform)は時間 t に
対する全積分ですので，厳密な意味では $S(\omega)$ は時間平均的な特性しか表現できて
いないことになります．これは次式で表されます．

$$S(\omega) = \int_{-\infty}^{\infty} s(t) e^{-j\omega t} \, dt \tag{3.4}$$

　音声のように刻一刻と特性が変わる音響信号を対象とする場合，時刻 u 付近の
信号のみを対象としてフーリエ変換を行う，以下の**短時間フーリエ変換**(short-
term Fourier transform; **STFT**)が用いられます．

$$S(\omega, u) = \int_{-\infty}^{\infty} w(t-u) \, s(t) e^{-j\omega t} \, dt = \int_{u-\frac{T}{2}}^{u+\frac{T}{2}} w(t-u) \, s(t) e^{-j\omega t} \, dt \tag{3.5}$$

ここで $w(t)$ は**窓関数**(window function)といわれるもので，$-\dfrac{T}{2} \leq t \leq \dfrac{T}{2}$ 以外
では 0 をとります．これによって，もとの信号のスペクトルに窓関数のそれを畳
み込む(畳み込み演算を行う)こととなりますので，窓関数の幅や形状には注意が
必要です．$S(\omega, u)$ は複素スペクトルですが，人の聴覚の場合，音の位相の違い
には鈍感ですので，特に振幅スペクトル $|S(\omega, u)|$ に着眼します(図 3.8(b)参照)．

　一般にコンピュータ内部での音響処理は，式(3.5)の短時間フーリエ変換を，離
散信号に対して高速に実施可能な**高速フーリエ変換**(fast transformfourier trans-
form; **FFT**)として実行することによって行われます．したがって，以下の説明で
は，$s(t)$ や $S(\omega)$ のように信号やスペクトルを連続的に表現していますが，実際の
処理では，離散信号化されたデジタル信号になります．

　また，フーリエ変換にもとづく音声分析は，音声の生成過程をモデリングした
ソースフィルタモデル(Fant, 1970)によってしばしば行われます．ここで，音声
の生成を

① 声門やその付近で生じる音源生成

② 声道による音響的変化

③ 口からの放射による音響的変化

に分けて考えます．すなわち，観測される音声信号 $s(t)$ は，話し手の音源 $g(t)$ の ① に対する，声道フィルタ ② と放射フィルタ ③ の縦続接続の出力となります．これによって，両フィルタのインパルス応答を $v(t)$, $r(t)$，フーリエ変換を $V(\omega)$, $R(\omega)$ とすると

$$s(t) = r(t)\otimes[v(t)\otimes g(t)], \qquad S(\omega) = R(\omega)[V(\omega)\,G(\omega)] \tag{3.6}$$

となります（$\otimes$ は畳み込み演算子）．音源 $g(t)$ は，実際は三角波（列）や乱流ですが，インパルス列（有声音に対応）や白色雑音（無声音に対応）で構成される仮想音源 $g_0(t)$ $(G_0(\omega))$ とし，$g(t)$ を $g_0(t)$ に対するフィルタ出力として考えます．このとき，実際の（有声）音源 $g(t)$ のスペクトル包絡特性 $\log|G(\omega)|$ は，約 $-12\,\mathrm{dB/oct}$（周波数が倍になったとき $-12\,\mathrm{dB}$ 減衰）の特性を有し，放射フィルタ特性 $\log|\mathrm{R}(\omega)|$ は，約 $+6\,\mathrm{dB/oct}$ となりますので，両者を接続したフィルタは約 $-6\,\mathrm{dB/oct}$ の特性をもちます．よって，$s(t)$ に高域強調（$+6\,\mathrm{dB/oct}$）を施しておけばこの特性を除去でき，得られたスペクトルは，声道特性 $V(\omega)$ を直接的に反映したスペクトルとなります．

これにより，高域強調後の信号を $s'(t)$ $(S'(\omega))$ とすれば

$$s'(t) = v(t)\otimes[g_0(t)], \qquad S'(\omega) = V(\omega)\,G_0(\omega) \tag{3.7}$$

が近似的に成立します．この簡素化された音声生成モデルを**ソースフィルタモデル**（source filter model，ソース：音源，フィルタ：声道）（**図3.11**）といいます．以下の説明では簡単のため，$S'(\omega)$, $G_0(\omega)$ を $S(\omega)$, $G(\omega)$ と表記します．さて，式(3.7)を対数化すると

$$\log|S(\omega)| = \log|G(\omega)| + \log|V(\omega)| \tag{3.8}$$

となります．式(3.8)より，声道による音色制御 $\log|V(\omega)|$ は，観測された音声スペクトル $\log|S(\omega)|$ から音源スペクトル $\log|G(\omega)|$ を減じることで求まります．

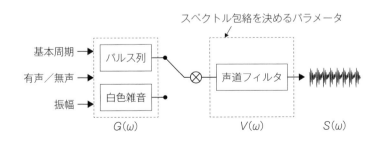

図3.11 ソースフィルタモデル
（Fant(1970)より引用）

例えば，基本周期 T_0 のインパルス列を声帯振動と考えれば，フーリエ変換は，F_0 を周期とするインパルス列となります．実際の母音の分析例を**図 3.12** に示しますが，$\log|G(\omega)|$ はくし状スペクトルになっています．このくし構造を取り除くと，$\log|V(\omega)|$ が推定できるわけです．

　これは，$\log|S(\omega)|$ を周波数軸で平滑化すれば実現できます．具体的には，$\log|S(\omega)|$ を逆高速フーリエ変換して時間波形とし，高域成分を 0 と置換して高速フーリエ変換して戻す方法が広く使われています．逆高速フーリエ変換して得られた時間波形を **FFT ケプストラム係数**（FFT cepstrum coefficient）といいます（**図 3.13**）（Oppenheim, 1968）．FFT ケプストラム係数の高域成分を 0 にして，再度，高速フーリエ変換することで，スペクトル包絡（音色成分）が求まります．なお，FFT ケプストラム以外にもさまざまなケプストラムが導出できますし，対数パワースペクトルを帯域フィルタの出力として求めることもできます．さらに，人の聴覚は周波数軸上，低域ではその分解能が高く，高域では低くなることが知られています（**メル尺度**（mel scale））．この分解能の違いにもとづいて各帯域フィルタの通過域を決めると，メル化対数パワースペクトルが得られます．

　これに逆コサイン変換を施して時間波形化したものが，音声認識で広く使われ

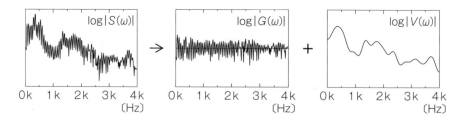

図 3.12　ソースフィルタモデルにもとづく声道特性の推定

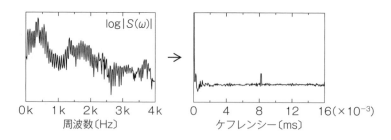

図 3.13　ケプストラム係数の算出

る，**メル周波数ケプストラム係数**（mel-frequency cepstrum coefficients；**MFCC**）です（Davis & Mermelstein, 1980）.

このほか，有声区間の基本周期を求める際に音声信号の（正規化）自己相関関数を求め，相関値のピークを示す遅れ時間幅 k を計算する方法があります（Rabiner, 1977）. 標本値 s_0, s_1, ..., s_{N-1} に対する自己相関関数 r_k を

$$r_k = \sum_{t=0}^{N-1-k} s_t \, s_{t+k} \tag{3.9}$$

とすると，正規化自己相関関数は $v_k = \dfrac{r_k}{r_0}$ となります. ここで，s_t が $k = k_0$ を周期とする完全な周期信号であれば，$v_{lk_0} \equiv 1.0$（$l = 1, 2, 3, \ldots$）となりますが，一般にそうではないため，v_k は**図 3.14** のようなパターンを描きます. なお，F_0 はたかだか数百 Hz であるため，ローパスフィルタに通した音声信号や，声道フィルタの逆フィルタ $V^{-1}(\omega)$ を通して得られる残差信号に対して自己相関関数を求めることもあります.

また，図 3.13 にあるように，ケフレンシー[*7]中域に存在するピークの位置は基本周期に対応するので，ピーク位置検出を通して基本周波数を推定することもできます（Noll, 1967）.

一方，ケプストラム分析にしても，基本周波数の抽出にしても，窓関数を利用した短時間フーリエ変換を基本としていますので，分析時刻と窓関数位置との関係によって分析結果が変わるなどの**アーティファクト**（artifact）[*8]が避けられません. 近年，これらの問題を原理的に回避できる音声分析手法も提案されています（河原, 2011）.

以上説明したように，音声波形をある区間（窓関数）ごとに分析し，それを

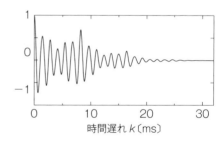

図 3.14　母音音声（図 3.8(a)）に対する自己相関関数

[*7]　**ケフレンシー**（quefrency）とは，対数スペクトルの逆フーリエ変換（単位は周波数）で定義されるケプストラムの単位名であり，物理的には時間〔秒〕と同義である. frequency（fre/que/ncy）をもじって quefrency（que/fre/ncy）という造語がつくられた. ちなみに，**ケプストラム**（cepstrum）も，スペクトル（spec/trum）の前半分のスペルを逆向きに書いてつくられた造語である. 研究者のちょっとした遊び心であろう.

[*8]　人為的な作業によるノイズのこと.

ずらしながら分析を繰り返すと，音声は，各窓（フレーム）から計算されるケプストラム係数や，F_0 などの分析結果（特徴量ベクトル）の時系列データとなります（**図 3.15**）．**声紋**（spectrogram）として知られる音声のスペクトログラムも特徴量ベクトル時系列の一種です．また，音声合成の応用では，ケプストラム係数に F_0 を追加した複合的な特徴ベクトルも使われます．

　このような原理のもとに，音声認識，話者認識，言語認識，感情認識，方言認識などにおいて，さまざまな特徴量が提案されています（例えば Alías *et al.*(2016)）が，いずれの特徴量も「音の高さ」「音の大きさ」「音色」「音の長さ」に帰着されます．一方，深層学習にもとづく認識系に音声波形を直接入力し，所望の結果を出力する方法もありますが，この場合，どのような特徴量を音声から抽出したのか把握できないことがあります．認識結果の精度を上げることだけが目的であればそれでよいのですが，認識のメカニズムを理解しようとするためには，音声分析に関する知識が必須となります．

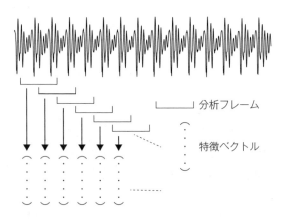

分析フレーム

特徴ベクトル

図 3.15　特徴ベクトル系列としての音声

column 3.1　**音声に含まれる個人性と生成・識別モデル**

　誰かの話し声を聞いたとき，誰が，何を，どのように話しているのかといった，さまざまな情報を受け取ることができます．**音声の個人性**（speaker identity)とは，この「誰」に対応するもので，対応する技術として**話者認識技術**(speaker recognition technique)があります．ここでは，対象を幅広く考え，年齢，性別，音声に含まれる訛りなど，その話者がどのような話者グループに属するのかに関する情報までを含めて考えてみます．例えば，「あるタレントとよく似た声をしているが，でも関西弁じゃないので，あのタレントではないな」となれば，訛り情報は話者の特定に大きく貢献しているといえます．なお，深層学習などを使った識別モデルによって構成された（物理的な理解が困難な）特徴表現ではなく，生成モデルにもとづく特徴表現を考えてみます．

このとき，音声は音素列として表記されますので，話者同定のための特徴表現としては，当該話者の音声サンプルから音素ごとのスペクトル平均を求めるというのが最も単純な方法でしょう．つまり，あるタレントの「あ，い，う，え，お，…」と各音素のスペクトル平均を集めるわけです．これを技術的に実装したのが，**GMM supervector** です．ある話者の数分の音声サンプルを GMM (Gaussian mixture model, ガウス混合分布)でモデリングすると，各ガウス分布の平均ベクトル（スペクトル包絡に相当）が，個々のクラス（音素）に対応すると考えられます．したがって，クラス数だけ，ある平均ベクトルを結合すれば，各音素の音声スペクトルが結合されたこととなります(supervector)．これはきわめて高次元となるため，次元圧縮される（例えば i-vector を利用）ことで，幅広く利用されています．

また，GMM supervector は，ある特定の話者のモデリングのみならず，「10 代の声」「女性の声」「関西弁の声」など，話者グループのモデリングにも応用されています．これらの GMM があれば，入力音声がその話者グループに帰属する（事後）確率も推定できます．近年，深層学習が活発に利用されていますが，どうしても，その処理プロセスはブラックボックスになりがちです．かわって，生成モデルである GMM や HMM を通して，入力特徴量の出力確率から識別器を構成したほうが，その処理系の動作のメカニズムを理解しやすいことが多いです．これは，**生成モデル**(generative model)が観測された現象の因果関係を記述するのに対し，**識別モデル**(discriminative model)は相関関係を記述しているからと解釈でき，また，私たち人はさまざまな現象を，因果関係を通して捉える癖があるからだろう，と考えられます．

各種の深層学習ツールキットを使って高精度な識別モデルが利用可能となりましたが，生成モデルを用いた識別プロセスを通して，自身が実現している処理形のメカニズムを整理整頓してみると，理解が深まるかもしれません．

3.4 人以外において重要な変数

3.4.1 異種間インタラクションの基礎

　人どうしはお互いに，言語や表情，視線，ジェスチャといったさまざまなチャネル (channel) を通じてインタラクションを行っています．こうしたインタラクションが可能なのは，人どうしが共通する情報伝達のチャネルをもっていることに起因します．さらに，同じ言語を使う共同体に所属していれば，他者が話す言語の意味を理解することは，少なくとも表面上は容易です．また，人どうしは身体の構造もほとんど共通なので，表情や視線の変化が何を意味しているのかについても，自らに置き換えることである程度の精度で推測することが可能です (3.1 節参照)．こうした推測がいつも正確というわけではないですが，生得的にも後天的にも共通する情報伝達のチャネルと身体の構造をもっていることが，インタラクションを行ううえで大きな役割を果たしていることは間違いありません．

　人以外の動物においても，同種他個体との間でさまざまなインタラクションが行われていることは古くから知られています．また，野生環境内では種の異なる動物どうしが生活空間を物理的に共有しているので，当然のことながら種の異なる動物間でのさまざまなインタラクションが生起しています．最も典型的なものは捕食-被食関係であり，捕食者は環境内の情報や被食者の出すシグナルを受容することで獲物を獲得していますし，被食者は捕食されないようシグナルを隠蔽したり，捕食者が嫌うシグナルを出したりなどの対抗策をとっています．

　これらは，人どうしのインタラクションとは大きく異なるようにみえるかもしれませんが，異種間での情報の伝達 (あるいは伝達の阻害) という意味では，インタラクションの 1 つの形といえます．

3.4.2 | 人–動物インタラクションを扱ううえでの注意事項

さまざまな制約や特徴がありつつも，人と動物はお互いにさまざまな情報のやり取りを行い，インタラクションを行っていることは間違いありません．一方で，そうしたインタラクションの分析を行う際には注意しなければならない問題が存在します．

1——賢馬ハンス効果

人と動物のインタラクションや動物のもつ知的能力を考えるうえで有名な事案の1つに，**賢馬ハンス効果**(Clever Hans effect)があります．これは，19世紀末のベルリンで「計算や文字の理解ができる」と話題になったハンスという名のウマに由来します．ハンスは，質問者から出された計算などの問題に対して，ひづめで地面を叩く回数や，呈示されたカードを頭で指し示すといった方法で答え，正解することができたといいます．

当時，さまざまな分野の専門家で構成された委員会が立ち上げられ，本当にハンスは人の言語や数字を理解しているのかが検証されました．ハンスの飼い主が，ハンスに対して正解を答えられるようにシグナルを送っているという可能性も疑われましたが，ほかの人が質問者となってもハンスは正解を答えることができたことから，この可能性は否定されました．調査に加わった委員の1人，オスカー・プフングストがハンスに対してさまざまな実験を行い，最終的にハンスの能力の秘密を解き明かしました．

プフングストは，質問者が問題の正解を知っているときとそうでないときでハンスの正答率が大きく異なることに注目しました．しかし，質問者が意図的にシグナルを送っている可能性はすでに否定されていたので，質問者が無意識に何らかのシグナルを送っている可能性が考えられました．しかし，いつ，どのようなシグナルが送られているのかが当初，不明でした．そこで，飼い主がハンスに問題を出している場面を詳細に観察したところ，ハンスがひづめで反応をし始めるとわずかに飼い主の身体が動くこと，そして，ひづめでの反応が正解にいたると，さらにまたわずかに身体が動くことを見出しました．プフングストは，この「質問者が無意識に行う微小な身体の動き」がハンスに正解を伝えるシグナルになっていると考え，意識的に身体を動かすことによってハンスの反応が変化する

かを検討しました．その結果，ハンスは質問者の眉が上がるといったわずかな動作であっても自らの行動を変えるシグナルとして利用できることが明らかになりました．さらに，プフングスト自らがハンス役となって質問者の微小な身体の動きから正解を導くといった検証実験も行われています．こうして，ハンスの行動は，実は人が無意識に出している微小な身体動作をシグナルとしたインタラクションであることが明らかになりました．

　「質問を出してそれに対して答えているのだから，質問を理解して答えているのだろう」と考えがちですが，賢馬ハンス効果は，人ではない動物が相手の場合には，そう簡単に結論づけることはできないことを示しています．人は人以外の動物と共通のコミュニケーション基盤を共有しているわけではないため，何が彼らにとってシグナルとして機能しているのかについては，検証してみるまで結論は出せないのです．

2──擬人主義

　私たちは動物の行動を観察しているとき，「まるで人のようだ」という感覚をしばしば経験します．例えば，イヌを飼っている人は，帰宅したときにイヌがじゃれついてくると「寂しかったから甘えてきたのだ」と感じることがよくあります．この「寂しかった」「甘えてきた」という解釈は，イヌをあたかも人のように捉え，人が行動するのと同じ理由によって行動しているかのように捉える考えにもとづいています．このように，人のもつ心理的過程を人以外のものに適用することを**擬人主義**(anthropomorphism)と呼びます．

　擬人主義的動物観は根強く，私たちはともすれば動物の行動や心的過程をまるで人の行動や心的過程のように捉えてしまいます．一方，動物心理学者にとって長く戒めとなってきた考え方として，「ある動物の行動が，それよりも低次な心的能力の結果として解釈できる限り，より高次な心的能力の結果と解釈すべきではない」という**モーガンの公準**(Morgan's cannon)があります (Morgan, 1894)．「帰宅したときにイヌがじゃれついてきた」という状況を例にとり，説明します．イヌが飼い主にじゃれついてきた理由について，「寂しかったから」という擬人主義的な解釈も可能ですが，その一方で，「帰宅した飼い主からはエサがもらえることを学習していたから」という解釈も可能です．そして，この現象だけからは，どちらの解釈が正しいのかを判断することはできません．ここで，モーガンの公準を適用すると，「イヌも人と同じく寂しく感じる」よりも，「飼い主とエサの結びつきの

学習」のほうがより低次な心的能力の結果なので，後者と解釈するべきだということになります．もちろんこれは，「イヌが寂しいと感じることはない」という主張ではありません．

　一般に，動物の行動を解釈するうえでは，擬人的解釈を行うことは批判的に受け止められてきました（渡辺, 2019）．擬人的解釈への批判はさまざまな立場から行われていますが，最も基本となる原理は，「人を含むそれぞれの動物種はそれぞれの環境に適応した異なる心的過程をもつ」というものです．人や動物は，共通の祖先をもちつつも，それぞれの生活環境に応じて独自の進化を遂げています．そのため，感覚器官や運動器官などが明らかに異なるため，個々の動物種は，共通する部分をもちつつも種ごとに異なる心的世界をもつと考えられます．

3── 動物の言語研究

　一方，動物を訓練して人とコミュニケーションのチャネルを共有させることは，人によって古来より数多く取り組まれてきました．

　特に，動物に人の使用する言語使用の訓練を行う研究は，1930 年代から霊長類を対象に行われてきました．チンパンジーを人の子どもと同じように育てて音声言語使用を訓練するという試みは失敗していますが，手話を用いたり，プラスチック製の物体や簡単な記号の組合せ（lexigram，**レキシグラム**）（**図 3.16**）を「語」として使わせたりといった方法で，チンパンジーやボノボといった霊長類に言語使用の訓練を行った研究は一定の成果をあげています（Gardner & Gardner, 1969; Rumbaugh *et al.*, 1973）．また，イルカを対象にした研究では，「右」「左」「ボール」といった単語と対応する人のジェスチャを学習させることで，人の指示にしたがうことや，ジェスチャの新規な組合せに対してもある程度，適切に振る舞うことが示されています（Richards *et al.*, 1984）．

　しかし，こうした研究結果は「動物も人の言語を理解できる」ことを示しているようにみえるかもしれませんが，きわめて限定的な動物種において確認されたものであることに加え，実験で用いられた「言語」も人が通常使用している言語とはさまざまな点で異なります．少なくとも現時点においては，動物が人の用いている言語と同じ特徴を備えた言語コミュニケーションを人との間で行うことができるという証拠は得られていません．

　さらに重要なことは，こうした研究の多くが一般的な言語コミュニケーションの学習手続きではなく，基本的に**条件性弁別**（conditional discrimination）と呼ばれ

実験に用いられた刺激要素

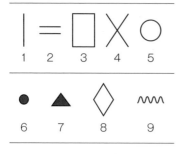

要素　　オレンジ色 2, 4, 7 ブランケット	要素　　オレンジ色 1, 7, 8 箱
要素　　　　　赤色 1, 5, 6 木の実	要素　　　　　赤色 5, 9 水
要素　　　　　青色 1, 3, 8, 9 噛む	要素　　　　　青色 1, 2, 3, 5 毛づくろいする

図 3.16　Rumbaugh らが用いたレキシグラムの例
（図左にある 9 つの要素を組み合わせることで，「ブランケット」「箱」などを意味
する単語を作成する）
（Rumbaugh *et al.*(1973) より引用）

る学習手続きを用いて行われていることです．これは，人が用意した刺激（条件）
とその指示対象の組合せ（弁別）を動物が学習することによって，人とのコミュニ
ケーションを獲得しているということを指します．条件性弁別を用いれば，動物
種や用いる刺激，訓練の手続きにも依存しますが，学習によってある程度のコミュ
ニケーション能力を身につけられることが示されています．

　このように，人と動物の異種間インタラクションの分析にあたっては，まず対
象とするインタラクションが本当に仮定した学習経験にもとづいたものなのか，
より低次の生得的な，何らかの情報のやり取りが可能な別のしくみが存在しない
のかを峻別する必要があります．そのためには，適切な統制条件の設定など，学
習手続き的な注意が必要となります．

3.4.3 イヌ，ネコと人のインタラクション

　人と動物の異種間インタラクションの例は，さまざまな状況で観察することができます．ここでは身近な伴侶動物(ペット)であるイヌ，ネコと人のインタラクションで用いられている実験事態について紹介します．

　イヌ (*Canis familiaris*) は最も古くに家畜化された動物であるともいわれ，およそ2万年から1万5000年前に，東アジアにおいてオオカミから家畜化されたといわれています．古くは，人の狩猟や牧羊を助ける存在であり，現代では伴侶動物として人のパートナのような存在となっています．このように人とともに暮らし，人為的な交配による淘汰を受けてきた長い歴史をもつことから，イヌは人との間に複雑な社会的交わりを取り結ぶことが可能になったとされ，近年多くの研究が行われています．

　一方のネコ (*Felis catus*) は，リビアヤマネコを祖先とし，およそ1万年前に中近東で人との共存を始めたといわれています．一般には人にとっての害獣であるネズミを捕る益獣という立場で人との共存が始まったとされていますが，イヌのように，長期間にわたる人為的な交配による淘汰を受けてきたわけではありません．それにもかかわらず伴侶動物としての地位を確立して人とのコミュニケーションを取り結んでいます．

　これらのイヌやネコと人のインタラクションの分析において注目されている変数はさまざまですが，古くから用いられてきたものに，人の指差しなどのジェスチャがあります．人は，他者の指差しによってその方向に注意を向け，他者の注意状態を把握することができます．例えば，イヌとオオカミを対象にして，人による指差しの理解を，物体選択課題を用いて検討した実験があります(Hare *et al.*, 2002)．この**物体選択課題**(object choice task)とは，中が見えないように伏せられた複数の容器の1つにエサなどが入れられており，人が指差しによって正解の容器を示したときにそれを選択できるかというものです．実験の結果，オオカミに比べてイヌは人が指差した容器をより多く選択することが示されました．この結果は，イヌが人の指差しという社会的手がかりを利用可能なことを示しているとされます．また，同様の実験をネコにおいて行った実験でも，ネコがイヌと同様に人の指差しを手がかりとして利用可能なことが示されたとされています(Miklósi *et al.*, 2005)．

　一方，人は，指差しという明瞭な刺激のみでなく，他者の視線という，より微細な刺激を手がかりとして他者の注意状態を把握することができます．人の眼球は，白目(強膜)と瞳(虹彩)の間のコントラストが強いため，視線の方向を検出することが容易であり，これが他の霊長類と比べても特徴的です．イヌが人の視線を手がかりとして用いているかどうかを物体選択課題により検討した実験では，人が 1 秒から 2 秒程度の視線を向ける条件や，頭を物体に向ける条件では，イヌは正解を選択できませんでしたが，頭と視線の両方を物体に向けた場合には正解を選択できることが示されました．ただし，イヌは人が視線を向けているときには「待て」のシグナルに反応してエサを食べませんが，そうでないときにはエサを食べるという実験結果も示されており(例えば，Call *et al.*(2003))，イヌが人の視線のみから情報を得られないとも結論づけられていません．さらに，ネコにおいても，人の視線を社会的手がかりとして使用していることが示されています(Ito *et al.*, 2016)．2 名の実験者がネコを直視し，そのうち一方の実験者がネコの名前を呼んだ際には名前を呼んだ実験者からエサを得ることを選好しますが，2 名の実験者がネコを直視していないときには，一方が名前を呼んでもこうした選好がみられないことが報告されています(**図 3.17**)．

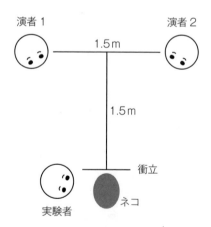

図 3.17　Ito らの実験事態の模式図
(Ito *et al.*(2016)より引用)

　なお，動物に対して物体選択課題を行う際には，注意しなければならない共変量(2.2.2 項参照)が存在します．例えば，正解の容器に隠すエサのにおいが物体選択の際の手がかりとして機能してしまう場合があります．そのため，正解ではない容器にも同じエサのにおいをつけるなどの統制が必要となります．このように，人とは異なる感覚能力をもっている動物を対象にする際には，人には検知できない刺激であっても有効な手がかりとして機能しうることには留意しなければなりません．

　また，指差しのような顕在的な手がかりを使う場合には，社会的手がかりとしてではなく，単なる視覚的手がかりとして機能している可能性にも注意しなければなりません．例えば，複数の容器のうち 1 つに点滅する LED がつけられていたときに，動物がその容器を選択した場合と，人の指差した容器を動物が選択した場合について，前者は視覚的刺激によるものであり，後者は社会的な注意の共有によるものだと，別々の解釈を与えることは適切とはいえません．このため，指差しを行う際に，実験者の腕と物体との距離について複数の条件を設定するなどの統制が必要となります．

　ほかにも動物が受容する社会的手がかりとして，表情に関する研究も行われており，例えば，飼い主の怒り顔と笑顔をモニタに呈示し，イヌの注視時間を測定することで，イヌが人の表情を弁別可能なことが示されたと報告されています(Hori *et al.*, 2011)．また，飼い主の笑顔と真顔の弁別訓練をイヌに行った後に，新規の人物の笑顔と真顔が弁別できるかをテストしたところ，飼い主と同性の場合には訓練と同程度の弁別成績が確認されることが報告されています(Nagasawa *et al.*, 2011)．さらに，イヌは表情を弁別するだけでなく，その意味するところも理解していることを示唆する研究もあります(Prato-Previde *et al.*, 2008)．イヌにエサの少ない皿と多い皿を呈示したとき，通常はエサの多い皿を選択するにもかかわらず，実験者がエサの少ない皿に対して喜びの表情を示すと，エサの少ない皿を選択することが示されたと報告されています(**図 3.18**)．また，人の表情に関する弁別学習において，怒り顔などのネガティブ表情を正解とする弁別訓練は成績が悪いことも示されています(例えば Müller *et al.*(2015)；Nagasawa *et al.*(2011))．同様に，ネコも人の表情や音声などを社会的手がかりとして用いているという結果も報告されています(Merola *et al.*, 2015)．新奇刺激(リボンのついた扇風機)をネコと飼い主に呈示し，飼い主が新奇刺激に接近して，楽しそうな声とポジティブな表情を示して新奇刺激とネコを交互に見る(ポジティブ条件)，

あるいは新奇刺激から離れて，怖そうな声とネガティブな表情を示して新奇刺激とネコを交互に見るといった条件(ネガティブ条件)を設定すると，ネガティブ条件よりもポジティブ条件においてネコは新奇刺激と飼い主を交互に見る行動が増加したとされています．このような飼い主の情動状態にもとづいてネコが行動を変えるという研究結果はほかにも報告されており (Rieger & Turner, 1999; Turner & Rieger, 2001)，また，ネコは人のポジティブ表情とポジティブ声を，ネガティブ表情とネガティブ声をマッチングできることも示されています(Quaranta-d'Ingeo *et al.*, 2020)．

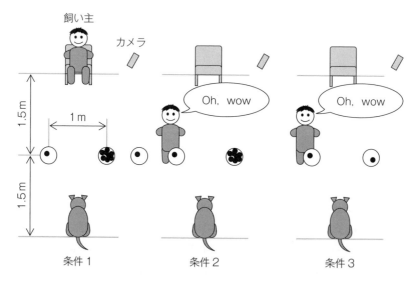

図 3.18　Prato-Previde らの実験の模式図
(Prato-Previde *et al.*(2008)より引用)

column 3.2 複数ロボットの発話の重なりによって創発する空間の知覚

　近年，人間社会にさまざまなロボットが参加するようになってきましたが，まだロボットが人間社会に「溶け込んでいる」とはいえないようです．このため，人間どうしがコミュニケーションを行う際に形成される**社会空間**（sociospace）に注目が集まっています．ロボットがこの社会空間を適切に認識できないことが，人間社会に溶け込むことができない理由と考えられるからです（Imayoshi *et al*., 2013）．また，これは近い将来，複数のロボットと人がコミュニケーションを行う場面が想定されていることから，その際に人の行動や認識がどのように変化するのかを調べる意味でも重要です（水丸他，2018）．

　人がつくる社会空間の特徴は，コミュニケーションが活発に行われているときにより強く形成されるだけでなく，第三者はその空間を回避する行動をとるようになることです．さらに，コミュニケーションが活発になっているときに参加者どうしの発話や動作の重なりがよく観察されるようになることです．この重なりは，無意識的な対話相手への同調，関心，理解などを表現しているといわれています．

　それでは，2体のロボットの発話や動作に重なりをもたせて，そこに社会空間を形成させた場合，第三者としての人の行動や認識はどのように変化するでしょうか．小野らが行った実験では大変興味深い結果が得られました（水丸他，2018）．すなわち，2体のロボットの発話や動作に重なりをもたせてコミュニケーションをさせた場合，実験参加者である人は2体のロボットの間に形成されている空間を回避するような行動をとり，目的の書籍をとりに行きました．一方，2体のロボットの発話や動作に重なりがない場合，実験参加者は何のためらいもなく2体のロボットの間を通り抜け，目的の書籍をとりに行きました．さらに実験参加者に実施したアンケート結果からも，前者（重なりあり）ではロボットによって形成された社会空間に配慮していましたが，後者（重なりなし）では社会空間に特別な配慮はしていませんでした．つまり，同じ2体のロボットであっても，それらの発話と動作のタイミングを変えるだけで，実験参加者の行動や認識を変化させることができたということです．今後の人とロボットの共生社会を考えるうえで，大変興味深い実験結果だといえます．

3.5 動画像処理

インタラクションの分析においても，**動画像処理**（image sequence processing）は，実験の記録や解析，エージェントに搭載するアルゴリズムの構築などさまざまな作業のために重要です．特に，深層学習の進展によって画像中の人や物体の検出や認識の精度は大幅に向上し，これまで人どうしのインタラクションを分析するために手動によって多大な労力がかかった作業の自動化が可能になるなど，動画像処理を利用することのメリットはいよいよ大きくなっています．

なお，動画像処理には，動画をビデオカメラなどで記録し，後にオフラインで処理する方法と，ロボットなどに搭載されたカメラからの動画像をオンラインで処理する方法がありますが，以下では特に断りのない限り，前者を想定して説明します．

3.5.1 動画像取得の基礎

1——イメージセンサの種類

現在の私たちの身のまわりにはさまざまなカメラがあふれています．これらのカメラに搭載されているイメージセンサとしては **CCD**（charge coupled device, **電荷結合素子**）と **CMOS**（complementary metal oxide semiconductor, **相補型 MOS**）がありますが，現在の主流は消費電力や価格の面で有利な CMOS センサです．画質についても，従来は CCD のほうがノイズが少なくてよいとされてきましたが，最近では CMOS の画質も遜色ないものになりつつあります．また，カラーフィルタを使って 1 枚のイメージセンサに RGB 成分を並べてカラー画像を取得する**単板式**（1 CCD や 1 CMOS）と，プリズムを使って RGB 成分を分光し，それぞれに対応するイメージセンサを 3 枚使用する **3 板式**（3 CCD や 3 CMOS）では，3 板式の画質が優れているとされます．画質のよい映像を取得する必要がある場合には，3 板式を選択するのがよいでしょう．

2——解像度，フレームレート，レンズ

カメラの解像度は時代とともに高くなる傾向にありますが，どの程度の解像度が必要かは用途に依存します．例えば，実験の記録やオフラインで処理する場合には，高い解像度で動画像を取得しておけば情報の損失が少なく安心です．各規格と画素数の対応を**表 3.5** に示します．一般に同じ画像のサイズであれば，画素数が多いほど，解像度は高いといえます．

一方，オンラインで処理する場合などでは，解像度を高くするとファイルサイズが大きくなることに注意が必要です．また，記憶容量の問題だけでなく，データのコピーや動画像処理の時間も大幅に長くなります．さらに，高解像度の動画は圧縮して記録することが前提ですが，動画の圧縮は基本的に非可逆ですので，H.264/MPEG4 など現在の比較的性能の高いコーデックであっても圧縮率を高くすると画像にひずみが生じ，後の処理に影響を及ぼす可能性があります．

また，**フレームレート**(framerate，〔fps〕)の選択も重要です．フレームレートは1 秒間の動画が何枚の画像で構成されているかを示す単位であり，一般には24 fps，30 fps，60 fps などから選択できます．動画像処理では動画像をフレームごとの画像として処理するのが基本となるため，特に動きの速い被写体を扱う場合にはフレームレートを高くするほうがよいといえます．ただし，フレームレートを上げるには解像度を落とす必要がある場合も多く，撮影の条件や目的に合わせて設定することが望まれます．同様に，シャッタースピードが調整できる場合には速く設定すると(一般的には $\frac{1}{60}$ 程度であるが，これを $\frac{1}{1000}$ などにする)フレームごとの画像のブレが小さく抑えられるために，後の画像処理の際に有利です．ただし，人が見ることを目的とする場合にシャッタースピードを遅くしすぎても速くしすぎても，見た目がカクカクとした不自然なものになってしまいます

表 3.5 各解像度の規格と画素数

規格	横画素数	縦画素数	総画素数
HD(1 K)	1280	720	約 92 万画素
フル HD(2 K)	1920	1080	約 200 万画素
4 K	3840	2160	約 830 万画素
8 K	7680	4320	約 3300 万画素

し，シャッタースピードを速く設定すると一般に光量が落ち，暗くなるため，暗い場所での撮影には不向きとなります．

　さらに，レンズの選択も重要です．基本的には撮影の範囲によって人の視野よりも広い範囲を捉える広角レンズか，人の視野に近く自然な遠近感が得られる標準レンズを選択することになりますが，場合によっては望遠レンズや 180°の広角をもつ魚眼レンズを選択する場合もあるでしょう．さらに 360°カメラ(広角レンズを使ったものや複数のカメラを使ったものがある)も普及しているために，インタラクションの場全体を記録したい場合にはこれも選択肢となります．ただし，広角レンズはレンズの**ひずみ**(distortion)が大きいため，撮影した画像の幾何学的なひずみも大きくなってしまう点に注意が必要です．なお，ある程度の画像のひずみであれば，チェッカーボードと呼ばれるツールなどを使って自身で補正することが可能です．また，ズーム撮影に関しては，望遠レンズによって光学的に拡大する方法と，補間処理によって拡大する方法がありますが，後者は後処理でも同様のことが行えるため，人による視認性以外には撮影時に実施する意味はないといえます．レンズの焦点距離に応じて**被写界深度**(depth of field)*8 が異なるというレンズがもつ特性にも注意が必要です．焦点距離が短い(広角)レンズなら被写界深度が深くピントが合いやすいですが，焦点距離が長い(望遠)レンズの場合，被写界深度が浅くピントが合いにくくなります．被写体の動きや焦点が外れることによる画像のボケは正確な画像処理の大きな妨げとなるため，可能な限り避ける必要があります．また，画像の明るさや色味はイメージセンサやレンズの特性によって異なるうえ，撮影環境にも影響を受けるため，これらの影響は事前に確認すべきポイントでしょう．

3──取得できる情報によるカメラの分類

　現在，さまざまな情報を取得できるカメラが市販されており，用途によって選択することができます．代表的なものは次のようになります．

- **単眼カメラ**(single camera, **RGB カメラ**)：最も一般的なカメラで，R(red, 赤)，G(green, 緑)，B(blue, 青)のカラーの動画が取得できる．
- **ステレオカメラ**(stereo camera)：単眼カメラが複数台(多くは 2 台)固定されており，視差によって**奥行き**(depth, **デプス**)情報も取得できる．

---

*8　ピントの合う範囲のこと．

- **デプスカメラ**（depth camera，**RGBD カメラ**）：RGB 画像と同時に，赤外線のパターン照射や **TOF**（time of flight, **飛行時間法**）[*9] によって奥行き情報も取得できる．
- **赤外線カメラ**（infrared camera）：可視光ではなく赤外光による情報を取得できる（温度や物性のセンシングなどにおいて有用）．

3.5.2 動画像処理の基本

1──2 次元画像処理

　一般的な動画像は RGB，または RGBD の画像（フレーム）が時間的に並んだものです．したがって，動画像処理の基本は各フレームに対する静止画像処理（2 次元画像処理）を繰り返すことになります．さらに，動きの検出など時間方向の情報（**時系列データ**（time-series data））が必要な場合は，必要な時間幅のフレームを使って 3 次元的な処理を行うことになります．以下では RGB 画像における 2 次元画像処理の概要をみていきます．

　画像処理においてまず基本となるのは輝度や色の補正です．特に画像の輝度はさまざまな要因で変化するため，多くの場合，その後の認識のために補正（もしくは正規化）します．基本的には各画素に対して積和の演算をすることになりますが，画像全体のバランスが問題となるため，ヒストグラムを用いた処理や可視化手法が利用されます．また，色に関する処理としては色調補正が代表的です．このために，撮影時にカラーターゲットと呼ばれる色の基準となるボードを写しておくと，その色を手がかりにできます．RGB のバランスを変えることで行う方法のほか，色空間はその用途に応じてさまざまなものがあるので，例えば，色相（hue）・彩度（saturation）・明度（value）の 3 成分からなる **HSV 色空間**（HSV model）など，より直観的にわかりやすい色空間に変換して行う方法もよく用いられます．

　一方，画像処理の中心となる技術はフィルタリングであるといってもよいでしょう．画像に含まれる特に重要な情報はエッジです．ある特定の方向のエッジ

[*9] レーザや LED などの発光源からの光を対象物に照射し，その反射光をセンサで検出するまでの時間差を利用して，対象物までの距離を測定する方法のこと．

を抽出するためにさまざまなハイパスフィルタ（高い周波数成分だけを通過させるフィルタ）が利用されます．逆に，ノイズ除去の基本は平滑化であり，ローパスフィルタ（低い周波数成分だけを通過させるフィルタ）によって画像をなめらかにするのが最も簡単なやり方です．これらのフィルタリングは時間領域での畳み込みに相当しますので，現在の画像認識で主流となっている CNN（3.5.3 項参照）につながっています．

　また，画像の幾何学的な変換も特に 3 次元の実世界を考えるうえでは重要です．ある対象をカメラで撮像しているとき，カメラを回転させれば，対象自体は止まったままでも画像内で対象は回転します．同様に，撮像位置を変えれば平行移動したり，大きく映ったり小さく映ったりします．これによって，3 次元空間の情報を 2 次元平面に射影する際，本来，同一であるべき対象の見え方が大きく変化してしまい補正が必要な場合があります．**アフィン変換**（affine transformation）はこのような補正を，回転，平行移動，拡大・縮小，せん断といった画像の変形によって行うものです．ただし，アフィン変換では，例えば，長方形を平行四辺形に変形することしかできません．より一般化した**ホモグラフィー変換**（homography transformation，**透視変換**）では，長方形を台形に変形することができ，床など平面上の対象を斜め上から撮像した画像を，真上から見た画像に変換することができます*10.

　さらに，動画像であることを積極的に利用した処理として，動き（変化）の検出があげられます．そのため，時間的に隣り合う画像どうしの差分を計算すればよいのですが，時間方向を含む 3 次元フィルタリングとして一般化することが可能です．動画像中の動きは一般に**オプティカルフロー**（optical flow）と呼ばれ，これを推定するためのさまざまな手法が提案されています．また，時間方向のなめらかさ，つまり，人の位置や姿勢は急に変化しないといった知識をフレームごとの処理結果に適用することで画像を補正することもできます．

　これまで述べてきた処理は，**OpenCV** と呼ばれるコンピュータビジョンライブラリで容易に実装することができます．OpenCV は C/C＋＋や Java，Python，MATLAB で利用でき，画像の取込みから処理までの必要な機能のほぼすべてをそろえています．画像処理や深層学習の前処理の実装などにおいて，関連する文献を参照しつつ，実際に OpenCV を使って試してみることをおすすめします．

---

*10 これは，透視投影を表現できることを意味する．

2—— 距離計測

　現在，デバイスやアルゴリズムの進展によって，RGB 画像だけでなく，各画素までの距離情報を含んだ RGBD の取得も容易となっています．これには，デプスカメラを使う方法，ステレオカメラを用いる方法，デバイスによらず単眼画像から推定する方法があります．デプスカメラを使う方法は赤外光を用いて距離情報を取得するため，太陽光の強い屋外での計測に弱いという欠点があります[*11]．一方，ステレオカメラを用いる方法なら太陽光の強い屋外でも問題なく利用できますが，複数の単眼カメラから得た画像間の各画素をそれぞれ対応させることが容易ではないため，対応画素のマッチング距離推定の精度においてデプスカメラに比べると劣ることになります．特に，変化の少ない（テクスチャのない）面の距離はステレオ計測では原理的に計算することができません．

　例えば，デバイスによらず単眼カメラの画像から距離を推定する方法には，深層学習によって奥行きを推定するものがあります．実際，長井らのグループはこの技術を用いてロボットに搭載した単眼カメラの画像の動画から子どもとロボットの距離を推定し，その情報を子どもの性格推定に適用しました（Sano *et al.*, 2021）．その結果，正確な距離を計測した場合と遜色ない結果を得ることができています．このように，単眼カメラの画像からの距離推定も用途によっては十分に利用することができます．

3.5.3 ｜ 認識・検出・推定の処理

1—— 物体認識・検出

　深層学習によって最も進展した画像処理の技術は，物体認識・検出でしょう．ここで，**物体認識**（object recognition）とは画像内の対象物体を認識することであり，**物体検出**（object detection）とは画像内のどこに何が写っているかを検出することです．これらで中心となる手法が **CNN**（convolutional neural network，**畳み込みニューラルネットワーク**）です．CNN は，フィルタの畳み込み層と**プーリング**

[*11] ただし，この問題も解決されつつある．

(pooling)と呼ばれるダウンサンプリング層を交互に深くつなげたもので，認識結果の誤差(交差エントロピー誤差)が小さくなるように，フィルタの重みを調整する教師あり学習モデルです．さらに，ドロップアウトや活性化関数の選択，学習画像の水増し，スキップコネクションの導入，自己学習などのさまざまな工夫を施すことで精度が大幅に向上します[*12]．

　物体認識・検出には，基本的に画像データをブロックに分割し，各ブロックで実行する手法と，**SSD**(single shot detector)(Liu *et al.*, 2016)や**YOLO**(you only look once)に代表される物体の幅や高さを回帰によって見つける手法がすでにありますが，新しい手法が頻繁に提案され性能が更新される状況が続いています．自然言語処理で大きな成果を上げている自己注意機構をベースとした**Vision Transformer**も物体認識・検出で高い精度を出していて，今後の動向が注目されています．これらのモデルの多くは学習済みの重みが公開されており，PyTorch や TensorFlowなどの機械学習のソフトウェアライブラリで利用することができます．

2──姿勢推定

　インタラクションの分析においては，人の**姿勢推定**(human pose estimation)をしたい場合が多くあります．これには，従来はモーションキャプチャなどの大がかりな装置や装着型デバイスなどが必須でしたが，深層学習がこの状況も大きく変えました．その先駆けとなったのが**OpenPose**と呼ばれるモデルであり，画像を入力することで人を検出し，頭や腕，胴体，足の画像内の位置を自動的に検出することができます．また，2 次元画像から 3 次元空間内での姿勢を推定する手法も多く提案されています．例えば，VIBE は，人体の形状や時間のつながりを考慮して，2 次元動画像からの 3 次元姿勢推定の精度を向上させています．

　一方で，物体の 6 次元姿勢推定手法もさまざまに提案されており，ロボットの物体操作などへ応用されています．例えば，PoseCNN や DenseFusion などはその実装も公開されていて，比較的使い勝手がよいといえます．

3──顔画像処理

　顔画像処理(facial image processing)には，顔の検出，顔パーツの検出，視線の

[*12] 物体認識の最新手法については，Image Classification on ImageNet などを参照．
　　https://paperswithcode.com/sota/image-classification-on-imagenet
　　(2022 年 6 月確認)

検出，表情の認識，個人の特定などがあります．顔画像処理でよく使われるライブラリとして **OpenFace** があげられます（Baltrušaitis *et al.*, 2018）．OpenFace は，顔の検出，パーツの検出，視線の推定，表情の推定が可能で，非常に有用です．また，視線の検出には **OpenGaze** なども利用できます．

3.5.4 時間方向の処理

前述のとおり，動画像処理の基本はフレームごとの静止画像処理を繰り返すことですが，積極的に時間情報を使う必要がある場合や，使うことによって精度を向上できる場合がよくあります．時間情報を認識のモデルに組み込む手段としては **RNN**（recurrent neural networks，**回帰型ニューラルネットワーク**）や，これを改良した **LSTM**，**GRU**（gated recurrent unit，**ゲート付き回帰型ユニット**）などを用いて埋め込みを行うアプローチが考えられます．最近では，**Transformer** によって時間方向の情報も表現することが可能であり，動画像処理への進展が期待できます（Ashish *et al.*, 2017）．

3.5.5 RGBD 画像の処理

RGBD 画像であっても，4 チャネルの画像情報として扱えば RGB 画像の手法を原理的には適用できます．むしろ，RGBD 画像なら補正によってカメラパラメータを推定できるので，各画素の 3 次元空間座標を計算することで点群データ（point cloud，ポイントクラウド）を生成でき，空間情報をより積極的に処理に取り込むことができます．例えば，物体の 3 次元モデルがあれば，**ICP**（iterative closest point）と呼ばれる 3 次元空間上でのロバストなマッチング手法のアルゴリズムが利用できます．

こうした点群データへの変換，3 次元空間上でのフィルタリング，ICP などのアルゴリズムは，**PCL**（point cloud library）や **Open3D** といったソフトウェアライブラリで容易に実装可能です．また，3 次元情報では可視化が重要ですが，有名な可視化ツールとして **MeshLab** や **Cloud Compare** があげられます．

3.6 装着型デバイスによる身体動作計測

　実験や調査においては，さまざまな情報を取得するために計測デバイスを使用します．理想的には利用が簡単で，得られたデータがわかりやすく，ノイズの混入が少ない計測デバイスを使用したいところですが，そういった条件をすべて満たせる計測デバイスは多くありません．また，高精度な計測デバイスを利用しただけではよいデータはとれないことに留意しなければなりません．よいデータをとるためには，個々の計測デバイスの特性を理解し，それらを適切に使用する必要があります．

　以下では，主に身体に装着して使用する計測デバイス（**装着型デバイス**（wearable device））について，計測原理と取得できるデータの特徴，使用上の注意点などを説明していきます．装着型デバイスを使用すると，計測する身体に密着させるため，比較的ノイズが混入しにくく，分析しやすいデータがとれる傾向がありますが，原理を大ざっぱにでも理解していないと，データが何を示しているのかがわかりにくいこともあります．代表的な装着型デバイスについて説明したうえ，VR デバイスについても簡単に説明します．

3.6.1 モーションキャプチャ

　モーションキャプチャ（motion capture）は対象の 3 次元位置の時系列データを計測する手法の総称です．これはビデオカメラなどで得た通常の動画像データをもとに画像処理する（3.5 節参照）ことによっても可能ですが，位置精度の高い点群データの生成が難しい場合があります．

　それに対して，体のさまざまな部位にあらかじめマーカ（印）をつけておけば，画像処理において人体の構造モデルに関するさまざまな仮定が不要になり，位置精度の高い点群データがリアルタイムに生成できるほか，仮定が難しい，人以外を対象とした 3 次元位置の時系列データの計測なども可能になります．

　一方，通常の動画像データの画像処理と比べて手間がかかるうえ，計測時に，

オクルージョン（occlusion）*13 などのためにマーカを見失ってしまうことによって，データの欠損が起こる可能性も少なくありません．

　このようなマーカを使用するモーションキャプチャには，マーカの計測原理によって，光学式，磁気式，慣性式，機械式があります．いずれでも，リアルタイムにデータを取得することができます．

1──光学式モーションキャプチャ

　光学式モーションキャプチャ（optical motion capture）は，あらかじめ基準の位置を決める**キャリブレーション**（calibration，**較正**）を行っておいた複数のカメラどうしの位置関係と，撮影された画像内のマーカ位置から，三角測量の原理でマーカの3次元位置を計測して，計測対象の動きを推測するものです（**図3.19**）．他の方法に比べて位置計測の精度が非常に高いことが特長で，誤差1mm以下の精度で計測できる場合も珍しくありません．さらに，マーカとして自転車のリフレクタ（reflector，反射板）や夜間安全グッズなどにも広く使用されている再帰性反射材*14 を使用するので電源供給の必要がなく，装着に対する制約条件がほとんどないのも大きな利点の1つです．

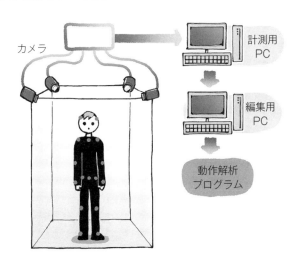

図3.19　光学式モーションキャプチャの模式図

---

*13 手前にある物体が後ろにある物体を隠すこと．
*14 光を当てると光源に向かって光が反射される反射材．

　一方，カメラをあらかじめ配置してキャリブレーションしなくてはならない関係から，大がかりな計測空間を用意する必要があること，マーカがカメラに写らない場合（オクルージョンが発生する場合）や，マーカはすべて同じ光の点に見えることから複数のマーカが交差した場合などにマーカ位置を見失ってしまいデータの欠損が生じること，外部の光がカメラから照射される光よりも強い場合に計測が難しくなることなどの短所があります．

　これらの短所は，マーカをそれぞれ識別可能な赤外光を発するものにすれば補うことができますが，そのかわりマーカに電源を供給する必要が生じます．

2——慣性式モーションキャプチャ

　慣性式モーションキャプチャ（inertial motion capture）は動きを検知する複数のセンサの情報からマーカ位置の変化を計測する手法の総称です．センサとして角速度センサ，加速度センサ，地磁気センサを使用して 9 自由度の変化を捉えることが多く，角速度センサと加速度センサは動きの慣性を計測するセンサなので「慣性式」と呼ばれます．

　これらのセンサから得られるデータは動きの微分値なので，積分して逆算することにより，計測対象の動きを推測します．外部にカメラを配置する必要がないので計測場所を選ばないうえ，マーカを見失うといったこともありません．近年，精度が向上し，動きを復元するソフトウェアを含めて比較的安価に手に入れることができるようになったため，活用場面が広がっています．

　ただし，**ドリフト**（drift）と呼ばれる時間経過にともなう積分誤差が蓄積すること，精度よく計測するには装着対象の関節のモデルが必要なので，どのような計測対象の動きでも復元できるとは限らないこと，計測前に特定のポーズをとってセンサの位置を初期化するキャリブレーションが計測対象者ごとに必要になることなどの短所があります．また，各マーカがセンサであることから電力の供給を必要とします．

　なお，3 次元空間の座標を取得するのではなく，基準の位置からの角度を取得する手法ですので，マーカ位置を精度よく推定するには各センサのメーカが提供している専用のソフトウェアを使用するのがよいでしょう．

3——磁気式モーションキャプチャ

　磁気式モーションキャプチャ（magnetic motion capture）は，設置式の磁界発生

マーカ

磁場発生装置

図 3.20　磁気式モーションキャプチャの例

装置から一定範囲に磁界を生じさせ，その中で，位置センサの役割のコイルを動かすことで生じる誘導起電力を計測して，計測対象の動きを推測するものです（**図 3.20**）.

　マーカの 3 次元空間の位置に加えて角度も直接的にわかるので，それぞれのマーカ位置を特定することができ，位置と姿勢を非常に高精度に推定することができます．カメラを使用しないので，マーカ位置を見失うこともありません．従来のシステムは非常に大がかりでしたが，計測範囲を小さく絞れば，最近のシステムはかなり小さくなっています.

　一方，かなり強い磁界を利用するため，計測環境から磁場に影響を与えるもの（金属や電気）をなるべく排除する必要があります．また，センサの数を増やすことが難しく，多くのマーカ位置を計測する必要がある場合には向きません．さらに環境内に磁界を発生させる必要があるため，計測範囲が限られてしまうなどの短所があります.

4──機械式モーションキャプチャ

　機械式モーションキャプチャ（mechanical motion capture）はマーカを使用せず，角度を計測するセンサ（**ポテンショメータ**（potentiometer，**可変抵抗器**））を計

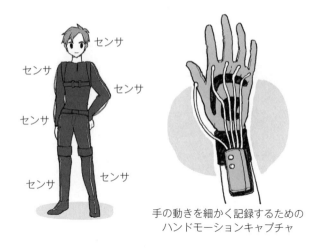

手の動きを細かく記録するための
ハンドモーションキャプチャ

図 3.21　機械式モーションキャプチャの模式図

測対象に直接取り付けて，計測対象の動きを推測する手法の総称です（**図 3.21**）．
つまり，人体であれば腕や足の関節部分にポテンショメータを取り付け，曲げた
ときの角度やねじれなどを計測します．計測データから角度を逆算するわけでは
ないので，積分誤差によるドリフトは生じません．

　機械式モーションキャプチャは手指の動きを計測するものが一般的ですが，全
身を計測できるものもあります．なお，計測精度は使用するポテンショメータに
依存してかなりの幅があります．

　表 3.6 に，それぞれの手法の長所と短所をまとめました．これら 4 つの手法に
はそれぞれ長所と短所がありますが，一般的には高い精度を必要とするときには
光学式モーションキャプチャ，簡便に取得したいときには慣性式モーションキャ
プチャ（あるいは通常の動画像データの画像処理技術によるモーションキャプ
チャ）が使用されることが多いようです．

　一方，キャリブレーションを適切に行わないと計測精度が非常に悪化すること
が多いため，モーションキャプチャの扱いにはある程度の経験に裏打ちされたノ
ウハウが必要になります．こうした問題も，近年では機械学習を用いた姿勢推定
ソフトウェアが利用できるようになって，人体に限っていえば実用的なデータを
取得しやすくなっています．

表 3.6 モーションキャプチャの比較

	長 所	短 所
光学式	・精度が高い ・マーカがつけられればどんなものでも計測可能	・比較的広い場所に多くのカメラを設置する必要がある ・障害物や人の動きでマーカを見失いやすい
慣性式	・狭い場所でも計測が可能 ・マーカを見失うことがない	・精度が比較的低く，計測対象者ごとにキャリブレーションが必要で，誤差の蓄積が起きやすい ・マーカに電源供給がいる
磁気式	・位置だけでなく角度も高精度でわかる ・マーカを見失うことがない	・磁場の影響を強く受け，計測範囲が限られる ・マーカの数が限られる
機械式	・角度やねじれを計測できる ・マーカがなく，周囲の環境の影響を受けない	・関節モデルをもつものしか計測できない ・計測機器が大きく，身体動作が制限される

3.6.2 視線計測デバイス

　視線計測デバイス（eye tracking device）あるいは**眼球運動計測デバイス**（eyeball movement measuring device）の多くでは，眼に近赤外光を照射して眼球運動を計測する**角膜反射法**（pupil centre corneal reflection; **PCCR**）が採用されています（奥山, 1991）．以下ではこれらの原理について述べたうえ，各デバイスの形状から設置型と装着型に分類してそれぞれの特徴を紹介します．

1——眼球運動計測の原理

　図 3.22(a)に角膜反射法の原理を示します．近赤外光を眼に照射して，眼球を赤外線カメラで撮影すると，照射した近赤外光が眼球（角膜）に反射したことによってできる**角膜反射像**（Purkinje image，**プルキニエ像**）が観察できます（図 3.22 (b)）．同時に，瞳孔もカメラに写りますが，こちらはほとんど赤外線を反射しないので黒い瞳孔の領域が取得できます．これら角膜反射像の重心と，瞳孔の中心のカメラ画像上の距離が，図 3.22 (a) に示されている P です．眼球の回転速度 θ は，P 以外に瞳孔の中心から角膜曲率の中心 a がわかれば求めることができます．

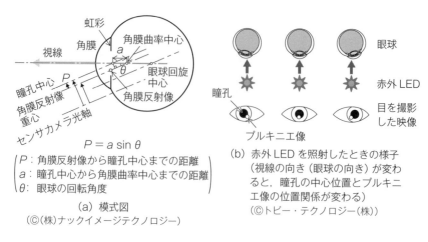

$$P = a \sin \theta$$

$\left[\begin{array}{l} P：角膜反射像から瞳孔中心までの距離 \\ a：瞳孔中心から角膜曲率中心までの距離 \\ \theta：眼球の回転角度 \end{array}\right.$

(a) 模式図
(©(株)ナックイメージテクノロジー)

(b) 赤外 LED を照射したときの様子
（視線の向き（眼球の向き）が変わ
ると，瞳孔の中心位置とプルキニ
エ像の位置関係が変わる）
(©トビー・テクノロジー(株))

図 3.22　角膜反射法の原理

この a については，一般的な眼球のサイズをあらかじめ与えておき，キャリブレーション（計測前に位置がわかっている複数の点を見つめてもらう）によって個人差を補正します．頭部の位置が変化すると正しくキャリブレーションできないため，精度が必要なときにはあご台などに頭を固定して行います．同じ理由で，顔の向いている方向や 2 つの眼の位置から自動的に補正をするシステムでも，精度が必要なときには頭部を固定するほうが望ましいでしょう．

2 —— 設置型の視線計測デバイス

　設置型の視線計測デバイスは，人がモニタの前に座って画面を見ているときに，画面のどこを見ているのかを計測する目的で主に使用されます（**図 3.23**）．このタイプの場合，近赤外光は瞼や睫毛の影になりにくいよう，下から眼に照射するものが多いようです．

　モニタの前という比較的計測しやすい環境で使用されるため，ノイズが入りにくいことが特長です．また，モニタと計測デバイスの位置関係が定まっているため，計測対象者の見ている場所をリアルタイムで外部のシステムに伝えることができ，特にインタラクションの分析には向いています．一方，頭の位置と計測デバイスとの位置関係が姿勢などによって変化しやすいため，あご台などを使って頭部を固定する必要がある計測デバイスが多い点には注意が必要です．

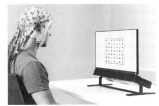

図3.23 設置型視線計測デバイス
(©トビー・テクノロジー(株))

3──装着型の視線計測デバイス

装着型の視線計測デバイスは，動きをともなう計測対象者の視線を計測する目的で主に使用されます（**図3.24**）．多くは眼鏡型の形状をしており，下側に眼球運動を計測するためのカメラ，眉間の辺りに計測対象者の顔側の環境映像を撮影するカメラが取り付けてあります．これら2つのカメラの位置関係から，計測対象者の視線を推測できます．ただし，計測対象者の視線を推測できるだけなので，実際に何を見ていたかは，記録された環境映像をもとに人が判断する必要があります．なお，通常の眼鏡と同様，かけている位置が少しずつずれますので，特に長時間の記録をする場合には，途中で補正したほうがよい計測結果が得られます．

4──視線計測デバイスの注意点

視線計測デバイスは，人が注意を向けているものを推定する手がかりとなる視線を直接計測できるため，さまざまな場面で活用されています．計測精度も高く，0.5°以下の誤差で眼球運動を計測できるデバイスが一般的です．しかし，気をつけなくてはならない点もいくつかあります．

まず，人が何かを見るときの機能的な問題です．人は視野の中心2°くらいの範囲が最もよく見えるため，注目しているものをこの範囲に収めようとします．逆にいえば，眼球の動きによっては，注目しているものが視野の中心から1°程度ずれていることはよくあることです．こ

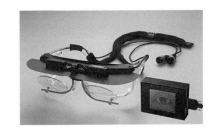

図3.24 装着型視線計測デバイス
(製造元：ISCAN Inc. USA／
国内総代理店：(株)クレアクト)

163

の 1° という誤差は，親指を立てて腕を伸ばしたときのその親指の幅ぐらいだと考えればよいでしょう．この誤差は人の目の機能自体にかかわる問題ですので，どのようなデバイスを使用したとしても，除外することはできません．

さらに，似たような問題として，「視野の中心にあるからといって，それに注意を向けているとは限らない」という点にも注意しなくてはなりません．人は，集中していないときはもちろんのこと，目の前にはない別のことを考えながら作業をしているときも，特に注意を向けていないが，単に注意を惹きつけやすい対象に視線が固定されがちなことが知られています．つまり，視線を向けているからといって，必ずしもそれに意図的に注意を向けているとは限りません．

また，目を開く大きさや表情の変化によって，視線の計測に一定のずれが生じることもよく知られています．さらに装着型デバイスでは，顔まわりの筋肉の動きにともなってカメラの位置が多少ずれます．視線計測に限りませんが，得られたデータには必ず誤差が混入するということを踏まえて，適切な条件を設定してデータを取得したり分析したりするように心がけてください．

3.6.3 その他のセンサ

インタラクションにおける人の行動を分析する際に，身体動作や視線は有用かつ有益な情報をもっている可能性が高いため，モーションキャプチャや視線計測デバイス以外にも，これらのデータを収集するための計測システムやデバイスが数多く実用化されています．

1——圧力センサ

圧力センサ（pressure sensor）は，ひずみゲージと呼ばれる変形量を計測する素子を介して，かかった圧力を電気信号として出力するセンサの総称です．なお，ひずみゲージは機械式モーションキャプチャで関節の変化を検出する際に使用されることもあります．モーションキャプチャの性能が低く，それに必要なデバイスが高額であった以前は，床に敷き詰めた圧力センサによって人の歩行状態を計測する手法がよくとられていました．現在でも，歩行状態やそれにともなう人のバランスを計測したいときなどには，床に対する微妙な力の増減を検出するために圧力センサが用いられています（**図 3.25**）．また，いすの座面や背もたれに圧

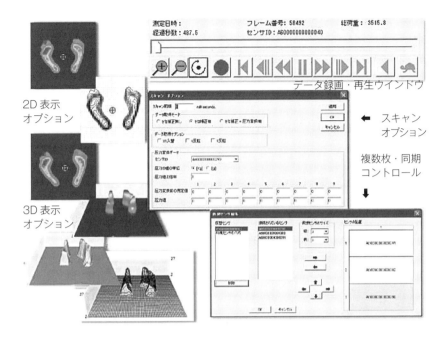

2D 表示
オプション

3D 表示
オプション

データ録画・再生ウインドウ

← スキャン
オプション

複数枚・同期
コントロール
↓

図 3.25　圧力センサにより収集したデータの分析例
（©（株）ニューコム　シロク事業部）

力センサを敷くことによって，体の微妙な姿勢変化を計測することもできます．
このように，圧力センサは動き出そうとしている準備の状態や，興味があって前
のめりになっている状態などを検出するために利用されています．

2──加速度センサ

　加速度センサ（acceleration sensor）は，可動部と固定部をもち，それらの間で起
きる位置の変化を検出するものの総称です．例えば，ばねとおもりが一体化され
た部品を内蔵してばねのゆがみを検出するものや，静電容量の計測によって可動
部と固定部の変化を検出するもの（スマートフォンのタッチパネルにも利用され
ている）などがあります．加速度が発生すれば，加速度センサはその正の方向に動
きます．なお，地球上のあらゆる物体には重力加速度が働いていますので，セン
サが静止しているときに加速度がかかっている方向（鉛直方向）が地面となりま
す．自由落下運動しているとき（無重力状態と等価であるとき）にはどの方向にも
加速度はかかりません．

　加速度センサには非常に小型かつ安価で手に入れられるものが数多くあり，装着も容易で，電力消費も小さいため，姿勢や動きを簡便に推定するセンサとして多くの場面で活用されています．計測したい運動の特徴があらかじめわかっているのであれば，モーションキャプチャを使わなくても，加速度センサだけである程度の動作計測が可能です．例えば，頭部につけることでうなずきや首振りなどの頭の動きを検出したり，歩いているか走っているかなどの運動状態を計測したりすることができます．

3── 角速度センサ

　角速度センサ（gyro sensor，**ジャイロセンサ**）は測定対象の回転の動きを測定するためのものです．一般的に使用されている小型で安価な角速度センサでは，コリオリの力（転向力）[*15] を利用して回転を検出します．慣性を利用して計測する原理が同じであるため，加速度センサと角速度センサを併せて**慣性センサ**（inertial sensor）ともいいます．これが慣性式モーションキャプチャの語源です．

4── 地磁気センサ

　地磁気センサ（geomagnetic sensor）は別名，**電子コンパス**（electronic compass）とも呼ばれ，地球をとりまいている地磁気を検出するものです．対象が向きを変えた際の地磁気の変化を電圧や抵抗値の変化から検知し，地球に対する方角を検出するもので，その原理によって MI センサ，MR センサ，ホールセンサに分けられます．計測精度や応答速度などの性能は MI センサが最も高く，次いで，MR センサ，ホールセンサとなります．

　ほかのセンサによってもたらされる情報と異なり，地球に対する方角に関する情報は積分によって逆算して推定されるわけではないため，地磁気が安定している場所であれば，誤差が少ないのが特徴です．一方，原理上，周囲の磁界からの影響を直接受けるため，意図しないノイズが混入しやすい点に注意が必要です．逆に，環境中に固定した地磁気センサで地磁気を乱すものが通ったかどうかを検出するという目的でも使用されます．なお，地磁気の方向に関する情報を基準としてセンサの姿勢を推定できるので，慣性式モーションキャプチャには必ずといってよいほど含まれるセンサであり，**ハイブリッドセンサ**（hybrid sensor）とし

[*15] 移動する質量に回転を加えたときに，移動する方向と回転軸に対して垂直に働く慣性力．

て加速度センサおよび角速度センサと併せて内蔵された製品も多く出回っています．一方，単独で使用されることは少ないかもしれません．

3.6.4 | インタラクション分析における応用例

現在，人-人および人-ロボット等の関係性で得られたデータから，それらのインタラクションを推定することに注目が集まっています．しかし，これらは直接観測することができないので，さまざまなセンサによる観測信号の変化から推定することが重要です．さらに近年は，デバイスの小型化や消費電力の低減などの技術の進歩によって，日常的な活動の中での社会的関係の計測がより容易かつ精密になりつつあります．

Alex Pentland らは身体動作などの情報を，**ソシオメータ**(sociometer)を用いて収集することの有効性を示しています(Pentland, 2008; Onnela *et al.*, 2014)．ここで，ソシオメータとは，人-人のインタラクションにおけるさまざまなデータを計測するために，各種センサを統合した装着型デバイスのことです(Choudhury & Pentland, 2002)．Pentland はマイクロホンと赤外線の送受信機を各ユーザのソシオメータに搭載して，固有の ID をやり取りさせることで，相互の対面を認識させています(**図 3.26**)．ただし，赤外線の情報は日光などによって容易にノイズや欠損が生じやすいため，フィルタリングによる後処理や HMM(2.4.3 項参照)を用いた機械学習による対面状態の認識を実装しています．また，マイクロホンがユーザの側に配置されているため，発話のエネルギーに閾値を設定したフィルタリングと HMM も用いることで，比較的容易にユーザの発話を検出しています．このように装着型デバイスを用いることで容易かつ大規模に実生活の中での人間関係を計測することが可能です．

また，長井らのグループは，Pentland のソシオメータの基本的な設計思想を引き継いだうえでさらに小型化し，カメラと加速

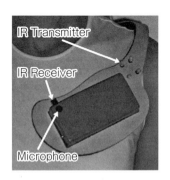

図 3.26 Pentland のソシオメータ
(Choudhury & Pentland (2002)
より引用)

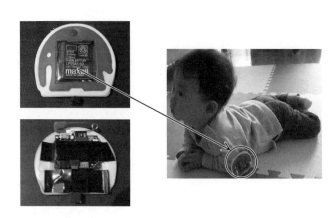

図 3.27　長井らのソシオメータ
（写真はいずれも筆者が撮影）

度センサを搭載した**モバイルソシオメータ**（mobile sociometer）を実装することで，より詳細なインタラクションに関する情報の取得を試みています（**図 3.27**）．小型のコンピュータを利用することで，バッテリー込みで通常の幼稚園児のバッジに収まるサイズのモバイルソシオメータを実現しています．ただし，このモバイルソシオメータでは複数のデバイスに保存される情報を完全に同期させることが困難なため，起動時と終了時にすべてのモバイルソシオメータに対して，同時刻，一斉に，一定方向に強く振ることによって加速度情報に疑似的な同期信号を記録し，相互相関による時間のずれの計算によって同期をとるなどの工夫をしています．

column 3.3　ヘッドマウントディスプレイ（HMD）

　近年，**HMD**（head mounted display, **ヘッドマウントディスプレイ**）に代表される VR デバイスが急速に普及しています．HMD は高精細な映像を両眼に呈示することで両眼立体視を実現でき，それによって高い没入感をユーザに与えることができます．現在市販されている多くの HMD は，これまで紹介してきたモーションキャプチャやさまざまなセンサ類，さらにシステムによっては視線計測デバイスまでをも 1 つのデバイスとして実装するものです．そのた

め，HMD 自体を簡易な計測装置として使用することも可能です．

HMD の構成は，コンテンツを呈示するヘッドマウントディスプレイの部分と，デバイスの位置を測定するためのセンサ類を内蔵する部分に分かれます．また，ほぼすべての HMD には，加速度センサ，角速度センサ，地磁気センサが内蔵されており，HMD の 3 次元的な位置や姿勢を測定するのに活用されています．HMD メーカごとに異なる方法をとっていますが，使用する部屋にあらかじめ設置したカメラやレーザ光照射装置と組み合わせることで，主に光学式モーションキャプチャのしくみを用いて 3 次元の絶対座標を計測することができる機能も有しています．市販されている HMD の中には，手にもつタイプのコントローラが付属していることも多いです（**図 3.28**）．これも，光学式モーションキャプチャと同様の方法で位置と姿勢を推定し，仮想空間上にユーザの身体動作を反映させるしくみになっています．さらに一部の HMDには角膜反射法を基本とした眼球運動計測装置も組み込まれており，仮想空間上にユーザの視線を反映させることも可能です．

そのため，HMD を使用することで，比較的安価で簡便に仮想空間上に人のインタラクションを再現することが可能で，仮想空間上において人の行動データを取得することもできます．これによって現実では不可能な環境設定ができるうえ，HMD は身体動作計測センサとしてきわめて安価であることから，これから HMD の採用事例が増えていくかもしれません．一方，VR コンテンツを作成すること自体はさほど難しくはありませんが，ディスプレイが必要である環境で HMD が重くなってしまい，現実世界とは異なる行動になってしまうという問題があります．また，俗に **VR酔い**（virtual reality sickness）と呼ばれる現象によって気分が悪くなりやすく，長時間の使用にはあまり向きません．

図 3.28　HMD の構成の例
(© HTC NIPPON 株式会社)

3.7 音韻情報と韻律情報の計測処理

3.7.1 音声収録の基礎知識

2020 年冬から始まった新型コロナウイルスの感染拡大により，一時的に授業の完全オンライン化などが不可避となり，オンライン会議システムの利用が急激に増大しました．その結果，多くの人々が PC を介した画像や音声のやり取りにおける諸問題を実感することになったと思われます．これらは，そのままインタラクション分析における課題ともなります．以下では音声信号の計測，すなわち**マイクロホン**(microphone; mic)*16 使用時の注意事項について説明します．

一般的な PC には，マイクロホンが内蔵されています．このため，高性能な外付マイクロホンで収録したはずが，設定ミスで実際は内蔵マイクロホンで収録されてしまっていた，ということがしばしば生じます．カメラのほうは比較的気づきやすいのですが，マイクロホンのほうは，意識していないと気づかないことがよくあります．外付マイクロホンを PC に接続するだけで，そのマイクロホンが使えるようになるとは限りません．PC 側でその外付マイクロホンを「選択する」という設定が必要になることがあります．

さらに，後日，収録音声を聞いてみると，予想以上に雑音が大きいということもよくあります．人には，雑踏の中でも注意を向けた相手の声を拾い出す知覚能力があるからであり，これを**カクテルパーティー効果**(cocktail party effect)といいます．このため，その場では周囲の雑音が大きくても，注意を向けた話者の声を聞きとれるのです．一方，一般的なマイクロホンには，特定方向の音声のみを収音できる指向性は備わっておらず，特定方向の音声を収録するには，放送現場などの様子を撮影した動画などでよく見かける，細長いマイクロホン(**ショットガンマイクロホン**(shotgun microphone))が必要になります．すなわち，主観的に(その場で)聞いた音声と，客観的に聞いた収録音声との間にズレが生じてしまう

---

*16 マイクロホンは「マイク」と略されることが多いが，本節では略さずマイクロホンと記載する．

のです．音声収録の目的によっては難しい場合もありますが，背景雑音は極力抑制することが望ましいといえます．

また，マイクロホンは音源から直接もたらされた音だけを収録するわけではありません．音は空気を媒質として四方八方に拡がりますので，音源から直接マイクロホンに届くほかに，周囲のいすや机，窓，壁などからの反射波としてもマイクロホンに届きます．これによって，直接届く音と，反射して届く音の間で，時間的なずれが生じます．一般にこのような現象を**残響**(echo，**エコー**)といいます．残響が強いと聞き取りにくい音声となります．日ごろ，私たちはカクテルパーティー効果によって残響の影響をあまり意識していませんが，実際はかなり大きいのです*17．音声の収録時には，背景雑音や部屋の残響などの影響をテスト時に現場で確認する習慣をつけておくとよいでしょう．

このほか，動物の鳴き声等を収録する場合においては，可聴領域が人と異なることに注意が必要です．一般的な PC で音声を取り込む場合，必ずアナログ／デジタル変換（A/D 変換）が行われ，このときのサンプリング周波数は 44.1 kHz（あるいは 48.0 kHz）です．これは，人の可聴領域（約 20 kHz）の約 2 倍です．一方，可聴領域が人より高い動物は珍しくなく，ウマは約 30 kHz，イヌは約 50 kHz，ネコは約 100 kHz，コウモリは約 120 kHz です．したがって，これらの動物の声を 44.1 kHz のサンプリング周波数で収録すると，動物間の音によるコミュニケーションの分析には，不適切なデータになってしまうといえるでしょう．

以上のとおり，音声は目に見えないため，その分析を目的として音声を収録する際には十分な注意が必要となります．

3.7.2 | マイクロホンの種類

マイクロホンは，空気粒子の振動を検出する機器ですが，その原理によって大きく 2 つに分類されます．以下に 2 種類あるマイクロホンの原理を説明していきますが，機械的振動を電気的振動に変換するしくみが異なることになります．

---

*17 実は「偽の音」しか聞いていないことについては，以下を参照．
https://news.mynavi.jp/article/otodesign-5/ （2022 年 6 月確認）

1──ダイナミックマイクロホン

ダイナミックマイクロホン(dynamic microphone)は，永久磁石の近くにコイル(に接続された振動板)を配置すると音(空気の振動)によってコイルが細かく振動して誘導起電力が生じ，それに対応して振動した電流が流れることを利用したものです(**図 3.29**(a))．ダイナミックマイクロホンは，その原理から電源が不要であることが大きな特長です．

インタラクション研究では音声を収録してその音声データを分析することによって，言語的情報を得たり，韻律やピッチなどのパラ言語的情報(1.2.4 項参照)を得て，さらにそこから発話者の感情や態度など心的状態を推定したりします．

ダイナミックマイクロホンは上記のように電源を用意する必要がないため，指先程度の大きさまで小さくすることもでき，体に装着することも可能です．また耐久性にも優れ，周囲のノイズ(noise, 雑音)に強く，ハウリング(howling, 鳴音)も発生しづらい構造になっています．そのため，動いている人や事物が発生させている音声を収録する場合に適しています．

2──コンデンサマイクロホン

コンデンサ(condenser, 蓄電器)が蓄えられる電荷の量(静電容量)は，絶縁体の誘電率と電極の表面積に比例し，絶縁体の厚さ(電極間の距離)に反比例します．**コンデンサマイクロホン**(condenser microphone)は，この原理を応用して，片方の金属板を空気の微細な振動に応じて振動するように設計することで，絶縁体の厚さ(電極間の距離)が変化することによる静電容量の変化として，機械的振動を

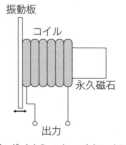

(a) ダイナミックマイクロホン

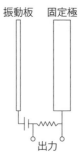

(b) コンデンサマイクロホン

図 3.29　マイクロホンのしくみ

電気的振動に変換するものです(図3.28(b)). このような構造のため,コンデンサマイクロホンは外部電源を必要とします(通常48V).

このため繊細で高品質な音声を再現することが可能であり,音楽のレコーディングなどでも使用されます. また,インタラクション研究においてはマイクロホンを固定した状態で音声を高音質で収録する場合には適しています. 一方,コンデンサマイクロホンは高感度である反面,高価であり,使用する環境が限定的です. コンデンサマイクロホンの利用は,着座した状態での対話を収録したりする場合に適しているといえるでしょう.

3.7.3 | マイクロホンの指向性

マイクロホンには,特定の方向からの音に対する感度を高く,それ以外の方向から来る音に対する感度を低く設計されているものがあります. これを**マイクロホンの指向性**(microphone directivity)といいます. **図3.30**は,マイクロホンの取扱説明書に記載されたマイクロホンの指向性を示すもの[18]です.

音源(音声の場合は話者)が1つの場合,1方向からの感度を高く設定した単一指向性マイクロホンを用いたほうがよく,対して,音源が2つの場合,0°方向と180°方向から到来する音(マイクロホンを2つの間に配置)への感度を上げた双指向性マイクロホンのほうがよい音声が収録できることになります. また,音源は1つでも反響も含めて録りたい(場の雰囲気を残したい)場合には,無指向性マ

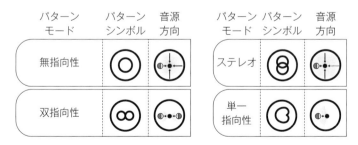

図 3.30　マイクの指向性とそのマーク
(Blue 社のマイクの取扱説明書から引用)

[18] Blue 社(卓上コンデンサマイクメーカ)のサイト：
https://www.bluemic.com/ja-jp/　(2022年6月確認)

イクロホンがよいことになります．いずれのマイクロホンを使うかは，あらかじめ現場でテストを行って，確認することになります．

3.7.4 マイクロホンのチャネル数

　最近はステレオ録音用の（左と右の 2 チャネルある）マイクロホンが多くなりましたが，音声（vocal，ボーカル）収録に特化したマイクロホンなど，1 チャネルのモノラル（monaural）録音用のマイクロホンもあります．人や動物は，左右の耳に到来する音のわずかなズレで，音源の場所，すなわち音の到来方向を察知することができますので，これに対応したステレオ録音の音源のほうが音の奥行き，空間性が感じられます．

　図 3.31 に，距離 d だけ離して配置した 2 本のモノラル録音用のマイクロホンに対して，それぞれ音が平面波として到来している様子を示します．音源から個々のマイクロホンへの距離が異なるため，2 本のマイクロホンで収録した音声波形にはずれ（遅延）が生じます．この遅延の長短から，人や動物は到来方向を求めることができます（図 3.25 の τ が遅延に相当）．ここで d は人の耳（左耳と右耳の間隔）の場合，約 20 cm ですが，小動物や昆虫となるとさらに小さくなりますので，当然，両耳に到達する波形のずれも小さくなります．このことからわかるとおり，視覚と聴覚を比べると，時間分解能は聴覚のほうがはるかに高いことが知られています．

　さて，これを応用して，N 本のマイクロホン（**マイクロホンアレイ**（microphone array）といいます）を使って，より詳細な情報を推定できることは想像できるでしょう．これを応用して，3 つ以上の耳をもつロボットやシステムが開発されています．例えば，自動車の車内にマイクロホンを複数配置し，どの席に座っている人が何をしゃべっているのかを推定するなどが行われています．また，8 本のマイクロホンをコンパクトに配置し，音の到来方向を含め，さまざまな音響解析を行うシステムも開発されています（図 3.32）．

　一方，人がもつ 2 本のマイクロ

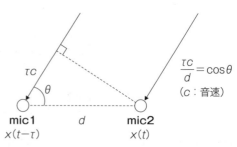

$$\frac{\tau c}{d} = \cos\theta$$
（c：音速）

mic1　　　d　　　mic2
$x(t-\tau)$　　　　　　$x(t)$

図 3.31　2 本のマイクで収録した際の波形のずれ

ホン（左右の耳）による「聞こえ」を，より厳密に模擬することも進められています．例えば，人の頭部を模擬したダミーヘッド（マネキンの頭部を思い出してください）の両耳部に左と右のマイクをそれぞれ装着し，左右の耳に届く音を記録することが行われています（**バイノーラル録音**(binaural recording)）．実際，ダミーヘッドを置かずに両耳の間隔だけ離した2本のマイクロホンで録音した場合と，ダミーヘッドを置いて両耳の間隔だけ離した2本のマイクロホンで録音した場合とでは，

図3.32　たまご型マイクロホンアレイシステム
(© 2015 SYSTEM IN FRON-TIER INC)

ダミーヘッドの存在によって聞こえ方が変わることがわかっています．ここで，音源の音響特性（音源のそもそもの特性）とマイクロホンで収録した音響特性との比は伝達関数で記述できますが，頭がない場合の音響特性と頭がある場合の音響特性の比を**頭部伝達関数**(head related transfer functionfunction; **HRTF**)といいます．

3.7.5 | マイクロホンの録音レベル（感度）の調整

　音声収録時には，マイクロホンの録音レベル（感度）の調整にも注意が必要です．録音レベルの調整は，以下のような複数の方法で行われることが一般的です．
　① マイクロホンにあるハードウェアのボリューム（つまみ）
　② 使用しているPCのOSに付属する録音レベル調整
　③ 使用している録音ソフトウェアの録音レベル調整など
　最終的な収録音声は，これらの調整の効果が乗じられたものになりますので，いずれかが0だと，その他のレベルをいくら上げても無音になります．さらに，①，②，③の録音ボリューム調整は連動している場合もあります．
　また，「収録現場に雑音源が見当たらない」かつ「音の反響も抑えられている」状況であっても，商用電源（交流）の周波数が録音音声に重畳して「ブー」という低い音の雑音源になることがあります．これを**電源ノイズ**(power supply noise)といいます．マイクロホンが音からつくり出す電気的振動よりも，交流の商用電源の電気的振動のほうがはるかに大きいために起こる現象です．電源ノイズを抑える最

も簡単な方法は，PC 等に内蔵されたバッテリー（直流電源）だけを使って録音することです．このほか，PC で別のプログラムを起動した際など，PC のハードディスクが雑音源になることがあります．録音時には，関係のないプログラムはすべて終了させておくことが望ましいでしょう（榊原他, 2020; 鈴木, 1999; 日本音響学会編集委員会, 1999）．

3.7.6 │ 音声収録ソフトウェア

　PC を使用した音声収録にあたっては，**音声収録ソフトウェア**（sound recording software）を走らせる必要があります．以下，音響分析が可能な音声収録ソフトウェアをいくつか例として示します．

1──Audacity

　Audacity はフリーのデジタルオーディオエディタ，およびレコーディングアプリケーションであり，さまざまな OS にも対応しています．マルチトラックオーディオに対応している多機能オーディオエディタレコーダです．

2──Wavesurfer

　Wavesurfer は音響音声学の研究に広く使用されているフリーのオーディオエディタです．音圧波形，スペクトルセクション，スペクトログラム，ピッチトラックなどをインタラクティブに表示させることができます．
　また，音声にラベルをつけたり，書き起こしたりすることもできます．

3──Praat

　Praat は音声を分析，変換，合成することができるフリーのアプリケーションであり，音声の視覚化を通して語学的音声分析に強みをもちます．

4──Sound Studio

　Sound Studio はコンピュータを使ったオーディオのデジタル録音や編集を簡単に行うことができるアプリケーションで，音声波形を編集することに長けています．

3.8　生理指標の計測

生理指標（physiological indicators）とは，主として自律神経系が原因の生理学的反応を表す指標のことです．代表的なものとしては，脳波，心電，血圧，脈波，呼吸，体温，筋電，皮膚電気活動などがあげられます．瞳孔径なども生理指標に近い情報といえます．また，人の生命活動はきわめて複雑なシステムですし，いまだにわかっていないことも多くありますので，ここで紹介する指標以外にも利用できるものがあるかもしれません．例えば，唾液の中に含まれるアミラーゼやコルチゾールといった化学物質を計測することで，人のストレスを推測できるという報告もあります．

こうした生理指標は自律神経系が原因であるため，ほとんどは不随意に反応が現れます．自律神経系は原始的な fight or flight（闘争か，逃走か）の判断を迫られる場面で大きな反応を返すことが多いため，ストレス状態を基本とする精神活動を反映すると考えられています．また，自律神経系には，身体活動を活性化する交感神経系と，その反対に身体活動を沈静化する副交感神経系の 2 種類が存在します．したがって，それらが反応する／抑制されるという 2 つの状態がそれぞれで観測されたとすると，人の精神活動を 4 つの状態として表現できることになります．実際は，交感神経系と副交感神経系には関連がありますので，きれいに状態を分けることができませんが，外部からは観測しにくい人の中で起きている現象を，生理指標を通してある程度は推測できると考えられています．

基本的に，インタラクションは時系列的に一連の流れとして構成されており，あるインタラクションの結果がその後のインタラクションに影響を与えることがよくあります．そのため，インタラクションに参加している人に，あるインタラクションの結果が出るたびに「どのようなことを考えているのか」を質問すると，その後のインタラクションに影響を与えてしまう危険性があります．このような場面で，生理指標を利用して人のストレス状態や考えていることの一部を時系列に沿って推測できれば，インタラクションをより詳細に把握できるようになります．

以下では，生理指標の計測とそれによる人の内部状態推定について概略を説明

していきます. さらに詳細なことが知りたい場合には, 三宅(2017), 宮田(1998a), 宮田(1998b), 宮田(1998c)を参照してください.

3.8.1 | 生理指標を利用する利点と欠点

上記のように, 生理指標は観測しにくい人の内部状態を推定する手がかりになると考えられています. 生理指標には次のような利点があります.

① 観測しにくい人の反応の推定が可能

表情や行動には変化がなくとも, 生理反応に変化が現れることがあります. また, 明確には知覚されない刺激などに対する反応が生理反応に現れることもあります.

② 物理的な指標として測定が可能

生理活動の反応を, 電圧や周波数などの物理量として数量化できます. また, それにより定量的な解析処理も可能です. つまり, 客観的なデータとして人の内部状態を知ることができます.

③ リアルタイムに測定可能

生理指標は時系列データとして記録されます. さらに, 100 ms(ミリ秒)以下の間隔で取得できるものも多くあります. 一方, 人の報告による内部状態の観察では, リアルタイムに情報を取得することが多くの場合に困難です.

④ 反応が不随意で知識の影響を受けにくい

刺激に対する不随意な生理的反応を計測するため, 刺激から受ける影響が同じであれば, 同様の反応を観測することができます. 人のインタラクション行動は, 経験や知識によって逐次的にアップデートされていきますので, 人が意識的に行う報告によって人の内部状態を観察しようとすると, その報告自体が人のインタラクション行動に影響を与えてしまうことがあります. 生理指標では不随意かつ無意識な反応を取得するため, データの取得自体が人のインタラクション行動に影響を与える可能性が低くなります.

一方, 生理指標には次ページのような欠点があります.

ⅰ）計測には基本的に電極を身体に装着する必要がある

　　利点のところで「データの取得自体が人のインタラクション行動に影響を
　　与える可能性が低くなります」と述べましたが，一方で，計測デバイスを装
　　着することによって身体動作に制限が課せられたりすることで，インタラ
　　クション行動に影響を与える可能性が生じます．

ⅱ）計測デバイスにノイズが入る

　　生理指標の計測デバイスの多くが，人の生理反応から生じる電気的な反応
　　を増幅することによってデータを取得するしくみであるため，周囲の環境
　　中にある交流磁場によるノイズが問題になりやすいということがあります．
　　さらに，測定用の電極やリード線が揺れると**アーティファクト**（artifact）と
　　呼ばれるノイズが入りやすくなります．こうしたノイズを減らすために，
　　実験環境の構築や実験中の人の動作などに，さまざまな制約が生じるのは
　　明確な欠点といえます．

ⅲ）計測される反応がさまざまな刺激の影響を受ける

　　生理指標は不随意な生理反応なので，照明や雑音などの外部刺激の影響を
　　無意識に受けてしまうことがあります．また，年齢や筋肉量などの身体的
　　な差にも左右されます．さらに，電極を装着することとも関連しますが，
　　計測されること自体がストレスとなり，生理反応に影響を与えることもあ
　　ります．

ⅳ）計測データを統一的に処理しにくい

　　生理指標は，それぞれ時系列データで，かつ反応に時間的な遅れがあるこ
　　とが多くあります．さらに，それぞれの生理指標の間で値を直接比較する
　　ことはできません．そのため，複数の情報を統一的に処理する方法はまだ
　　ありません．また，それぞれの生理指標で計測される値が異なるだけでな
　　く，同じ生理指標でも反応の大きさや反応の時間遅れに個人差があり，デー
　　タを比較する前にデータの加工が必要なことがあります．

　このように生理指標は少々，癖があるデータですが，ほかにはない利点もあり，
必要に応じて適切に利用することでインタラクションを多面的に捉える手がかり
になりえます．

3.8.2 生理指標の特徴

　生理指標の取得にあたっては，さまざまな生理指標を 1 台で計測することができるデバイスが市販されていますので，まずはそういったデバイスを利用するのがコストパフォーマンスの面ではよいでしょう．一方，脳計測など個別の生理指標の計測に特化したデバイスのほうが，解析するためのソフトウェアが整備されていたり，より簡便な計測が可能であったり，精度よくデータを取得できたりと，使い勝手がよくなります．

　以下では，比較的計測しやすい生理指標として，筋電図，心電図，脈波，呼吸，皮膚電気抵抗について取り上げます．加えて，脳活動計測についても簡単に説明します．ただし，脳計測については計測機器が高額であり，それぞれの機器ごとのさまざまなノウハウがあるため，実際に計測する際には専門的な文献も確認することをおすすめします．

1──筋電図

　筋電図（electromyogram; **EMG**）は，筋肉が収縮する際に発生する活動電位（$10\,\mu\mathrm{V}$ 〜数 mV 程度の振幅と，2 〜 $2000\,\mathrm{Hz}$ の周波数帯域）を計測したものです．一般的には，皮膚表面に伝わってくる活動電位を皮膚表面に貼り付けた電極で計測する表面筋電図を利用します．**図 3.33** に筋電センサの例を示します．比較的簡便に計測が可能ですが，筋肉から皮膚表面までの距離によって筋電図の振幅が変わるために，異なる筋肉どうしの活動を比較することはできませんし，特定の筋肉ではなく，電極の下にある筋肉の活動全体の影響を受けます．

　筋肉の使われ方をみるような場合や，何かをしようとして力を入れる準備反応など，動きをともなわない筋収縮をみる場合に筋電図を解析することで，どのタイミングで準備を始めたか，緊張したかなどを推測することができます．また，筋肉は人体のいたるとこ

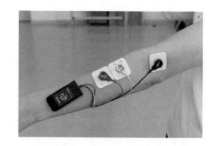

図 3.33　筋電センサ
（アニマ社製　筋電計 MM-3000．
アニマ(株)の許諾を得て転載）

ろにあり，行動するときに活動しますので，取得する場所を変えることでさまざ
まな活動を推測する手がかりが得られます．

2──心電図

　心電図(electrocardiogram; **ECG**)は単純にいうと，心臓のみの筋電図です．心
臓の筋肉が収縮する際に発生する活動電位は振幅が約 10 mV 程度と比較的大き
く，体の表面に配置した電極間の電位として計測しやすいという特長があります．
2, 3 個の電極をつけて拍動を 1 つの波として計測するのが一般的ですが，多くの
電極を使い，各心房・心室の変動を独立して計測することも可能です．**図 3.34**
に典型的な 1 回の拍動の波形を示します．

　心電図の波形のうち，特に R 波と R 波の間隔を **RR 間隔**(R-R interval; **RRI**)
と呼びます．人の内部状態推定への応用にあたっては，この RR 間隔の変動を解
析処理することで，交感神経系と副交感神経系の活動を推測するのが一般的です．

　図 3.35 によく使われる電極の配置を示
します．濃いグレーが負(−)の電極，薄
いグレーが正(＋)の電極，枠のみがグラ
ウンド(基準となる電位)を示していま
す．図中の CM5 誘導は振幅が大きい波
形を得ることができるため拍動の検出を
しやすく，最も一般に用いられています
が，実験の条件によって波形にノイズが
入りにくい電極の配置を選ぶのがよいで
しょう．

　また，筋電によるノイズが入りにくい
誘導として，NASA 誘導があります[*19]．
こちらは R 波ではなく S 波が強く出る電
極の配置になり，2 つの電極が両方とも
筋肉の少ない位置にあります．いいかえ
れば，さまざまな動きをともなう活動を

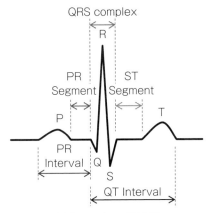

QRS complex：QRS 波
PR Segment：PR 部
ST Segment：ST 部
PR Interval：PR 間隔
QT Interval：QT 間隔

図 3.34　典型的な拍動の波形

[*19] NASA(National Aeronautics and Space Administration，米国航空宇宙局)によって
宇宙飛行士の心電図をモニタリングするために考えられたため，NASA 誘導と呼ばれる．

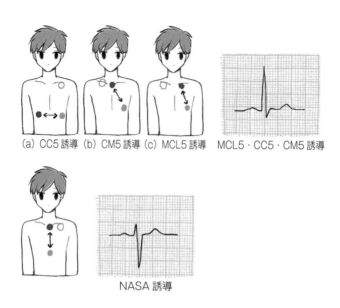

(a) CC5 誘導　(b) CM5 誘導　(c) MCL5 誘導　　MCL5・CC5・CM5 誘導

NASA 誘導

図 3.35　よく利用される心電図計測の電極配置

しながらでも心電図を取得できる誘導だといえます.

　人の内部状態推定への応用にあたっては，RR 間隔を計測し，その **HRV**(heart rate variability, **心拍変動性**)を解析することで，緊張状態やストレス，疲労などをみるのが一般的です. 原理としては，副交感神経系が HRV の高周波成分と低周波成分に，交感神経系が HRV の低周波成分に影響することを利用します. このため，高周波(high frequency)成分と低周波(low frequency)成分の比をとった **LF/HF**((低周波成分)÷(高周波成分))という指標がよく用いられています. 詳しい説明は省きますが，高周波成分には呼吸が無視できない影響を与えるため，呼吸の深さと速さが一定になるような実験課題で使用することが望ましい指標です.

　また，周波数解析を用いずに HRV を解析する方法もあります. 例えば，RR 間隔の標準偏差を平均値で割った **変動係数**(coefficient of variation; CV, 〔%〕)を利用することもあります. ほかにも，**ローレンツプロット**(Lorenz plot)[20] による解析を行う指標である **CSI**(cardiac sympathetic index, **交感神経指標**), **CVI**(cardiac vagal index, **副交感神経指標**)と呼ばれる指標が存在します(Toichi *et al.*, 1997).

---

[20] *n* 番目の拍動の R 波と，その 1 つ前の拍動の R 波の間隔を RRI(*n*)とする. ここで，*x* 軸に RRI(*n*)の値を，*y* 軸に RRI(*n*+1)の値をとってプロットしたものがローレンツプロットである.

3──脈波図

　心拍の変動によって血流量が変化すると，血管の拡張と収縮が生じます．このとき，波長の長い光(赤外光)は人体を透過しますが，特定の波長の光は血液中のヘモグロビンによって吸収されます．したがって，吸収される光の変化を計測することで血管の容積を推定することができます．加えて，それによって脈波も計測することができます．**脈波図**(plethysmograph)あるいは**容積脈波図**は，これを計測したものです．指先に赤外線を当て，血流がある際の透過率の変化を計測する方法が一般的です(**図 3.36**)．また，脈波の急上昇する点の間隔が RR 間隔と同じ意味をもつとされるため，脈波図には心拍の変動に関連する情報も含まれます．したがって，簡便にこうした情報を取得したい場合にも利用されます．

　血管は主に交感神経系に支配されているといわれています．そのため，脈波の振幅が小さくなれば交感神経系が活動していると推測できます．すなわち，脈波図は精神的な刺激に対する影響を受けやすく，人の内部状態の変化を拾いやすい指標といえます．ただし，多くの情報を含んでいる(いいかえると，さまざまなノイズが乗る)ため，実験設定や解析には十分な注意が必要です．

4──呼吸の計測

　呼吸の計測にはさまざまな方法が提案されています．このうちインタラクションの分析に利用しやすい計測方法の 1 つは，胸の周囲に伸縮によって抵抗が変化するバンドを装着し，胸郭の拡張と収縮を抵抗値や圧力の変化として記録するものです(**図 3.37**)．ただし，この方法では，バンドが緩んでいたり引っ張られすぎたりしていると上手く計測できません．また，抵抗値や圧力を計測するセンサに

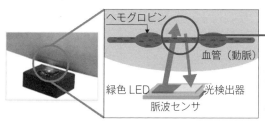
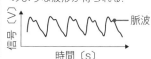

図 3.36　容積脈波の計測原理
(ローム(株)Web サイトより同社の許諾を得て転載)

腕などがぶつかったときにノイズが入ります.

　また，違う計測方法として鼻孔の直下に温度センサを装着し，呼気や吸気が通過する際の温度変化を記録する方法があります. ただし，この方法では口呼吸を観察することができません. ほかにも，呼吸の変化による座っているときの体の重心の変化を計測する方法や, 呼吸気が通過する場所の温度変化を計測する方法，密着している物体にかかる圧力変化を計測する方法なども提案されています. 実験環境に応じて適切な方法を選択するのがよいでしょう.

　一般的に，精神的な活動が行われているときは呼吸が速くなり，リラックスしているときにはゆっくりになることから，これを計測することで精神的活動の大きさをみることができます. また，いわゆる「息を合わせる」ことや，動き始めのときに息を吸うことを検出して動きのタイミングを計ることに使うこともあります. ただし，会話をともなうインタラクションにおいては，会話による呼吸の変化が多く, 人の内部状態を反映した成分を抽出することは困難なことが多いようです.

5—— 皮膚電気抵抗の計測

　「手に汗を握る」「冷や汗をかく」といった慣用句があるように，緊張したときに交感神経が過敏になって発汗する**精神性発汗**（emotional sweating）は, 計測技術がないころから精神状態を反映するものとしてよく知られています. これは，人で

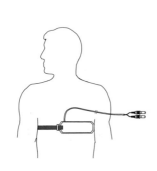

図3.37　呼吸の計測方法（バンド式）
（「呼吸バンド ピエゾ式CMP」
の添付文書より帝人ファーマ
（株）の許諾を得て転載）

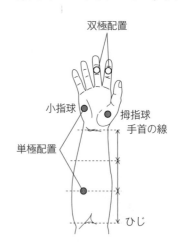

図3.38　皮膚電気抵抗計測の電極配置（単極配置と双極配置）
（三宅（2017）より引用）

は，手のひら，足の裏，脇の下，額に限って起こります．漫画などで，焦っていたり落胆したりしているときの表現として，額に大きな汗を描くのは，適切だといえます．

特に，手のひらには体温調節のための汗腺（アポクリン腺）が少なく，精神性発汗にかかわる汗腺（エクリン腺）が多いため，手のひらの電気抵抗を計測することで精神性発汗の有無を調べることができます．そして，精神性発汗は交感神経系の影響を受けているため，手のひらの精神性発汗を**皮膚電気抵抗**（skin conductance）の計測によって検出することで，交感神経系の活動を検出することができます．

図 3.38 に，皮膚電気抵抗を計測する際の電極の配置を示します．これには，前腕部および小指と親指の下の手のひらに電極を配置する単極配置と，指の関節に電極を置く双極配置があります．皮膚の電位を測る **SPL**（skin potential level, **皮膚電位水準**）の場合には単極配置を使用し，皮膚の伝導度を測る **SCL**（skin conductance level, **皮膚伝導度**）の場合には双極配置を使用します．両方を合わせて，**EDA**（electrodermal activity, **皮膚電気活動**）と呼びます．SPL も SCL も発汗があると計測値が高くなります．このほか，振幅などの反応量をデータとして使用する場合には，**SPR**（skin potential response, **皮膚電位反応**）や **SCR**（skin conductance response, **皮膚伝導度反応**）を計測することもあります．

精神性手掌発汗は感情変化に敏感であるため，人の内部状態推定への応用に関していえば，ストレスや緊張のほか，不安や興奮，驚き，痛みなども検出することができます．一方，精神性発汗はさまざまな刺激に反応して起こるため，どのような刺激に対する反応であるのかを特定することが難しいことがあります．狙った反応を検出するには，実験環境やタスクを統制し，特定の活動が生じたかどうかを状況から判断できるようにしておく必要があります．また，手の皮が厚くなっているような人の場合には反応が上手く計測できないこともあります．

3.8.3 脳計測

脳は，人の中枢神経系を司っているため活動そのものが複雑であることに加えて，立体的な構造をもっており，簡単には計測できません．そのため，さまざまな**脳計測**（measurement of brain activity）の手法が提案されています．**表 3.6** に代表的な手法とその特徴をまとめます．

表 3.6　脳計測手法の比較

計測法	空間分解能	時間分解能	侵襲度	自由度	価格
fMRI	1〜3mm 程度	5s 程度	なし	高い身体拘束	高額
PET	3〜5mm 程度	1min 程度	高い	高い身体拘束	高額
脳波計	数 cm(チャネル数に依存)	数十 ms	なし	低拘束	安価な装置もある.
脳磁計	5〜7mm 程度	数 ms	なし	高い身体拘束	高額
NIRS	2.5cm 程度	100ms 程度	なし	日常的な動き程度は可	安価な装置もある.

　脳計測の手法を比較する場合には，この表にあるように空間分解能，時間分解能，侵襲度，自由度のそれぞれに注目します．これらの要素は多くの場合でトレードオフの関係になっており，すべてを高いレベルで満たす計測方法はいまのところありません．

　空間分解能(spatial resolution)は，脳の物理的な場所をどの程度まで詳細に分割して計測できるかを表します．つまり，脳の異なる部位が同時に活動した場合に，それぞれの活動を独立した脳活動として計測できる距離の大きさを表します．脳はさまざまな処理を同時並行的に行っているので，空間分解能が低い脳計測の手法では，複雑な脳活動の状態が正しく計測できません．

　時間分解能(temporal resolution)は，どのぐらいの時間幅までを分割して計測できるかを表します．つまり，脳の同じ部位が連続して活動した場合に，それぞれの活動が時間的に独立したものとして計測できる時間間隔を表します．1 つの部位でもさまざまな脳活動に使用されていることもありますし，連続的に使用されることもありますので，時間分解能が低い脳計測の手法では，何に対する脳活動であるのかがわからなくなってしまいます．

　侵襲度(degree of invasion)は脳計測においてどの程度の影響が人体にあるのかを表します．人体への影響が強い脳計測の手法だと，同一人物に繰り返し計測を行うことができません．また，気分が悪くなったりして実験を中断する可能性も高くなります．侵襲度の高い手法を実験で利用する際には，医者などの専門家の立会いを必要とすることもあります．

　自由度(degree of freedom)は，計測中にどの程度まで身体を動かしてよいかを

表します．ただし，一般に脳計測では脳の微細な信号を捉えるため，身体を動かさないようにすることが推奨されます．

　以下，表にあげた脳計測の手法について，それぞれ簡単に説明していきます．精度のよい脳計測手法では大がかりな機械や整えられた計測環境が必要になり，必然的に高額になります．その中でも，比較的気軽に利用できる脳計測手法が，脳波計と NIRS です．

1 ── fMRI

　fMRI（functional magnetic resonance imaging，**機能的磁気共鳴画像**）は，脳の局所的な血流量の変化を捉える計測手法です．装置が高額であり，維持と管理にも費用がかかるため，大きな研究所などに設置されています．

　脳活動によって酸素が消費されることで局所的に血流量が変化し，それにともなって脱酸化ヘモグロビンの濃度が減少することを，磁気共鳴信号によって検出します．この信号を捉えるために脳の周囲に強い磁場を与えます．特に空間分解能が高く，他の性質も悪くありませんが，磁場を発生させるコイルの音が大きいので，そのノイズを抑制するためにヘッドフォンを装着して計測するのが一般的だったりするなど，自由度が低くなることと，費用が高くなることが問題であり，気軽に利用できる計測方法ではありません．

2 ── PET

　PET（positron emission tomography，**陽電子断層画像**）は，陽電子を放出する放射性同位元素を含む物質を人体に投与し，人体内で結合したその物質の空間分布を，陽電子と電子が衝突して放出するガンマ線の密度から計測する手法です．これによって，脳活動にともなって起こる局所的な脳血流量の変化を捉え，脳活動を計測します．

　表 3.6 にあげた中で最も侵襲度が高い計測方法であり，現在では fMRI にとってかわられることが多いようですが，医療現場では使用されることもあります．

3 ── 脳波計

　脳波計（electroencephalography，**EEG**）は，脳の電気活動を計測することで脳活動を捉える計測手法です．次に述べる脳磁計との違いは，磁場を計測するのではなく，脳の電気活動の電位を計測する点です．

　頭皮上に多くの電極を固定し，脳活動にともなって発生する電気活動の電位を直接計測します．具体的には，**図 3.39** に示したような場所に電極を配置して，それぞれの電極の間の電位差を計測します．

　比較的古くからある計測手法であり，さまざまなノウハウが蓄積しており，簡易的な計測デバイスも存在します．ただし，目の動きや筋電図，汗による電位変化など，さまざまな生体電位も拾ってしまうため，これらの生体電位をキャンセルする処理が必要となります．

4── 脳磁計

　脳磁計（magnetoencephalography, **MEG**）は**脳磁波**とも呼ばれるもので，脳の電気活動によって生じた磁場を計測して脳活動を捉える計測手法です．

　磁場を発するコイルを，頭部を覆うように配置し，脳活動によって生じた磁場の変化を計測します．磁場の通りやすさは脳周辺ではほとんど同じであるため，脳活動を比較的高い空間分解能と時間分解能で計測することができます．ただし，fMRI 同様に大がかりな機械であり，利用するには多額の費用がかかります．

5── NIRS

　NIRS（near infra-red spectroscopy, **近赤外分光法**）は fMRI と同じように，局所的な脳血流の変化を計測することで脳活動を捉える計測手法です．頭皮上に人体を透過しやすい近赤外光を照射するプローブと，脳内での吸収と反射を経て戻ってきた光を受光するプローブを設置し，その吸収度合いなどからヘモグロビンなどの光を吸収する物質の濃度変化を求めることで，脳活動を捉えます．

　このような計測原理のため，電磁波の影響を受けず頭皮上にプローブを固定することができますので，拘束性が比較的低い（自由度が高い）のが特長です．また機器が比較的安価で，簡易的な計測デバイスも存在します．一方，得られるデータは血流の相対的な変化であり，fMRI のような絶対的な値として脳活動を計測できるわけではありません．また，頭皮に近い部位しか計測することはできません．

　上記以外の方法を含め，脳活動の計測手法については継続的に研究開発が進められています．また，計測後のデータを処理する方法についてもさまざまな提案がなされています．今後，まだまだ発展していくと考えられます．

10-20 法の電極記号と部位名称

部位名称	電極記号	解剖学的部位
前頭極（front polar）	F_{p1}, F_{p2}	前部前頭葉
前頭部（frontal）	F_3, F_4	運動野
中心部（central）	C_3, C_4	中心溝
頭頂部（parietal）	P_3, P_4	感覚野
後頭部（occipital）	O_1, O_2	視覚野
前側頭部（anterior-temporal）	F_7, F_8	下部前頭部
中側頭部（mid-temporal）	T_3, T_4	中側頭葉
後側頭部（posterior-temporal）	T_5, T_6	後側頭葉
耳朶（auricular）	A_1, A_2	
正中前頭部（midline frontal）	F_z	
正中中心部（vertex）	C_z	
正中頭頂部（midline parietal）	P_z	

※数字の奇数は左，偶数は右を表す.

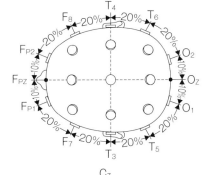

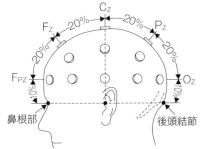
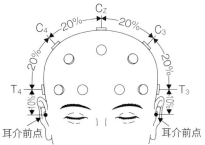

図 3.39　脳計測における電極配置（10/20 法）
（一般社団法人 奈良県臨床検査技師会の Web ページより同会の許諾を得て転載）

3.8.4 生理指標の利用と計測の注意点

　ここまでに，インタラクション分析において活用される生理指標について説明してきました．そこでこの項では，生理指標を利用したり計測したりする際の注意点について述べておきます．

　まず，多くの生理指標では，間接的に精神活動を計測していることに注意が必要です．計測時点でさまざまな原因による信号が混入していますし，精神活動によって引き起こされる生体反応の総和として，計測結果が得られるに過ぎません．脳活動計測でも，計測手法によっては脳の活動だけでなく他の生体反応が混入することがあります．したがって，生理指標が示す反応がどの活動に対応しているのかがわかるように実験をデザインする必要があります．

　生理指標の実験デザインの代表的なものに，**ブロックデザイン**(block design)があります．これは課題を一定の時間繰り返し行う課題ブロックと，課題を行わない休止ブロックを交互に繰り返し，課題ブロックと休止ブロックの差をみるものです．人はさまざまな精神活動を同時並行的に行っていますので，これを用いる際には，休止ブロックの活動を引くことで課題ブロックに含まれる目的の精神活動がきちんと捉えられるようにデザインすることが重要になります．例えば，読書をしているときの「読む」という精神活動の脳活動を計測する場合を考えます．このとき，課題ブロックは実際に読書をすることになりますが，読書中には「読む」という精神活動以外にも，「目を動かす」という活動をしています．したがって，休止ブロックでは，読書をしているときと同じような目の動きを行ってもらうようなタスクを実施してもらうことで，課題ブロックと休止ブロックの差によって「読む」という精神活動を捉えることができます．

　次に，生理指標は主に電位に変換された信号を増幅して記録しますので，ノイズに大変弱いことに注意が必要です．一般に部屋にはさまざまな電気製品があるため，交流磁場が飛び交っています．これらの影響を受けないように，計測中はなるべく動かさないようにしてもらったり，電源から十分な距離をとってもらったりする必要があります．

　また，生理指標は主に微細な電位に変換された信号を記録しますので，ノイズの混入を最小限に抑えてきれいなデータをとるためにはグラウンドをきちんととることが重要です．グラウンドを意識しなくても偶然きれいなデータがとれてし

まうこともありますが，正しいデータにもとづいた信頼性の高い研究とするためには，面倒がらずに確実にグラウンドをとることが大切です．

最後に，生理指標は個人内の変化を捉えるだけの指標であることに注意が必要です．したがって，生理指標の計測データの絶対値から何らかの結論を導こうとせずに，時系列的な変化から人間の内部状態を推定することが重要です．個人内で差がみられるように実験をデザインしておくとより比較がしやすくなります．

繰り返しになりますが，生理指標は比較的，癖があるデータです．しかし，なかなか観測することができない人間の内部状態を推定する手がかりになりますので，注意点をよく考慮したうえで，上手く活用することが重要です．

3.8.5 今後のソシオメータのための生体信号を利用したジェスチャ認識技術

3.6.4 項で装着型デバイスの活用事例の 1 つとしてソシオメータを紹介しました．これにより，グループ内の対面インタラクションにおけるダイナミクスを分析し，その特徴を抽出する手がかりを得ることができます．しかし，インタラクションをさらに正確に理解するためには「いまユーザが何をしようとしているのか」という意図を知ることが重要となります．

ここでは人のジェスチャから意図を推定するために，生体信号をジェスチャ認識に活用した装着型デバイスを紹介します．ジェスチャに現れる人の意図を，環境にカメラなどを配置することなく，装着型デバイスで認識することを目指します．具体的には，アクティブ音響センシングを用いた手法，表面筋電を用いた手法，神経の生体信号を用いた手法を紹介します．

1——アクティブ音響センシングを用いたジェスチャ認識の手法

本手法は，振動スピーカとピエゾマイクを用いて，人体の音響特性の変化によって手のジェスチャを認識する手法です．この手法は直感的に操作可能であり，アートパフォーマンスや VR(virtual reality, 仮想現実)ゲームなどへの応用可能性をもつと考えられます．

また，手のジェスチャ認識の研究は数多く行われていますが，多くのセンサを必要とし，装着時の負担が大きくなることが多いのが現状です．一方，本手法は，スピーカとマイクを手や腕に貼り付けることでジェスチャ認識を行うため，装着

が容易であるという特長があります．実験の結果，実験参加者のジェスチャを変えることで，マイクが取得する音の周波数特性が変化することが確認され，本手法の有効性が示されています(山田他, 2016).

2──前腕の表面筋電を用いたジェスチャ認識の実験的検討

　自然な環境の中では，人は鞄や傘など物を把持しており，手がふさがっているような状況は少なくないでしょう．このような場合，手を使ってボタンやレバー，キーボードなどを操作することは困難でしょう．音声による入力はその解決の一手段になりえますが，静音を保つ必要があったり，パスワードなど秘匿性をともなう入力を行う際には別の手段を検討したりしなければなりません．そこで，このような場合での入力操作として考えられる手段として，体の動きを記号とした入力，すなわちジェスチャ入力があります．

　表面筋電を用いたジェスチャ入力なら前腕から手の動きを取得することが可能なことから，手がふさがっているような状況ではジェスチャ入力が有効的かもしれません．実際の取組みとして，御手洗らは，物を把持した状態でのジェスチャ入力について実現可能性を調査するべく，さまざまな物を把持した状態でジェスチャを入力し，それぞれのジェスチャの認識精度を測定する実験を行っています．その結果から，提案手法を用いることにより，物を把持した状態でも十分にジェスチャ入力が可能なことが示されています(御手洗他, 2017).

3──手首の神経の生体信号を検知することにより　　ジェスチャを認識する手法

　Wearable Devices 社は，手首に装着するリストバンドに神経伝導センサを配置し，このセンサにより神経の生体信号を検知し，ジェスチャ認識を行っています(Wearable Devices 社, 2019)．指を動かす際，脳からの指令となる生体信号がそれぞれの神経を通るので，本手法はその電気信号を検知し，ジェスチャ認識に利用しています．さらに，リストバンドに角速度センサと加速度センサも組み込み，さまざまな手や指のジェスチャを認識し，さらにそれらをコマンドとして装着型デバイスを操作することを可能にしています．実際に，Samsung Gear や Apple Watch にこの技術が導入される予定です．

column 3.4　アバターの情動表現と仮想空間の文脈理解

　近年，ゲームや VR によって，現実では容易に得られないような体験をすることが可能になっていますが，現実から乖離している VR での経験が自分のこととして実感できないこともあります．例えば，プレーヤが操作するキャラクタ（**アバター**（avatar））の背景とプレーヤ自身の境遇が一致することはそう多くないため，アバターを自分の分身と感じることはほとんどないでしょう．

　大本らは，VR におけるアバターを通じたインタラクションの経験を，あたかも操作者自身の経験のように感じてもらうことを目指し，生理指標によってプレーヤの精神状態を推定してアバターの情動表現に反映させることで，操作者とアバターの間にある種の同一感を感じさせることを試みる実験を行いました（Ohmoto, 2018）．

　この実験では，アバターは陣取りゲームに熱中しており，大会出場を目指しているという背景を与え，タスク中に複数回の陣取りゲームを実施しながら大会を勝ち進むという物語が展開されます．また，協力的なライバルキャラクタと敵対的なライバルキャラクタの 2 人が登場し，VR でそれらのアバターとインタラクションを行いました．そして，この 2 人のキャラクタに対する印象の傾向と，ゲーム中の操作者のストレスの状態について検討しました．

　実験では，アバターはゲームの状況に応じていくつかの情動表現を行います（**図 3.40**）．そして，タスク中に生理指標にもとづいて推定した操作者の精神状態をアバターに反映させて情動表現を生成するフィードバック群と，操作者の精神状態とは無関係にフィードバック群と同等の表出頻度でアバターが情動表現を生成する対照群のそれぞれで実験を実施しました．推定に使用した生理指標は，精神性手掌発汗を計測する SCR と，心拍変動の解析結果である LF/HF でした（3.8.2 項参照）．

　群ごとに協力的なキャラクタと敵対的なキャラクタのそれぞれに対する印象を比較したところ，フィードバック群では協力的なキャラクタの印象が有意によかったのですが，対照群ではこのような差がみられませんでした．これは，フィードバック群の操作者は，アバターの置かれている文脈と自分自身の印象を一致させることができていたことを示唆しています．さらに，計測された生理指標を分析した結果，交感神経の活動を計測する CSI（3.8.2 項参照）では差

がありませんでしたが，副交感神経の活動を計測する CVI では有意にフィード
バック群のほうが大きくなりました．これらのことから，フィードバック群の
参加者はタスク中に比較的リラックスしていたといえます．

　これらの結果から，インタラクション相手のキャラクタではなく，操作者の
アバターの振舞いを変えることで，他のキャラクタへの操作者の認識やタスク
への態度を変えられることを示すことができたといえます．

図 3.40　ゲームの状況とアバターの情動表現

第 4 章

インタラクション分析の
実際とポイント

　これまで，第 1 章ではインタラクション相手の心の状態の推定とその認知過程をモデリングすることの学術的背景と意義を，第 2 章では，インタラクションについて研究するための仮説の立て方，モデル構築の方法，およびデータ分析法とそれらに関連する各種理論的背景について説明してきました．そして，インタラクションに関する仮説やモデルを認知科学的な観点で検証するための定量的データの表現と，観察および計測の対象とする変数の定義を第 3 章で整理しました．

　最後となる本章では，コグニティブインタラクションのデザインにかかわる研究において，本書で述べてきた基本的な考え方や研究アプローチ，定量的なデータにもとづく分析方法が，実際にどのように取り扱われているのかを紹介します．

　4.1 節では人–人インタラクションに関する 2 つの研究を取り上げ，4.2 節では人–動物インタラクションに取り組んだ研究について取り上げ，そして，4.3 節では 3 つの人–人工物インタラクションに関する研究を取り上げます．

相手が何をしようとしているのかを理解する

4.1.1 他者の心の状態を推定する

　他者がいま心の中で何をしようと考えているかを推定することを，**意図推定**（intention estimation）といいます．第 1 章でも説明したとおり，一般に人は，他者の発言や話の流れ（文脈）といった言語情報や表情，視線，身体の動き，音声の韻律的特徴，生理的な反応といった非言語情報をつぶさに観察し，外部から与えられる情報や刺激に対する反応の違いなどを通して，経験的に他者の意図推定を行っていると考えられます．例えば，Alex Pentland は非言語的でしばしば無自覚的に人が表出している社会的なシグナルが，人の行動を予想するための大きな情報源になると主張しています（Pentland, 2008）．これを**正直シグナル**といいます（序章参照）．正直シグナルの表出とその直後の行動との関係について統計的な相関をとり，その他の複数の社会的なシグナルの組合せに対する統計処理（ステップワイズ回帰）を行うことによって，振舞いから心の状態を一定程度，推定することは確かに可能です．しかし，心の状態が仮にわかったとしても，その後の行動を予測するためには，さらに多くの問題に対処しなければなりません．正直シグナルを通して推定可能な心の状態は，自律神経系の興奮による影響，事物への注意や共感，関心の度合い，思考の集中度や意図の持続など比較的低次な心の状態，すなわち意識下で生じる身体的水準のものが中心です．そのため，無自覚的な行動や無意識に発信されている社会的シグナルから他者の意図やその行動を予測したりする，より高次の心の状態を正しく推定し理解するためには，無自覚的な行動から意識された高次の心の状態を連続的に結びつけるための方法や理論の構築が求められます．

　3.2.1 項で述べたように，意識下で生じている行動はボトムアップ的に意識されている心の状態を生み出すのに寄与すると同時に，意識的に行われる行動は低次な心の状態に対してトップダウン的に影響を与えうると考えられます．つまり，このような認知的な働きをモデル化し，人の認知と行動の関係を計算論的に説明

できれば，ある意識水準の心の状態のもとでのインタラクションの観察，分析を通して，他者がいまどのような心の状態にあり，意識のありなしに関係なく実際に何をしようとしているのかを推定可能になるはずです．

このような本人でさえ自覚していない心の状態の推定から高い意識水準の心の

表 4.1　各種インタラクションと観察対象の例

相手の心の状態を推定する状況	具体的な観察対象
非記号的インタラクション	自分の行動やそれによるインタラクションを通して得た外部からの刺激や外部の状態によって意識をともなわずに生じている心の状態の推定に寄与する（3.2.2 項の物理的レイヤでの行動からなるインタラクション）． ・原初的な欲求（身体的安全や生理的恒常性など生存に関するもの） ・注意・関心 ・快／不快 ・交感／副交感神経の興奮 ・感情・情動 ・アージ的反応　など
思考をともなわない記号的インタラクション	インタラクションを通して無自覚的に共有されている記号化された行動にもとづく心の状態の推定に寄与する． 記号的な身体表現を即時的に解釈することによって他者の心を推定する（3.2.3 項の前言語的レイヤでの行動からなるインタラクション）． ・視線・指差し ・会話におけるターンテーキング ・言語／非言語的な挨拶 ・乳児の社会的微笑 ・礼儀・作法・マナー・慣習 ・調教・訓練 ・パーソナルスペース　など
思考をともなう記号的インタラクション	自覚をともなった意図的な行為を行っている場合であり，自律的な相手の心の状態や周囲の状況に対する認知にもとづいた動的な心の状態の推定に資する． 自分と相手との間に成り立っているインタラクションをメタ的視点で捉えた思考をともなう行動計画も，推定すべき心の状態に含まれる（3.2.4 項の言語的レイヤでの行動からなるインタラクション）． ・相手の意向を反映した提案やコンサルティング ・商取引などでの費用や納期の駆け引き ・相手の理解に合わせた教育や指導 ・公共の場などでの社会的に望ましい態度や姿勢および行動の選択

状態の推定にわたる認知機序を，統一的な枠組で説明することは困難にも思われますが，現実には人は日常的にこれを実現しています．それにより，私たちは他者とのインタラクションを円滑に成立させていると考えられます．素直に考えれば，これを成り立たせている背景には何らかの「しくみ」があるはずです．そしてこの「しくみ」をモデリングできれば，人の心の状態を推定する認知機序の解明に貢献するだけでなく，人–人インタラクションを基盤にした，人と自律型ロボットなど知的人工物とのインタラクションへの応用にも役立つはずです．

　そこで以下では，**表4.1**に示すように，相手の心の状態を推定するうえで**非記号的インタラクション**（non-symbolic interaction）が中心となる状況に着目し，危険回避に象徴される生物としての生命の維持本能や原初的欲求にもとづいて生じる非記号的インタラクションから，他者の心の状態を推定する研究を紹介します．

4.1.2 原初的欲求にもとづく認知モデル

1──拒否されるアプローチ

　街頭でティッシュペーパー（以下，ティッシュ）やチラシを配布している人をしばらく観察していると，同じ場所で同じものを通行人に言葉を交わすことなく淡々と手渡す作業であるはずなのに，受け取ってもらえる確率の比較的低い人（配布者Lとします）と，高い人（配布者Hとします）がみられます．配布者Lと配布者Hは，通行人にティッシュやチラシを手渡そうとしている点では同じ目標を有しています[*1]が，通行人は異なる反応を示すのです．ここから，この反応の違いは，両者の通行人へのアプローチのしかたによって生じるのではないかという仮説が導かれます．配布者Lは配布者Hと異なり，通行人にアプローチする行為そのものを拒否されるような動きを行っている可能性が考えられます．ここに，人の行動と心の状態との密接な関係が示唆されます．

　一方，街頭でのティッシュやチラシの配布は，数秒もあるかないかの短い時間の中で失敗／成功が決定します．少なくても通行人は，自分の行動と心の状態との関係を意識する間もなく，それらの受取りを許さないか／許すかを決定してい

[*1] ここでは両者に容姿の違いなどはないものとして考える．

るはずです．同様に配布者も，自分の行動が通行人にどのような認知的作用を与えているのかを意識している可能性は低いと考えられます．なぜならば，仮にそれを意識しているのであれば，配布者 L は目的を効率的に達成するために，自分の行動(通行人へのアプローチ)を変えるはずだからです．このように，通行人も配布者も相互に相手の心の状態を考慮せずに，自らの何らかの心の状態にのみもとづいて行動しているといえることから，前述の非記号的インタラクションにもとづく相手の心の状態を推定するためのしくみにしたがって行動していると仮定して，通行人および配布者双方の行動の背後にある心の状態の分析的理解を試みてみましょう．

2── インタラクションの基本要素と心の状態

　人-人インタラクション(human-human interaction)を文字どおり解釈すれば，二者間(あるいはそれ以上の主体間)の相互的な行為であり，他方から受けた行為にともなって生じた心の変化にもとづき，もう一方が行為を返すというやり取りが連続したものだといえます．つまり，二者間(あるいはそれ以上の主体間)のそれぞれの行為は，各主体を介して行われ(行為)，それを他方が受け入れる(受容)ことによって成立することになり，行為を受け入れた主体がそのときの心の状態にもとづいて示した反応としての行為を次は相手が受け入れるという相互的な反復を通して，結果的に物理的レイヤ(3.3節参照)の行動を通したインタラクションが成り立つことになります(Sakamoto *et al.*, 2021)．

　このようなインタラクションにおける働きかけ(行為)と受容からなる二相性は，人の心の状態における原初的な欲求を構成する 2 要素として常に同時に存在しています．すなわち，それぞれの主体が相手に対して何かの働きかけをしようとする欲求を有すると同時に，相手からもたらされる働きかけを受容しようとする欲求があり，それぞれの欲求の度合いにもとづいて人-人インタラクションが成り立つ条件が定義できると考えられるのです．この相互的な 2 つの欲求をそれぞれ**コントロール欲求**(control needs)[*2]と**アクセプタンス欲求**(acceptance needs)といいます．本研究では，この 2 つの欲求は人や動物のように自分の存在と自分以外の存在(他者)を認知し，主体的に行動することができる個体には先天

[*2] 相手に対して何かの行為を実行することは，原初的な欲求としては，相手を自分の支配下に置こうとする欲求の一種と考えられる．

表 4.2　コントロール欲求とアクセプタンス欲求の強度

コントロール欲求の強度	・他者に対して自らかかわろうとする，あるいはかかわろうとしない態度の強さを表す． ・インタラクションを通して相手のアクセプタンス欲求にもとづく振舞いに関与する．
アクセプタンス欲求の強度	・他者からの関与を受け入れようとする，あるいは受け入れないようにする態度の強さを表す． ・インタラクションを通して相手のコントロール欲求にもとづく振舞いに関与する．

的に備わっているものとして考え，二重過程理論におけるシステム 1 に相当する認知過程だと位置づけています(Stanovich & West, 2000)．表 4.2 は，コントロール欲求およびアクセプタンス要求の意味と，それぞれが可変な強度をもち，それらの変化によってインタラクションが生成されることを示しています．

3──2 つの原初的欲求を通して他者の心の状態を推定する認知モデル

　それでは，2 つの原初的欲求(コントロール欲求，アクセプタンス欲求)を通して，どのように他者の心の状態を推定できるのでしょうか．上記の例で，配布者 L と配布者 H のそれぞれの行動が，通行人の心の状態にどのように作用しているのかをコントロール欲求とアクセプタンス欲求の観点から説明してみます．

　まず，コントロール欲求やアクセプタンス欲求の値にもとづき，どのような行動が生成されうるのかを考えていきます．ここでのインタラクションは，配布者や通行人の位置や身体方向といった身体配置の変化として記述することが可能です．そこでコントロール欲求やアクセプタンス欲求を高くするには，どのような身体配置が望ましいかを考えます．

　上記のティッシュの配布者と通行人の欲求の値と，身体配置の対応関係を図 4.1 に示します．これにもとづいて，まずコントロール欲求について説明します．ティッシュの配布者が通行人にティッシュを「配る」という行為を実現するためには，配布者は通行人との間の距離を十分に小さくし，両者の相対角度の値も小さくする必要があります[*3]．したがって，ティッシュを通行人に配るという行為に関する配布者のコントロール欲求が高ければ図 4.1(a)のコントロール欲求の

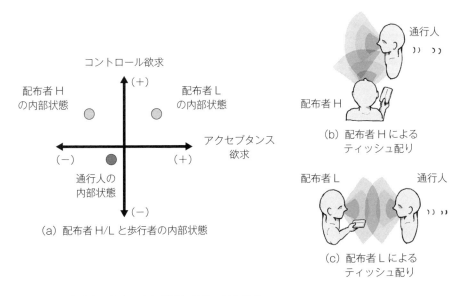

図4.1　配布者と通行人の内部状態と行動の対応関係

軸はプラス（＋）の領域，すなわち配布者は通行人との距離を小さくし，通行人との相対角度の絶対値を小さくします（接近し，かつ通行人の方向を向きます）．逆に，ティッシュを通行人に配るという行為に関する配布者のコントロール欲求の値が小さければマイナス（－），すなわち，通行人と距離を大きくし，通行人との相対角度の絶対値を大きくします．

　一方，通行人の心の状態のうち，ティッシュの配布者から差し出されたティッシュを受け取るという行為に対する通行人のアクセプタンス欲求に注目すると，配布者によって差し出されたティッシュに対する通行人の反応は，「相手から自身への行為の受容」を促進するか／抑制するかにもとづいた行動として表出されます．そのため，ここでも配布者のコントロール欲求と同様の身体配置の変化を必要とします．通行人のアクセプタンス欲求が高ければプラス（＋），すなわち通行人は配布者との距離を小さくし，配布者と自身の位置の相対角度の絶対値を小さくします（接近し，配布者の正面に位置するように移動します）．逆に，通行人

*3　実際に街中でティッシュ配りをしている人を観察すると，高確率でティッシュを受け取ってもらえている人とそうでない人がいる．前者は通行人の歩行を妨げることなく，両者がかかわる時間を最小限になるように動いている．

のアクセプタンス欲求の値が小さければマイナス（−），すなわち配布者との距離を大きくし，配布者と自身の位置の相対角度の絶対値を大きくします．

　ここで，配布者のアクセプタンス欲求も通行人のコントロール欲求も同時に存在し，それらは何らかの値をとることに留意してください．配布者のアクセプタンス欲求が大きい（＋）場合は，配布者が通行人からの何らかの働きかけ（例えば，チラシの内容について尋ねられる）を受容したい状態となりますし，小さい（−）場合はそのような働きかけを受容したくない状態です．また，通行人のコントロール欲求が高い（＋）場合は，通行人が配布者に何らかの作用（例えば，チラシの内容について尋ねる）を実行したい状態ですし，低い（−）場合は自ら積極的に配布者とかかわろうとはしていない状態です．このように，配布者のコントロール欲求と通行人のアクセプタンス欲求にもとづく相互的な身体配置が行われていると同時に，配布者のアクセプタンス欲求や通行人のコントロール欲求の大きさに応じた身体配置を調整する（距離と相対角度を変化させる）する行動が生じます．まとめると，配布者および通行人それぞれのコントロール欲求・アクセプタンス欲求と，その欲求を促進／抑制する行動を考慮することがこの研究のポイントになるのです[*4]．

　次に，ティッシュを配る 2 タイプの配布者（L／H）と通行人のインタラクションを考えていきます．ティッシュを手渡そうとする行為の積極性が配布者における正のコントロール欲求に対応します．一方で通行人は配布物を受け取りますが，これは通行人から配布者に向けられたコントロール欲求にもとづく行為ではなく，配布者による行為に対するアクセプタンス欲求にもとづく受容に対応します．つまり，通行人のアクセプタンス欲求は，配布者のコントロール欲求の強さには直接関係せず，ある程度自由な値をとることができます．そのため，配布者 L と配布者 H との間で配布物を受け取ってもらえる確率が異なる 1 つの要因は，通行人のアクセプタンス欲求の強さの違いだと考えられます．

　ここで，図 4.1(a) に示すように，配布者 L がコントロール欲求とアクセプタンス欲求をプラス（＋）にとるとします．すると，配布者 L は通行人への働きかけに加えて，通行人から自分への働きかけを受容しやすい身体配置になるように移動します．これに対して配布者 H は，通行人に対するコントロール欲求は配布者 L

---

*4　当然，コントロール欲求やアクセプタンス欲求の値がそれぞれ 0 の場合もありうる．例えば，通行人が配布者の存在に気づかずに歩いているような状態では，配布者に対する通行人のコントロール欲求とアクセプタンス欲求の値はいずれも 0 だと考えられる．

と同様にプラス（＋）としつつも，通行人からの働きかけに対するアクセプタンス欲求はマイナス（－）の値をとるとします．すると，配布者 H は通行人への働きかけのみが生じうる身体配置になるように身体方向を調整します（図 4.1(b)）．このとき，通行人の心の状態を考えなければ，配布者 L と配布者 H の行動はティッシュを通行人に手渡すという行為としては同じですが，通行人の立場からみれば，いずれのタイプの配布者もただの見知らぬ他者であり，通常は積極的にインタラクションしたいと思う対象（相手）ではありません．そのため，通行人の心の状態はコントロール欲求もアクセプタンス欲求も 0 付近，ないし負の値をとっていると考えられます[*5]．さらに，通行人が特にティッシュの配布を忌避したりしているわけでもなく，単に周囲の人たちと歩調を合わせて歩いているだけであれば，そのコントロール欲求やアクセプタンス欲求は極端に低い状態（大きな負の値）ではないと考えられます（図 4.1(a)）．つまり，通行人は必要があれば他者とのインタラクションを避けるように行動する程度の欲求の状態であるといえます．したがって，図 4.1(c) のような通行人と配布者 L の間の距離と相対角度の場合では，通行人はティッシュを受け取る以外にも何らかのインタラクションが生じうる身体配置になるため，それを忌避するために自分自身のアクセプタンス欲求の値を下げ，結果的に差し出されたティッシュは受け取られないという帰結にいたります．その反対に，図 4.1(b) のような配布者 H の距離と相対角度の場合，通行人はティッシュを受け取るだけで済むと感じるため，その分，気軽にティッシュを受け取ることができると考えられます．

　このように，人が自覚することなく無意識に行動しているような物理的レイヤでの行動からその背後にある心の状態を推定できるということは，ブラックボックス化していた意識下の心の状態を可視化する利点があります．同時にこのことによって，人が他者をインタラクションの相手としてどのように認知しているのかが観察可能な行動から説明でき，例えば，ロボットの適切な振舞いやインタラクションを成り立たせるためのデザインに寄与します．そして何よりも，無意識な行動をしている人の心の状態が計算論的に推定できることで，表 4.1 に示した非記号的インタラクションよりも高次な意識状態での記号的インタラクションを通して推定される他者の心の状態が，実際にそうであることを裏づける物理的根

---

*5 ティッシュを積極的に受け取りたい場合はアクセプタンス欲求が高くなるが，そのような通行人への配布は容易なので，ここでは取り扱わない．

拠を与えられると期待されます.

　以上のとおり，2 つの原初的欲求（コントロール欲求，アクセプタンス欲求）を通して他者の心の状態を推定する認知モデルにもとづいて，非記号的インタラクションを通した他者の心の状態を推定できました. これは人-人インタラクションだけでなく，さまざまな場面に展開，応用可能だと考えられます. 実際，人-人工物インタラクションや人-動物インタラクションのように必ずしも言語コミュニケーションや高次の認知過程にもとづく心の理論を必要としない場面では，自覚をともなわない行動によるインタラクションや直観的な危機回避行動，あるいは直観的な接近行動が頻繁に生じることがわかっています（**column 4.1** 参照）. この認知モデルは，「他者の心の状態を推定する」認知的活動が身体的なインタラクションの水準においても潜在的に行われている可能性を示唆するものであり，インタラクションの現場におけるボトムアップな他者認知の過程を理解する布石となることが期待されています.

---

column 4.1　ロボットを介した人-人インタラクションの分析

　人-人インタラクションのモデルを構築するには，実際に人どうしの間で生じるインタラクションを観察し，その分析を通してモデルの修正や拡張を行う必要があります. 特に，心の状態を仮定したインタラクションのモデルについて検証を行う場合，検証実験の方法を工夫しなければなりません. 1 つの事例として，コミュニケーション開始場面におけるインタラクションのモデリングを行った研究を紹介します（詳細は Sakamoto *et al.*(2021)を参照）.

　この研究では，インタラクションにかかわる要素をできるだけ少なくするために単純な形状のロボット（台車ロボット）を用いて，位置情報のみで生じるインタラクションを観察しています. モデリングの対象となる行動は相手との距離や向きの変化であり，仮定する心の状態はコントロール欲求とアクセプタンス欲求のそれぞれが正か負のどちらかをとる場合の組合せ（4 状態）です. 実験では，2 人の実験参加者が互いの存在を知らない状態で別室に案内されます. それぞれの部屋には台車ロボットが 1 台置いてあり，このロボットは別室

にいる相手の部屋の位置と同期し，移動します（**図 4.2**）．ここで，「実験中に考えたことや感じたことを独り言とし発話する」という課題を与え，これにより，インタラクション中の参加者の心の状態変化を検証します．このような実験法を **think-aloud 法**（**思考発話法**）[*6] といいます．

また，参加者の心の状態にもとづき行動が生じると仮定するために，インタラクションを方向づけるような課題は与えず，ロボットに関する教示もできるだけ与えない状況で，自発的に生じるインタラクションを観察しました．参加者は上記の 4 状態のうちいずれかの心の状態をもつとし，実験中の行動（ロボットへの接近や回避）はその時点における環境（距離や相対角度）と心の状態のみに依存すると仮定しました．これにより，ある時点における参加者の心の状態を，その時点において示された行動から推定できることになります（**図 4.3**）．例えば，2 人の参加者の発話が「なんか動いている……何これ？ こっちに動いたらどうなるの？」「あ，近づいてきた．なんか好かれてそう」「ここで（自分が）立ち止まったら（ロボット）はどうなるんだろう？」「ちょっとこっちから近づいてみよう」というように，心の状態がどちらもコントロール欲求（＋）・

近づいて
みよう

自発的な
行動を観察

シンプルなロボットを介して互いの位置情報を共有

図 4.2　モデルを検証するための実験設定の一例

[*6] 内観報告の一種で，自分が考えていることを声に出しながら課題解決に取り組ませる方法．このような方法で記録されたデータにもとづいて思考過程のモデリングを試みる方法を**プロトコル分析**（protocol analysis）という．詳細は Ericsson & Simon（1993）や海保・原田（1993）を参照．

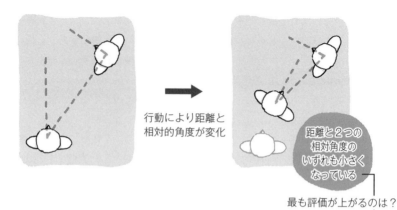

行動により距離と
相対的角度が変化

距離と2つの
相対角度の
いずれも小さく
なっている

最も評価が上がるのは？

心の状態		環境の評価		
コントロール欲求	アクセプタンス欲求	距離	自分から見た相対角度	相手から見た相対角度
＋	＋	小さいとき○	小さいとき○	小さいとき○
＋	−	−−−	小さいとき○	大きいとき○
−	＋	−−−	大きいとき○	小さいとき○
−	−	大きいとき○	大きいとき○	大きいとき○

図4.3　心の状態と環境の評価

　アクセプタンス欲求（＋）だと推定される場合では，参加者らは互いに相手との距離を縮め，相対角度を小さくとるように移動しました．結果的にモデルにもとづいた予想どおり，互いに相手が自分の正面になるように接近しました．この参加者間のインタラクションは，think-aloud法を通して意識化された自分の心の状態にもとづいた思考をともなう言語的インタラクションだといえますが，4.1.2項で述べたティッシュの配布者と通行人との非言語的インタラクションと同じモデルによってその物理的レイヤでの行動が予測できました．

　このように行動から推定した心の状態と，そのタイミングでthink-aloud法により観察された発話との対応関係を分析することで，心の状態を含めたインタラクションのモデルの妥当性を検証した結果，少ない変数から心の状態を推定するモデルの有用性が，実際には思考や予測など高次な認知をともなう高次なインタラクションにかかわる要素（変数）を人の身体移動に制限することで確かめられました．

4.2 みんなは何をしようとしているのかを考える

　本節では，前掲の表 4.1 における思考をともなわない記号的インタラクションが多く観察される状況に着目した研究について紹介します．この研究は，子どもの集団活動を，フィールドに子どもがどのように集団を形成し，他者との関係の中でどのように振る舞うのかを説明する計算論的なモデルの構築を目指しています．

　人の集団の振舞いに関する研究は，人の考えや行動が個人と集団との間で相互的に影響し合う**グループダイナミクス**(group dynamics，**集団力学**)として社会心理学分野で古くからなされており，さまざまな実験を通して多くの知見を生んでいます(釘原，2011)．しかしながら，こうした社会心理学的研究の多くは観察にもとづいており，計算モデルの構築によるメカニズムの解明にいたることが難しいことや，実験室での統制実験が主であり，実社会でのデータにもとづく研究が少ないことが短所とされます．また，実験室での統制実験であることも影響して，子どもがどのように集団を形成して，どのように振る舞うのかを検討した研究が少なく，人の社会性獲得に関連した集団の振舞いの変遷は明らかにされていません．

　また，最近では，**Team flow** と呼ばれる複数人の**フロー状態**(flow state)[7] の神経科学的な研究なども進められています(Shehata *et al.*, 2020)．このような神経科学的なアプローチは，スポーツなどのチームにおける個々のプレーヤの特性変化を神経活動のレベルで理解する試みだといえます．しかし，神経活動の計測自体が容易にできるわけではなく，研究の対象を実社会での活動に広げることは現状では困難なことが短所です．

　こうした背景のもと，子どもの集団に注目し，その行動の計測データから集団の振舞いの特性やその発達にともなう変化を客観的に把握することは非常に意義深い取組みとなります．さらにそのメカニズムを数理的な計算モデルでモデリングすることによって，集団社会にとけこむ次世代 AI 技術の開発が促進されるこ

---

[7]　ある活動に没頭しつつ，その活動に注意を集中させている精神状態を指す．このとき，その活動をしていることに充足感や満足感を得ており，活動中の時間の経過が感じられないような感覚をともなったりする．スポーツにおいては「ゾーンに入った」などと表現される精神状態があるが，それに該当する．

とが期待されます.

　以下では,従来のグループダイナミクスに関する研究や知見は他の文献に譲り,実際の子どもたちの集団を縦断的に計測し,その振舞いから集団のダイナミクスに関するさまざまな新しい視点を得る研究の試みの例をみていきます.

4.2.1 ┃ 子どもの集団の計測

　子どもの集団活動を実際の場面で計測するうえで,**リトミック**(仏：rythmique／英：eurhythmics)と呼ばれる情操教育活動が注目されています[*8]. リトミックとは,インストラクタとなる保育園の先生などが音楽や遊び道具などを使って,子どもたちの比較的自由な活動を引き出し,リズム運動や集団動作を通して子どもの個性や創造性を育むことを狙った情操教育の一種です. 筆者らのリトミックに着目した観察は,ある保育園の協力を得て,約 3 年の間,2 つのクラス(クラスのメンバは 3 年間変わらない)の活動として,2 か月に一度の頻度の計測を通して行われました.

　図 4.4 にリトミック活動中の動作計測の様子を示します. 子どもたちにはそれぞれモバイルソシオメータ(3.6.4 項参照)を装着してもらい,その加速度を動きの情報として解析しました. ほかにも,RGBD カメラ(3.5.1 項参照)や**レーザレンジファインダ**(laser range finder)[*9] による位置計測,眼鏡型の視線計測デバイス(3.6.2 項参照)によるインストラクタの視線計測,さらには子どもたちの性格検査なども実施しています.

4.2.2 ┃ 模倣に注目した集団の解析

　集団活動の計測データに関する解析手法は,まだ十分に確立されているとはいいがたい状況です[*10]. 2.4 節, 2.5 節で紹介した時系列解析手法で集団活動の計測

[*8]　ここで紹介する研究の詳細については,Nagai(2017)および大塚他(2015)を参照.
[*9]　レーザビームを物体表面に投射することにより,距離計測を行う装置のこと.
[*10]　ここで紹介する研究の詳細については,Nagai(2017),大塚他(2015),長井他(2016),山下他(2018)を参照.

図4.4 リトミック計測の様子とセンサ群

データを解析することは可能ですが，集団としてのダイナミクスを解析するにはさらに工夫が必要になります．本研究では，子どもたちが自由な活動の場でお互いに動きを模倣することで集団のダイナミクスが変化していく様子を捉えることを考えました（**図4.5**）.

　そこでグレンジャー因果性の検定（2.5.3 項参照）や移動エントロピー（2.5.4 項参照）による解析を行う前に，まず相互相関関数によって二者間の模倣関係を計算し，そのすべての組合せから子どもたちの**模倣ネットワーク**（mimetic network）を構築してみました．この模倣ネットワークは，子どもたちの動きの模倣を対象と

図4.5 リトミックのあるシーンにおける子どもたちの位置
（右側のシーンは左側のシーンに比べて全体の動きが同期している）

しているので，模倣をする側の動きの時系列変化は模倣をされる側に似ていて，かつ時間的には少し遅れて生じているはずだという仮定のもとで解析が行われています．つまり，関係性を相互相関で捉え，因果関係を時間の前後関係で捉えているといえます．

さらにこの模倣ネットワークを，Google 社のページランクアルゴリズム（Langville & Meyer, 2006）を使うことで定量的に評価しました．ここで，ページランクアルゴリズムの計算は，ネットワークの遷移確率行列の定常ベクトルをべき乗法によって求めることに相当しています．これによって，ネットワークにおける各リンクの重要度（子どもそれぞれの模倣され度合い）を計算できることになります．

以上より，ページランクの値の高さと，性格検査の自制心の項目などに非常に高い相関がみられる結果が得られ，子どもの集団の中での振舞いを適切に定量化することによって，その子どもの性格を推定できる可能性が示唆されました．結論自体は当たり前に聞こえるかもしれませんが，実際に解析結果をみると，その相関の高さは想像を超えるものでした．

また，集団全体としての振舞いの発達的変化を捉えるために，相互相関係数の平均値（動きのそろっている度合い）を，計測時期を横軸にしてプロットしてみると，2 歳から 3 歳半くらいまではこの値が時間とともに大きくなっていくのに対して，3 歳半から 4 歳を境に，減少するようなパターンがみられました．さらに，その場の一体感をインストラクタ（先生）に評価してもらうと，リトミック活動の経過時間とともに，一体感は単調増加するという結果が得られました（**図 4.6**）．つまり，相互相関係数の平均値が減少しても（つまりは，見かけ上の動きがばらばらになっても）なお，場の一体感は上昇しているということです．ビデオ映像などを見て行う主観的な観察でも，確かに動きとしてはばらばらになっていても，子どもたちが自身の役割を理解するようになり，全体が一体となっている様子がみてとれました．このように単なる動きの類似性以外の要素を客観的に捉えられたことは大きな成果だと考えられます．**統合情報理論**（integrated information theory; **IIT**）などの先端的な解析手法を用いて，集団の解析手法を進化させる試みも続けられていますが，統合情報理論が人の意識の定量化を目的とした理論（Tononi, 2004）であり，脳が全体として生み出す情報量にもとづき意識の定量化を試みているのに対して，本研究の結果は，子どもたちの集団全体が生み出す情報量から集団の一体感のようなものを定量化できることを示していると考えられます．し

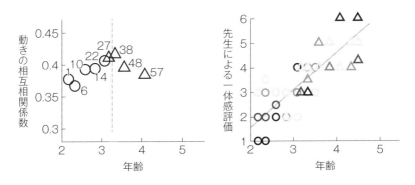

図 4.6　動きの相互相関係数の平均値とインストラクタ（先生）が評価した子どもたちの一体感

かし，現状ではまだ一体感が定量化できるかどうかはわかっていません．解析手法だけでなく，解析するための情報をさらに検討する必要があるのではないかと考えられます．

4.2.3 子どものグループダイナミクスの 計算モデル構築

　集団における子どもたちの行動のモデリングは，役割分担をはじめとする人の社会性発達過程を明らかにすることにつながるので重要です[*11]．そのため，前項の集団の振舞いの特性がどのようなメカニズムで生じるのかについて，機械学習の技術を用いてモデリングする研究が進められています．特に注目されている手法は，環境中で試行錯誤する強化学習と，すでに行動を獲得している教示者の行動を見まねして行動を獲得する**模倣学習**（imitation learning）です．

　模倣学習では学習者が対応する教示者を見まねして学習するため，従来，教示者集団と同相な学習者集団による学習を想定していましたが，実際には，学習者と教示者で身体的差異がある場合（例えば，子どもと大人の場合）や，集団内の学習者が異なる身体性をもつ場合もよくあります．例えば，保育園の遊び場で子どもたちが養育者を模倣する場面では，子どもたちは養育者とは体の大きさや足の速さなど，明らかな身体的差異がありますが，子どもたちはそれぞれ教示者を見

[*11] ここで紹介する研究の詳細については，弓場他（2020）を参照．

まねし，試行錯誤することで多様な行動を獲得しています．したがって，行動獲得過程のモデリングでは，教示者と身体的差異があることを考慮して，集団内で子ども自身の身体に合わせた振舞いを獲得するための模倣学習モデルが必要となります．

　さらに，教示者(先生)と学習者(子ども)の間に身体的差異がある場合，教示者の想定しない学習者の振舞いが生起する可能性がありますが，環境からの報酬を利用することができれば学習を効果的に進められると考えられます．そこで，複数エージェントの**敵対的逆強化学習**(multi-agent adversarial inverse reinforcement learning; **MA-AIRL**)(Yu *et al.*, 2019)に課題達成の支援となる報酬を導入し，課題補助報酬を付加した MA-AIRL による模倣学習を通じて，エージェントが体の大きさや足の速さなどの身体的特徴や能力に応じた多様な行動(つまりは役割分担)を獲得する可能性が示唆されています．ただし，このモデルでは，集団の中での個の学習と集団全体の振舞いの変化の一部を説明できたに過ぎません．今後も引き続き，集団の振舞いの変化の模倣による行動獲得過程のモデル化と，MA-AIRL を通した模倣学習の認知的メカニズムの解明のための研究が行われていくと予想されます．

4.2.4 子どもたちの走る動きの定量的な分析とモデリング

　従来，子どもの社会性を把握するための方法としては，質問紙やテスト課題，統制実験，現場観察による定性的な記述がありますが，前の 3 つは**生態学的妥当性**(ecological validity)[*12] の問題があり，質問に関係する行動が現実においてみられるかという疑義や，実験者の恣意的な介入により環境が統制され過ぎていて現実的な反応が得られない可能性に留意する必要があります．また，現場観察による定性的な記述では，生態学的妥当性の問題はクリアしているものの，分析に膨大なコストがかかるだけでなく，観察者によって対象のどこに着目するかが異なってくるという問題があります．

　そこで，子どもの社会性を捉えるアプローチの 1 つとして，集団運動の定量的な分析方法(Ichikawa *et al.*, 2021)が注目されています．例えば，前述のリトミッ

[*12] 実際の生活環境で意味をもつかということ．

ク活動の観察実験では，ビデオカメラを使って俯瞰撮影し，ピアノの演奏に合わせて子どもたちが自由に走る遊びに注目し，動作解析ソフトを用いて子どもがいる位置を2次元平面情報として取得しています．そして，スポーツ科学や生物学における生物集団行動の先行研究で用いられた指標を参考に，子どもと子どもの間の距離や走る方向を分析して，年齢が異なるクラス間で比較しています．その結果，6歳児クラスでは5歳児クラスに比べて，50cm未満（1秒以内でほかの子どもに向かって接触できる距離）まで近づく頻度が高いことが確認され，先生（インストラクタ）の指示がない状況でも，自発的に鬼ごっこのような集団遊びが形成されていることがわかりました．ここで，鬼ごっこは，複数人に対して逃げる方向を予測して捕まえる，あるいは追いかけてくる方向を予測して避けるといった行動が求められる遊びです．つまり，この結果は，鬼ごっこでみられる複数人がかかわる複雑な状況での他者の行動を予測する認知能力が6歳ごろに発達するという，発達心理学の先行研究で得られている知見と合致している可能性があります．このように，動作解析ソフトを利用して現場観察される集団行動を定量的に分析することで，生態学的妥当性の問題をクリアしつつ，同時に10人以上の子どもたちの動きと，子どもたちどうしのインタラクションで起きていた発達上の特徴を捉えることに成功しています．今後は，さらに子どもたちの動きとそれらによって構成されたインタラクションだけでなく，鬼ごっこにおける他者の行動を予測する認知能力の発達過程に関しても検討されることが期待されます．

　さらに，この鬼ごっこにおける他者の行動を予測する認知的な過程を説明するために，深層強化学習を用いたシミュレーション（3人の鬼が1人を追いかける状況）を使った取組みが進められています（西村他, 2020）．

　この結果では，鬼が3人とも強化学習エージェントである場合と，そのうちの1人を人の参加者に置き換えた場合の実際集団の動きを比較したところ，移動エントロピーに関して2つの場合は似た傾向を示したものの，移動エントロピーの平均と歪度の散布図にそれぞれ特徴的な違いがあったと報告されています．

4.2.5 | 指導者と子どもたちの言葉の発達的変化の分析

　前述のリトミック活動の観察実験では，リトミックのインストラクタである先生と子どもたちが発した言葉の発達的変化の分析も行われています（深田，2017; 深田，2020a; 深田，2020b）．それによると，終助詞の発話数等の分析により，身体表現活動のセッションの制御が先生から徐々に子どもたちに移り，両者がセッションを共創する関係ができてくる様子が明らかになったと報告されています．一方，現場観察を行った際の諸事情から，行動分析の対象となった子どもたちと，言葉の発達的変化の分析の対象となった子どもたちの年齢が異なっているため，行動分析と言葉の発達的変化の分析，およびリトミック活動中の先生（インストラクタ）の視線データの分析を統合した発達過程の総合考察は今後の課題として残っています．

　ここで，リトミックの各セッションはおよそ30分間で，その間，先生が奏でる（鳴らす）ピアノや太鼓の音に合わせて走る（子どもの動きの分析もこの場面を対象としたもの），ボールを投げる，歌をうたう，歌に合わせて動く，絵本や紙芝居の読み聞かせを通してその中で出てきた歌をうたう，その歌に合わせて動くなど，言葉と音楽と運動とが融合した活動が行われます．言葉の発達的変化の分析は，2歳児クラスの学年末の2月（第1セッション），次年度（年少児クラス）の6月（第2セッション），8月（第3セッション），2月（第5セッション），次々年度（年中児クラス）の2月（第10セッション）からなる2年間にわたる縦断データを対象として行われました．

　この結果より，以下の変化がみられたと報告されます．

1──先生と子どもたちの発話量のバランス

　先生と子どもたちの発話量を調べると，先生の発話量には大きな変化がみられない一方，子どもたちの発話量はセッションが進むにつれて増加し，第10セッションでは両者の差が明らかに小さくなったと報告されます．これは，身体表現活動の主導者が先生から子どもたちへと徐々に移行していったことの現れだと考えられます．

2 —— 指導者の「ね」「かな」の使用回数

　会話において，終助詞の「ね」は，自分の協調の姿勢を相手に示すとともに，相手からの協調を引き出す役割を担っており，また同じく終助詞の「かな」は，話し手の疑問・提案を表します．先生から子どもたちへの発話中の，終助詞の「ね」「かな」の使用回数を調べたところ，これらの使用回数はセッションを重ねていくにともない単調に減少したとされています．これは，最初のうちは先生が子どもたちを自分とかかわらせ，活動に参加させるインタラクションを積極的に行う必要がある一方，セッションが進むにつれて，子どもたちが主体的に活動に参加するようになり，その結果として終助詞の「ね」「かな」の使用頻度が減少したからだと考えられます．

3 —— 子どもたちが問いかけに答える回数，先に発話する回数

　セッションが進むにつれて，先生からの問いかけに対して子どもたちが答える回数や，先生よりも先に発言する回数の増加がみられたとされており，子どもたちの主体性が増大していることも考えられます．

4 —— 子どもが自分を表す言葉，ほかの子どもを表す言葉，集団を表す言葉

　子どもが自分を表す言葉，あるいは子どもがほかの子どもを表す言葉の使用が，セッションが進むにつれて増加したと報告されています．これは，子どもの中に自我が芽生えていくことで，自分を表す言葉を使用する回数が増え，また，ほかの子どもの存在を意識するようになって，ほかの子どもを表す言葉も増えたからだと考えられます．同様に，集団と自分との関係も意識するようになり，集団を表す言葉の使用も増えたと考えられます．

　さらに詳細な分析によって，子どもたちの中で自然発生的に生じた2人，ないし数名の子どもたちによるいくつもの自発的な動きや言葉の共有が，やがて大多数の子どもたちによる自発的な動きや言葉の共有に発展したと報告されています．これによって，先生と子どもたちとのインタラクションのタイプが変わっていったことも示唆されます．

4.3 人−動物インタラクション

　本節では人−動物インタラクションに関する研究における基本的な考え方と，方法について述べるとともに，その中で留意すべき点を整理します．特に人とウマとの間のインタラクションに着目し，三項随伴性を通してインタラクションの構造の理解を試みます．

　この三項随伴性によって記述されたインタラクションの構造は，人や動物以外のインタラクションの対象，すなわち人と人工物とのインタラクションにも有益な視座を与えられる可能性を秘めています．

4.3.1 人と動物間の現象の構造化

1──人−ウマインタラクションの特殊性

　人−動物インタラクション（human−animal interaction）[*13] では，3.4.2 項でみたように，動物を擬人化した解釈になりがちです．以下では人−動物インタラクションを擬人化に頼らず，科学的に明らかにしていく試みとして，特に人−ウマインタラクションの事例を取り上げます．

　ウマ（*Equus caballus*）は，約 5500 年前に中央アジアで食用目的だけではなく，荷を牽引するための使役目的で家畜化されたと考えられています．詳しいことはいまだ明らかになっていませんが，野生馬を飼育，交配することで家畜化が始まったと考えられています（Outram *et al.*, 2009; Anthony *et al.*, 1991; Clutton-Brock, 1993）．

　その後，ウマの力の強さや俊敏性といった機動力が，人々のあらゆる生活を支えていきます．例えば，農作業や荷物の運搬ばかりでなく，人どうしの戦争でも常習的にウマが使用されるようになります（Clutton-Brock, 1993）．これによって

[*13] 人も動物の一種だが，簡潔にするため，本書では人以外の動物を「動物」と表記する．

乗馬のためのさまざまな器具が開発されると同時に，人に従順なウマの選択交配や，ウマを正確に御するための訓練方法も確立されていきます．実際，古代ギリシャの哲学者であるクセノフォンは，世界最古の軍用馬のための選択交配法と訓練方法を著述し，ウマが人の出す指示に正確にしたがうこと，人がウマの状態をみて正確な指示を出すことの重要性を指摘しています(Morgan, 1993)．このように，18世紀の産業革命において蒸気機関にその役割をとってかわられるまで，ウマは人類にとって欠かせない重要な機動力として使役されてきました．近年では，ウマはレジャーやリラクゼーションの役割をより担うようになっています．また，コンパニオンアニマルやセラピーアニマルなど人の医療にも活躍の場を広げています(瀧本他, 2011)．

　このようにウマは，長い間，重要な使役動物として人とかかわってきたことから，他の動物と比較して，人との親和的なやり取り(インタラクション)を行う動物だとされています．一方，異種の動物間のインタラクションの基本は闘争と逃走なので，異種間インタラクションの中でも人-ウマインタラクションは特殊なものだといえます．

2── 三項随伴性

　従来，心理学では学習心理学や行動分析学と呼ばれる領域で，人を含めた動物の行動変容についての研究が行われてきました．これらの枠組で用いられる三項随伴性を用いてインタラクションの構造をみていきます．

(1) 三項随伴性を用いたインタラクションの構造の理解

　一般に何らかの行動が起こるとき，その行動に続いて環境側にも変化が生じます．例えば，曳き馬をしているときにウマがいきなり走り出そうとすると，人は危ないのでウマが止まるよう手綱を引きます．これは「ウマが走り出そうとしたことで，人が手綱を引く刺激が出現した」といいかえることができます(結果事象)．ウマはこの経験から，その後は曳き馬をしているときにいきなり走り出そうとするのをやめるかもしれません．また，ウマがいきなり走り出そうとする前の環境をみてみると，人がウマとは異なる方向を見ていたのかもしれません(先行事象)．人はこの経験から，その後は曳き馬をしているときによそ見をやめるかもしれません．このように学習心理学や行動分析学では，行動そのものだけではなく，先行する環境事象(先行事象)と，その行動に後続する環境事象(結果事象)を合わせて捉えることで，行動変容の全貌を明らかにしていきます．これを先行事象-反

応-後続事象の**三項随伴性**(three-term contingency)といいます.

　一方，**インタラクション分析**(interaction analysis)では，ある個体の行動が他個体の行動変容を引き起こす場合，その行動は「シグナルとして機能」すると捉えます(Pentland, 2008).これら三項随伴性の枠組とインタラクション分析の枠組を合わせると，一方の個体の行動が，もう一方の個体にとって先行事象や後続事象となって行動を制御する，つまり先行シグナル，後続シグナルとして機能する状況を複数個体間のインタラクションだとみなすことができます(**図4.7**).

(2) 三項随伴性の枠組でインタラクションを考えることの利点

　このように三項随伴性の枠組でインタラクションを捉えることにより，観察可能な環境と行動を分析対象とすることができます．人-人インタラクションの分析では，「インタラクション中，どんなことを考えていましたか？」などと直接聞いたり，質問紙を利用して質問したりすることで，心の状態を言語で報告(内観報告)してもらうことが可能です．しかし，人-動物インタラクションでは，人の言語をもたない動物に対してこの方法をとることはできません．そのため，科学的に人-動物インタラクションを調べるためには，人の言語を用いるのではなく，前述した学習心理学や行動分析学の方法に倣って，観察や操作が可能な環境と行動を分析する必要があります．

　ここで，環境を操作し，それに対する行動の変容を観察する際に，操作対象となった環境変化を独立変数(原因)，行動の変容を従属変数(結果)として扱います．例えば，ウマに人の怒り顔と笑顔といった表情を呈示し，それによってウマの行動が変容するのかどうかを観察する場合，人の表情が独立変数(原因)で，ウマの

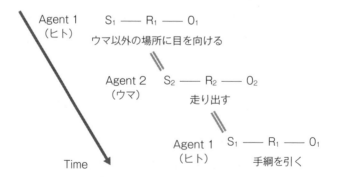

図4.7　三項随伴性の枠組で捉えたインタラクション
(S：先行事象，R：反応，O：結果事象)

行動が従属変数(結果)になります．そして，人の表情が先行シグナルとして機能するならば，ウマの行動は変容すると考えます．ここで大事な点は，独立変数も従属変数もどちらも観察可能な対象でなければならないことです．実際にこの実験を行った結果では,怒り顔を呈示したときのほうが笑顔を呈示したときよりも,ウマが左目で人を見る時間が長くなることが明らかになったとされています（Smith *et al.*, 2016）．したがって，ウマにおいて人の表情は先行シグナルとして機能するといえます．

　なお，学習心理学・比較認知心理学と行動分析学は，互いに動物も対象とする点で比較的近い学問領域ではありますが，心の扱い方の点で大きな違いがあります．学習心理学や比較認知心理学では，環境刺激が入力されると，内的過程としての心を経た後に行動が表出されると考えます．つまり，ある種の内的過程が行動に反映されていると考えます．一方，行動分析学では，内的過程を行動の説明に一切用いず，環境刺激と行動のみで説明を行います．前者を**方法論的行動主義**（methodological behaviorism）,後者を**徹底的行動主義**（radical behaviorism）といいます．以下では前者の方法論的行動主義の立場に立ち，観察可能な環境と行動を分析することで，観察不可能な心の理解を目指します．例えば，上記のとおり，人の表情がウマの行動に影響を与えることが明らかになっていますが，この原因として，人の表情を弁別する内部システムをウマが有していることが推定できます．このように，観察可能な環境刺激を操作し，観察可能な行動への影響をみることで，観察不可能な内的過程の理解につながると考えます．

（3）親和的な人−ウマインタラクションを支えるもの

　親和的な人−ウマインタラクションの土台は，生得的なシステムと学習によって支えられていると考えられます．ここで，生得的なシステムとは，人の指示にしたがうウマの選択交配によって，穏やかな気質で人に従順な個体の選択・交配が繰り返されてきたことを指します．

　また，ここで学習とは，学習心理学における「経験によって生じる，比較的永続的な行動の変化」を指します．一般に人−動物インタラクションでは，動物が人の行動（**扶助**（aid））を学習することで，先行シグナルとして機能するようになると考えられます．ウマの学習（訓練）でも，この動物が共通してもつ学習の枠組で，**オペラント条件付け**（operant conditioning）[*14] を用いて人が目標とする行動をウマに学習させます（McGreevy, 2006）．具体的には，乗馬や馬術では主扶助と副扶助と呼ばれる人の指示が用いられます．主扶助には，脚によりウマの腹部を圧迫す

ることで推進を指示する脚扶助，手綱を操作し，減速を指示する拳扶助，鞍に体重をかけるバランスを制御することで左右への移動を指示する座骨扶助などがあり，訓練ではウマが目標行動（推進，減速，左右移動）を行うように主扶助を出します．しかし，訓練を始めた当初は，主扶助と目標行動の関係をウマが学習していないため，主扶助を出しても目標行動は生じません．そこで，主扶助を出してから目標行動が生じるまで，鞭や拍車のような嫌悪刺激（副扶助）を使用し，目標行動が生じたら使用を止めます（**負の強化**（negative reinforcement））．

　一方，人がウマの行動を学習することも明らかになっており（**column 4.2** 参照），人とウマが互いの行動を学習すること（**相互適応学習**（mutual adaptation），column 1.1 も参照）が，親和的な人-ウマインタラクション成立の一端を担っていると考えられます．

column 4.2　人-ウマインタラクションにおける人馬一体感とは

　　歴史的な人とウマの密接な関係性を表現したものとして，人馬一体という言葉があげられます．一般的には，人馬一体とは「まるで人とウマが一体になったかのようにみえる」ことを指します．また，騎乗時など，ウマに接している場面（馬術訓練場面など）においては，騎手は「まるでウマと一体になったかのように」感じるといいます．そこで，大北他（2018）は，人馬一体感とは，実際にはどのような感覚なのか，人馬一体感が生じるためのプロセスはどのようなものなのかについて，馬術経験者に対するインタビュー（半構造化面接法）による調査の結果をもとに，**M-GTA**（modified grounded theory approach, **修正版グラウンデッドアプローチ**）[15] を用いることで明らかにしています（大北他, 2018）．

　　まず「ウマが手足のように動く」といったインタビューの回答があるように，ウマに対して人が操作的主体感を感じること，また「ウマと心が通じ合った」「ウマとわかり合えた」といったウマと円滑なインタラクションができたと感じる

---

[14] 人を含む動物が自発的に行った反応の直後に，報酬など特定の強化刺激を与えることによって，その反応が生起する頻度を変化させることをいう．スキナー（Skinner, B. F.）が考案した条件付けの方法であり**道具的条件付け**（instrumental conditioning）とも呼ばれる．
[15] 質的研究法の 1 つであり，データに根付いた解釈を重視する．現象のプロセスを分析するのに適した方法とされる．

こと，そして，この２つの感覚が同時に生じることで人馬一体感が生じることが明らかになったと報告しています．つまり，道具として使用した際に感じる自己の身体保持感の拡張（操作的主体感）と，自己以外のエージェントが協働したことによって生じる円滑なインタラクション感が同時に生じる点が，人–人インタラクションではみられない，人–ウマインタラクションならではの一体感だと考えられます（図 4.8）．

　次に，どのようなプロセスで人馬一体感が生じるのかについては，人の扶助に時間的に接近してウマが目標行動に自身の行動を変化させたときに，人は人馬一体感を感じることが明らかになったと報告しています．同時にウマが目標行動を学習するには，ウマが人の扶助を学習するだけでなく，人がウマの行動を学習する必要も明らかになったと報告しています[16]．

　人にはウマの内的状態について本当のところはわかりませんが，人の扶助に対してウマの行動がすぐに目標行動に変化するといった，目標が共有されていると推測できるような状態が生じることによって，人馬一体感が生じると考えられます．

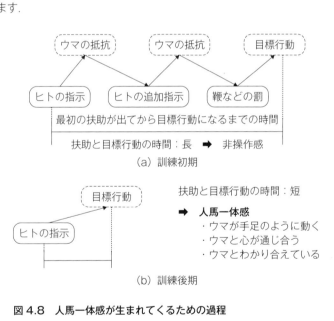

図 4.8　人馬一体感が生まれてくるための過程

---

[16] 例えば，訓練初期にはウマの上下運動のリズムがわからず，背上で人の身体が跳ねてしまい，バランスがとれなくなり，ウマに的確な扶助を出せなくなるが，ウマの上下運動のリズムを学習することで，的確な扶助を出せるようになるなど．

4.3.2 | 動物の行動からインタラクションの単位を取り出す

1——実験的手法

　ウマが人の行動を処理する内部システム（認知）をもつことが，親和的な人-ウマインタラクションを支えているとして，具体的にはどのような認知をウマはもつのでしょうか．人どうしであれば，他者の視線からどこに注意を向けているかわかりますし，表情からは他者の情動を推定できますが，ウマも同様の注意状態や情動状態を認知するシステムをもつのでしょうか．

　一般に動物がどのような認知をもつかについては，心理学の伝統的な方法である実験的手法を用いて検討されてきました．この実験的手法では，独立変数である環境刺激を実験者が操作し，従属変数である動物の行動を記録します．これによって，人-ウマインタラクションでも，独立変数である人の行動が，従属変数であるウマの行動に与える影響を明らかにすることで，ウマが人の行動を処理する認知をもつかどうかが検討されてきました[*17]．

（1）人の注意行動（指差し，身体の向き，視線方向）に対する認知

　人どうしでは，指差しの方向は他者がどこに注意を向けているかの重要な手がかりになり，自分自身の行動を変容させる先行シグナルになります（3.4.3項参照）．そこで，ウマにおいても人の指差しが先行シグナルとして機能するかが検討されてきました．

　例えば，前方に2つのバケツを置き，人が指差した方向のバケツをウマが選択するかどうかを調べた実験では，指差し要因を独立変数として，指差し条件（実験条件）と指差しなし条件（統制条件）の間で，ウマが2つのバケツのどちらを選択するかについての割合が従属変数として検討されています．McKinley & Sambrook (2000)によると，実験条件と統制条件で差があったウマは4個体中1個体と報告されています．一方，Proops *et al.* (2010)では，ウマが選択するまで指差しを行った場合は，指示方向のバケツをウマは選択したとされています．このように，

[*17] インタラクションでは互いの行動がシグナルとして機能することが重要である．したがって，独立変数であるウマの行動が従属変数である人の行動に与える影響を検討することで，人がウマの行動を処理する認知をもつのかを検討する必要がある．しかし，これについて検討した研究は少なく（青山他，2001），今後の研究が望まれる．

人が意図的に注意を示す指差しがウマにとっての先行シグナルとして機能しているかどうかについては，是と非の両方の結果が示されています．

　一方で，非意図的に注意が表出される人の行動が，ウマにおいてシグナルとして機能することは明らかになっています．Proops & McComb(2010)は，餌をもつ2人の実験者を用意し，3つの条件で実験を行いました．すなわち，身体の正面をウマに向け，ウマを見る実験者(attentive person)がいることは同じにして，もう1人の実験者(inattentive person)が，それぞれウマとは異なる方向を見る，目を閉じて立つ，身体の背面をウマに向けている状況を設定しています．その結果，すべての条件で身体の正面をウマに向け，ウマを見る実験者の餌をウマが選択したことから，人の顔の向きや目の開閉，身体の向きは，ウマにとってシグナルとして機能することが明らかになったとしています．このように非意図的に注意が表出される身体の向きや目の開閉といった人の行動が，ウマにおいて認知されることが明らかになっています．

(2) 人の表情に対する認知

　Smith *et al.*(2016)は，怒り顔／笑顔の見知らぬ人の写真に対して，ウマが脳半球優位性を示すかを検討しました．ここで**脳半球優位性**(cerebral dominance)とは，ネガティブな情動刺激は脳の右半球にて処理されるというように，左右の脳半球の機能的違いにもとづくものです．すなわち，人は怒り顔などのネガティブな情動刺激は右半球にて処理することが知られています(例えば Vallortigara & Rogers(2005))．そこで，人の表情によって，ウマがどちらの目を用いるかの傾向が変化するのかどうかを検討しています．この実験では，独立変数は表情要因(怒り顔条件，笑顔条件)，従属変数はウマの左目による注視時間を用いています．左目による注視は，右半球での処理が優勢であることを意味しています．その結果，笑顔よりも怒り顔を左目で見る割合が大きいことが確認されたとしています．また，怒り顔のほうが笑顔よりも最高心拍に到達する時間が短く，生理状態の変化も確認されたとしています．したがって，人の表情に応じた異なる情動処理プロセスをウマは有し，人の表情がウマに認知されることが明らかになっています．

　これまで述べてきたような実験的手法により，ウマにおいて人の行動(身体の向きや目の開閉，表情)が認知されることが明らかになっています．この背景として，ウマが人の行動を処理し，認知する生得的なシステムを進化の過程で獲得した可能性が考えられます．もちろん，特別な訓練を行ってはいないものの，自然に人の行動を学習していた可能性も否定はできませんが，そうであったとしても，

ウマが自発的に関係を学習したことにはなります．なお，環境内の刺激の中で顕著性が高い刺激は，一般に動物の行動を制御する効果をもつことが確認されています（例えば Ohkita & Jitsumori（2012））．つまり，ウマは生得的なシステムにより，環境内の刺激の中でも人の行動の顕著性が高くなっているために，人の行動と自身の行動の関係を学習できるのかもしれません．いずれにしても，ウマは人の行動を先行シグナルとして認識する生得的なシステムをもつと考えてよさそうです．今後はウマにおける人の行動のシグナル化に，具体的にどのようなシステムが寄与しているのかが明らかになることが期待されます．

　また，インタラクションでは互いの行動がシグナルとして機能することが重要です．したがって，ウマの行動が人においてシグナルとして生得的に機能するのかどうかも検討する必要があります．これについて検討された研究は少ないため（青山他，2001），今後の研究が望まれます．

2── フィールドでの解析手法（歩法の解析）

　中村（2010）は，インタラクションの本質を解明するためには実験的に行動を切り出すのではなく，個体が相互に行動を交わし合う自然場面を検討することが必要だと述べています．近年，センサの小型化や解析アルゴリズムの発展により，これまで分析が困難であった飼育や訓練の場面という自然場面での人–イヌインタラクション，人–ウマインタラクションの分析が行われています（鮫島他，2016）．自然場面では統制された実験事態とは異なり，動物の行動はより多様になります．また，環境内のさまざまな刺激が動物の行動を変化させる刺激となります．したがって，自然場面でのインタラクションの検討は，センサから取得したデータから行動を特定することと，行動を変容させた刺激の特定を行うことが重要になります．

　Thompson *et al.*（2015）は，ウマの前脚につけた加速度センサからデータを取得し，単純閾値法を用いることで，ウマの歩法は常歩，速歩，駈歩[18]という3つの定常状態に分類されることを示しています．一方，Lee は，騎乗したヒトにモー

---

[18] 常歩では，約110m/min で，右後肢，右前肢，左後肢，左前肢が4ビートで順に動く．速歩では，約220m/min で，右後肢と左前肢，左後肢と右前肢が対になって2ビートで順に動く．駈歩では，約340m/min で，右後肢，左後肢と右前肢，左前肢の3ビートで順に動く．また，常歩，速歩は左右対称の動きであるのに対し，駈歩は左右非対称の動きになる（JRA 競馬用語辞典より引用，https://www.jra.jp/kouza/yougo/index.html）．

ションキャプチャセンサを装着し，そのデータから歩法の分類を行い，教師なし機械学習の1つである**ファジー c-means**(fuzzy C-means; **FCM**)が最も正確に歩法を分類できることを明らかにしています(Lee *et al.*, 2016)．また，Ohkita *et al.*(2016)は，自然場面での行動の特定に加えて，ウマの行動変容に影響を与えた人のシグナルの特定を行っています(**column 4.3** 参照)．このように，センサから取得したデータを用いた行動とシグナルの特定を行うことで，自然場面における人–ウマインタラクションの解明がより一層進むことが期待されます．

4.3.3 | 親和的関係性と相互適応学習

　ここまで，人–ウマインタラクションを概観してきましたが，人–人インタラクションと人–動物インタラクションの分析における大きな違いは，人–動物インタラクションではインタラクションの答合せが一方の人だけしかできず，本当に相互に親和的なインタラクションであるのかどうかを客観的に証明できないことです．人馬一体の言葉に表されるように，ウマと親和的にインタラクションができていると人は感じていますが，本当のところはわかりません．一方，人–イヌの異種間でも，人–人の同種間(母子間)の絆形成で生じるような生理的，内分泌的な変化がみられることで，**親和的関係性**(affiliative relationship)が構築されることが知られています(Nagasawa *et al.*, 2015)．したがって，人–ウマの異種間でも同様の親和的関係性が構築されている可能性はありそうです．

　しかし，人が親和的だと錯覚してしまっている可能性も大いにあります．ここで，錯覚に影響していると考えられるのが，人の反応に対するウマの応答反応の速さです．つまり，ウマは人の行動を処理する生得的なシステムをもつことに加えて，人の指示を学習することで，人の指示に対してすぐに反応するようになります．対して，人–人の同種間では，他者が自身の反応に対して時間的に接近して自身の行動を模倣したとき，その他者の魅力度が上がることが明らかになっています(例えば，Chartrand & Bargh(1999))．また，これによって**信頼関係**(rapport, **ラポール**)が形成されたと感じ(Vacharkulksemsuk & Fredrickson, 2012)，協力行動が高まることも明らかになっています(Wiltermuth & Heath, 2009)．そもそも模倣によってなぜ他者の印象が変化するかに関する研究は続いていますが，他者が時間的に随伴して自身の行動に反応することが重要であるという可能性が

示されています(Catmur & Heyes, 2013). したがって，人-ウマの異種間でも，人の行動に時間的に接近してウマが反応することで，人はウマが親和的であると感じている可能性があります. 少なくとも，親和的関係が真に構築されているのであれ，親和的関係をヒトが錯覚しているのであれ，人-人の同種間のような親和的関係を，人は人-ウマインタラクションにおいて感じているのは事実のようです.

さらに，人は人-人の同種間で感じる親和感とは別の感覚を，人-動物インタラクションから得ていると考えられます. なぜなら，人-動物インタラクションにおいては，人-動物両者による相互適応学習(column 1.1 参照)が不可欠だからです. この相互適応学習を通して，例えば，人はウマに対して人馬一体を感じます(column 4.2 参照). ところが相互適応学習の前，すなわち，訓練初期段階ではウマは人の扶助にまったくしたがいません. もともとシグナルを共有している人-人の同種間であればこのような状況は稀です. しかし，相互適応学習を経ることで，ウマはパートナである人の扶助に対してはすぐにしたがうようになります. このことから，相互適応学習によって人とウマ，一般には動物はそれぞれパートナどうしで固有のシグナルの学習を行っていると考えられます. その結果，学習が進むと，column 4.2 のインタビューにあるようにウマはパートナとなったヒトの扶助には明敏に反応する一方，過学習によって，少しでもパートナとずれた他の人による扶助に対する反応が鈍くなると考えられます. 一方，人も相互適応学習を通じてパートナとなったウマのリズムに対して過学習が生じると考えられます. このように，相互適応学習を通じて動物が自分の行動だけに反応を返してくれる唯一無二の存在になることで，人-人インタラクションでは得がたいプラスアルファの親和的な感覚が，人-動物インタラクションによって得られる可能性があります.

以上，三項随伴性による記述を用いて，人-動物インタラクション，特に人-ウマインタラクションについて解説しました. この三項随伴性による記述は，**人-人工物インタラクション**(human-artifact interaction)にも示唆を与えると考えられます. なぜなら，人-人工物インタラクションも，人とのシグナルの共有性が低く，また身体的な類似性も低い，人とは異なる人工物と人とのインタラクションであるからです. したがって，人-ウマインタラクションにおける人馬一体感が生じるような三項随伴性を人工物との関係にも適用することで，唯一無二な人工物のデザインや実装につながるかもしれません.

ウマの歩法変化の計測と解析方法

column 4.3

　大北らは，機械学習によるウマの歩法の分類に加え，ウマの歩法の遷移についても検討しています（Ohkita *et al.*, 2016）．まずウマの腹部に装着した加速度センサ（サンプリングレート：60 Hz）から得た３軸の加速度データを合成し，短時間フーリエ解析を行い（約２秒ごとのハミング窓），次にそれら周波数空間の次元圧縮を行い，次元圧縮後の情報を特徴量として教師なし機械学習の１つである IGMM（infinite Gaussian mixture model，無限混合ガウスモデル）を用いてウマの歩法の分類を行っています．その結果，並歩，速歩，駆歩の３つの定常状態を分類できただけでなく（馬術審判員の分類と90％以上の一致），歩法の乱れも検出することができたと報告しています．

　さらに，IGMM で抽出された定常状態の情報を用い，安定性解析も行われています．３軸合成加速度データの t 時点，$t+1$ 時点，$t+2$ 時点を３次元空間に再構成し，３つの定常状態（常歩, 速歩, 駈歩）の**リターンマップ**（return map）を作成し，加速度データの時点ごとに，３つの定常状態のリターンマップにどの程度属しているのかの確率を算出しています．この解析により，歩法が切りかわった 0/1 的なタイミングだけでなく，歩法の遷移（例えば，ゆっくりと並歩から速歩に移行したのか，それとも瞬時に移行したのかなど）や，歩法が切りかわる前の予備動作なども確認することができたと報告しています．

　続けて，実際のインタラクション場面における人の音声扶助とウマの歩法の変化との関連についても検討しています（Ohkita *et al.*, 2018）．実験では，人（hundler, ハンドラ）がウマの手綱をもち，ハンドラのまわりをウマが回る調馬索課題を用い，ある地点でウマの歩法が切りかわるように音声扶助を出すことをハンドラに要求しています．その結果，歩法の切りかえの音声扶助を繰り返すと，ハンドラが音声扶助を出し始めてからウマの歩法が切りかわるまでの時間が短くなる傾向が確認されたと報告しています．このことは，ウマが人の音声扶助を学習することで，音声扶助がシグナルとして機能するようになることを示唆しています．

　このように，センサから取得したデータを用いて行動パターンとシグナルの特定を行うことで，自然場面における人-ウマインタラクションの解明が進むことが期待されています．

4.4 人–人工物インタラクション

　人–人工物インタラクション（human–artifact interaction）が，人–人，あるいは人–動物のインタラクションと大きく異なる点は，人工物の振舞いを能動的にデザインすることによって，インタラクションそのものも合目的的にデザインできるという特性をもっていることです．いいかえれば，人と人工物とのインタラクションは，人工物の振舞いを十分吟味して設計しないと適切に成り立たない可能性があるのです．そこで 4.4.1 項では，随伴性という観点に焦点を当て，人と人工物それぞれの行動の関係と時間的な構造に関する理解が人–人工物インタラクションをデザインするうえで重要なことについて解説します．

　そして 4.4.2 項では，人–人工物インタラクションは人工物の振舞いを通してデザインできるという特性を利用して，人の行動や認知を変化・変容させる効力を生み出せることに着目した研究をいくつかの事例とともに紹介します．ここではナッジと呼ばれる，行動経済学・行動科学で注目されてきた人が意思決定をする場面をデザインすることによって人の自発的な行動変容を促す「しかけ」に注目しています．つまり，インタラクションのデザインによってこの「しかけ」をつくり出すのです．

　最後に 4.4.3 項では，前項と同様に，人–人工物インタラクションは人工物の振舞いを通してデザインできるという特性を用いて，人の認知特性を明らかにする試みについて紹介します．人–人工物インタラクションは，それ自体がいわば心理実験の環境だといえます．人工物の振舞いは心理実験における刺激であり，その振舞いを統制することでさまざまな実験刺激を人に与えることができます．このような人の認知特性の解明を試みる研究手法は 2.1.1 項でも説明されている構成論的アプローチにも通じ，人–人または人–動物インタラクションの研究に還元されることによって，コグニティブインタラクションのデザイン研究における学術成果の循環的活用にも貢献することになります．

4.4.1 時間を考慮したコグニティブインタラクションのデザイン

　人-人インタラクションや，人-動物インタラクションではたいていの場合，相手からすぐに反応が返ってきます．話しているときに相手がすぐに反応するのはごく自然なことですので，むしろそれが人-人インタラクションの特徴だといわれてもピンとこないかもしれません．しかし，人-人工物インタラクションでは，反応する時間，タイミングは適切なものにデザインされる必要があります．いいかえれば，人とよいインタラクションを行う人工物をつくるには，人の行動に対する適切な反応時間をよく吟味しなければなりません．そこで以下では，人とよいインタラクションを行える人工物をつくるうえでの要素について，特に反応時間や反応のしかたの側面から説明していきます．

　インタラクションでは，自分が行ったことに対して相手が反応してくれることが 1 つのやり取りのターンとなります．つまり，互いのやり取りのターンが継続することでインタラクションが進んでいくので，1 つのターンが成立したことを認識するために反応時間が重要になります．そのため，人が何かを行った後，数分かかってロボットがようやくそれに対する反応を示すのでは，よいインタラクションの実現は難しくなります．反応時間は，相手の行動が自分の行動に対して行われたものなのかどうかを判断するための重要な情報リソースだからです．

　さらに，人-人工物インタラクションでは，自分の行動に呼応する相手の反応に対する認識が，より重要な意味をもちます．人は，自分の行動に呼応する人工物をみると，人工物が訴えかけてくる意図や目的，信念，情動を感じ取る場合があることがわかっているからです．たとえ人工物がコンピュータで動いていて，人と同じような心というものをもっていないとわかっていたとしても，人はついつい人工物に対して心の状態のようなものがあると思ってしまう（1.3.2 項参照）ので，積極的に人工物に心があるような反応をさせることで，よりよい人-人工物インタラクションがデザインできる可能性があります．

　ここで，人工物が心の状態をもっていると人に思わせるためにも，人工物の動作のしかただけではなく，適切なタイミングで反応させることが重要になります．これを，発達心理学では**随伴性**（contingency）といいます．以下に，よい人-人工物インタラクションができる人工物の振舞いをデザインするうえで重要となる項目を整理しておきます．

● 人工物が認識すべき人の行動の分析：人工物が人のどのような行動に対して反応するとよい人–人工物インタラクションに対して効果的なのかをよく考慮して，人工物が認識すべき人の行動を吟味する．

● 適切な行動生成プログラムの設計：人工物が人の行動に呼応して振る舞っていると人に思わせることができる時間間隔や，人工物の行動に対して人が何らかの意味を見いだすことができるような振舞いを生成できる行動生成プログラムを設計する．

● 周囲の物体や環境の状態の把握：人工物が自分に呼応していると人に気づかせたり，人工物の心の状態を人が推測しやすくしたりするには，人と人工物の周囲にある物とのかかわりも重要である．人と人工物の周囲の物体や環境

表 4.3　人型のコミュニケーションロボットと人とのインタラクション

コミュニケーションロボットが認識すべき人の行動の分析	・言葉でのインタラクション ・視線やジェスチャなどの非言語的表現 ・人の発話，人の視線（顔の向きも含む），ジェスチャ（指差し等），体勢（肩の向き，体全体の向き）など
適切な行動生成プログラムの設計	・人の発話内容に呼応してロボットの発話内容が適切に変化する． ・ロボットが発話するタイミング（一般的なコンピュータアプリケーションの場合，ユーザの操作に対して示す反応は，早ければはやいほどよいことが知られているが，対話におけるロボットの発話タイミングは，ユーザの発話に対して 2 秒前後が適切とされている．人どうしでも反応が早すぎると悪い印象を与えてしまうように，早すぎても遅すぎても人に与える印象が悪化してしまう）． ・指差し行動に対しては，指差すタイミングと同期しているほうが人によい印象を与える（一般に，ロボットは顔の向きを変える動作に人より時間がかかるので，ロボットに人の指差し動作を予測させ，その数秒前に視線を向ける動作を開始させるアルゴリズムが有効）． ・そのほかの動作でも，同期しているほうが人によい印象を与える．
周囲の物体や環境の状態の把握	・人が何かを見たり指差したりするときには，視線や指差しの先に何らかの対象物体が存在する． ・人が物体を把持してロボットに見せる場合にも，相手に示したい対象物体が存在する． ・人型のコミュニケーションロボットを設計するうえで，空間内で人が注目している対象物体，あるいは対象となる現象が生じている場所をロボットが認識し，認識結果を加味して行動させる． ・人が注目している対象物体の様相や状態に応じてロボットが行動することで，人はロボットの行動から意味を汲み取りやすくなる．

の状態をインタラクションにどのように取り入れるのかも考慮に入れて設計する．

これらの項目をよく考慮すれば，例えば，人型のコミュニケーションロボットでは，人型の形状をしていることで人–人インタラクションに近いものを想定して振舞いをデザインすることができます．また，自律走行車では人–ウマインタラクションの一体感（column 4.2 参照）に近いものを想定して振舞いをデザインすることができます．

それでは具体的に，人型のコミュニケーションロボットの設計について考えていきましょう．**表 4.3** に，コミュニケーションロボットが認識すべき人の行動を分析するための変数とそれらの変数から生成されるロボットの行動の設計，およびロボットが備えるべき環境認知能力についてまとめます．

このように人型のコミュニケーションロボットと人とのインタラクションでは，相手が何に関心をもっているのだろう，相手は何を自分に示したいのだろう，といった相手の心の状態の存在を前提とした解釈を人が行っていることを想定して，インタラクションのデザインを検討する必要があることがわかると思います．

それに対して，近い将来にはより一層身近な存在になってくるであろう自律走行車の設計について考えてみます．自律走行車に対して人が何らかの操作を行って介入する場面を例とします．**表 4.4** に，自律走行車が認識すべき人の行動を分析するための変数と，それらの変数から生成される自律走行者の行動の設計，および自律走行車が備えるべき環境認知能力についてまとめます（**column 4.4** も参照）．

表 4.4　自動走行車と人とのインタラクション

自動走行車が認識すべき人の行動の分析	・自律走行車の場合，インタラクションの目的は移動という明確なものであり，総じて単純. ・自律走行車に対して移動の向きや速度を指定する入力など，人の移動動作の指示に対する認識がとても重要.
適切な行動生成プログラムの設計	・特に，人の操作に対する自律走行車の応答性[19] と鋭敏性[20] をデザインする. ・動作に関しては同期しているほうが人によい印象を与える. ・ただし，少しステアリングを回しただけで向きが変わるなど鋭敏すぎると，人が危険を感じやすかったり，操作しづらく感じたりする可能性がある. また，鈍感すぎると，反応の悪さからくる苛立ちを人が感じやすくなる. ・相応しい鋭敏性は個々の人によって異なることが多く，人と自律走行車との間のインタラクションで個人ごとに相応しい設定をする.
周囲の物体や環境の状態の把握	・周囲の環境の情報もインタラクションに取り入れるものに含める. ・例えば，広い場所での移動と，狭い場所での移動では，同じ移動速度であっても後者のほうが人は怖さを感じる. ・特に，人の操作に対する自律走行車の鋭敏性のよし悪しは周囲の走行環境に依存する. ・自律走行車が，人の状態(例えば恐怖心)を正しく見積もり，それに適応した動作を示すために，周囲の環境を適切に認識する.

---

column 4.4　電動車いすを使った応答性と鋭敏性に関する実験

　搭乗者自らが操作する自走式の電動車いすには，一般にジョイスティックという装置がついており，これを前後左右に倒すことによって前進または後進，右折または左折などの操作を行うことができます. ここで，搭乗者は，その操作が難しいときにはジョイスティックレバーを小刻みに動かして速度調整するデジタル的操作(離散的入力)を行うのに対して，容易なときにはジョイス

---

[19] **応答性** (responsiveness) とは，人の操作に対して自律走行車の移動動作が変更を開始するまでの時間間隔のことをいう.

[20] **鋭敏性** (sensitivity) とは，人の操作入力に対してどれくらい敏感に走行車の移動速度や方向が繊細に変化するかという度合いのことをいう.

ティックレバーをある一定の角度に保ったまま車いすを動かすアナログ操作（連続的入力）を行うことがよく知られています.

そこで，搭乗者の操作方法と周囲の状況に応じて適応的に鋭敏性（操作ゲイン）を調整できる適応的コントローラをもつ電動車いすの開発が試みられています. すなわち，搭乗者が操作を難しいと感じているときには，適応的コントローラの操作ゲインを下げることで電動車いすの鋭敏性を下げ，搭乗者が操作を容易と感じているときには操作ゲインを上げることで電動車いすの鋭敏性を上げて，搭乗者がいつでも安心して電動車いすを操作できるように調整します.

この電動車いすに関する実験では，搭乗者の電動車いすの操作（デジタル操作かアナログ操作か）と周囲の走行環境（通路の狭さ）から，総合的に運転状況の困難さを判定しています. そして，実験時の電動車いすの操作内容，すなわち搭乗者によるジョイスティックを介した入力を解析することで，電動車いすの走行における鋭敏性の自動調整が可能になると考えられます.

例えば，狭い場所などの操作が難しい場所では操作ゲインを下げ，一方，広い場所などの操作が容易な場所では操作ゲインを上げ，よりすばやく動けるようにすることが理想だと考えられます. ここで注目してほしいポイントは，この操作ゲインの調整はジョイスティックレバーの操作方法と操作量に応じて適応的に実行されるので，個人ごとに相応しい操作方法が提供できることです.

なお，このように個人適応した，安心して移動できる電動車いすを実現するには，周囲の壁との距離を測るためのレーザ距離計を電動車いすに実装して，周囲の環境の広さがわかるようにする必要があります. これによって，適応的コントローラが搭乗者のジョイスティックレバーの操作と周囲の環境の広さの関係を認識することができ，個々の搭乗者に相応しい，安心して移動できる操作方法を適応的に提供することができるようになります.

4.4.2 人に影響を与えるインタラクションのデザイン

1——ナッジエージェント

行動経済学で提唱されている概念である**ナッジ**（nudge）とは，複数の選択肢がある場合，「どういう意思決定をすれば多くの人にとっての効用（満足）が高まるか」を，特に，人の心のメカニズムに焦点を当てることにより，それとなく支援し

ようというものです(Thaler & Sustein, 2008)．ここで重要なのが，この支援を行う際に，必ず選択の余地を残す点です．つまり，決して選択と実行が強制されるわけではないということです．例えば，カフェテリアでサラダなどの健康によい品をほかよりとりやすい位置に配置しておくと，無意識のうちに健康によい食べ物を積極的にとる人が多いことが知られています．また，年金の加入に同意するか否かを選択する書類において，選択肢の初期値にあらかじめ「同意」にチェックを入れておく(自分の意思でチェックを外すことが可能にしておく)ことで，年金への加入者を大幅に増やすことに成功した例があります(Hagman *et al.*, 2015)．

　ナッジを取り入れた人工物である**ナッジエージェント**(nudge agent)によって，次に述べる 2 つの問題が解決できることが期待されます．1 つ目は，少なくとも現時点における AI 技術では大量の分析対象に関するデータがなければ学習できず，データのないまったく新しい事象へは対処もできません．ナッジエージェントはこの問題を解決するポテンシャルを有していると考えられます．

　2 つ目は，意思決定過程のシステム化，一般化の必要性という問題です．行動経済学では人の意志決定の過程に注目し，人の行動を観察することで，実証的に社会現象や経済行動を捉えようとしますが，人の意思決定とそれにもとづく行動に一定の法則性を見いだし，それを一般化し，その成果を組み込んだ，人の意思決定を支援する人工物システムを構築するという研究事例はいまだほとんど行われていないのが現状です．

2──ナッジエージェントの活用事例

　ナッジエージェントを実際に活用するためには，まずナッジを適用した際の認知的なメカニズムの解明とそのモデリングが不可欠です．これを実現するには以下の 3 つの手順があると考えられます．

① 行動経済学の理論と AI 技術の学習を組み合わせ，少ないデータから人の意思決定を予測する．

② ナッジエージェントを IoT デバイスに組み込み，文脈に適した意思決定を支援する．

③ ナッジエージェントがナッジを構成するプロセスを可視化することにより，人の意思決定力を育てられる可能性を分析する．

　以下では，このうち ① は省略して ② に焦点を当て，試験的につくったナッジ

エージェントシステム(プロトタイプシステム)の動作例を紹介します.

　いま病気療養中のため,カロリー摂取制限を受けている人(ナッジエージェントシステムのユーザ)が食事をするためにレストランに入った場面を想定しましょう.このとき,ナッジエージェントは,行動経済学における時間割引に関する知見,およびユーザとの対話データにもとづき,深層学習により獲得されたユーザの選好から意思決定の予測モデルを用いてユーザが高カロリーの料理(例えば,**図 4.9** 左のトンカツ)を選ぶ可能性が高いことを予測します.次に,この予測にもとづき,メニューを表示するタブレットにアクセスして,図 4.9 右のように料理の配置やデザインを変更します.

　つまり,ナッジエージェントは,知覚的コントラストと選択肢の構造化を用いてナッジを構成することによりユーザの意思決定に働きかけ,低カロリーメニューを選択させようとします.さらに,ロボットが利用可能な状況であれば,共同注意による視線誘導の機能(Ono *et al.*, 2016)を利用して,ユーザの注意を低カロリーメニュー(例えばサラダ)へと向かわせることもできます(**図 4.10**).

　このシステムを用いることにより,ユーザに意思決定の自由を残しながら,ユーザ自身の意図しているカロリー摂取制限を実行させ,ユーザを最終的にはよりよい日常生活へと導くことが可能になると考えられます.

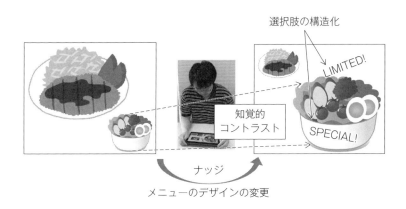

図 4.9　ナッジエージェントがメニューのデザインを変更し,ユーザの行動変容を促す事例

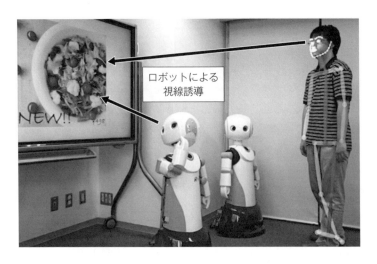

図4.10　ナッジエージェント（ロボット）が視線の誘導によりユーザの行動
　　　　変容を促す事例

3──ASE

　人どうしのコミュニケーションで生じる非言語情報には，ジェスチャなどの明示的で身体の明確な動きをともなうものから，身体のわずかな揺れや顔表情の微妙な変化など，人以外の人工物にとって認識が難しい些細なものまであります．そのうち，わずかな変化に該当する些細な非言語情報を **SE**（subtle expression）といいます．SE は，会話などのコミュニケーションにおいて自然かつ頻繁に表出される情報ですが，実は擬人化エージェントやロボットにこの SE を応用した研究例はほとんど見当たりません．

　小松らの提案する **ASE**（artificial subtle expression）は，まさに SE を工学的に実現するものであり，自然な人どうしのインタラクションで生じる現象である SE，つまり **NSE**（natural subtle expression）と同様の効果を狙っています．ASE は，以下のように設計要件 2 つと，実装後に実験的に検証される機能要件 2 つで定義されます（小松他, 2010）．

〔設計要件〕

① シンプル：ASE は単一の**モダリティ**（modality）[20] で構成される．これにより，実装に要するコストが軽減される．

② 補完的：ASE は，エージェントとユーザとの（言語的）インタラクションにおいてあくまで補完的な役割を果たし，メインのコミュニケーションに時空間的に干渉しない．

〔機能要件〕

ⅰ）直感的：ASE を正しく解釈するために，ASE についての事前知識をまったく必要としない．

ⅱ）正確：設計者の意図した特定の意味が，その意図どおりにユーザに伝達される．

すなわち，ASE は最初に設計要件を満たすようデザインされた後，実験によって機能要件が満たされることが検証されます．

（1）実装例 1：ビープ音による確信度伝達

2 種類のビープ音（周波数が下がっていくもの，および，一定のもの）によって，レゴ社のマインドストームでつくられたロボット型エージェントからのアドバイスに，エージェントの確信度を付与する実験が行われています．実験参加者は，**図 4.11** のようなまったく予備知識のない 3 択問題（3 つの盛り土から，宝が埋まっている 1 つを選択）に繰り返し挑戦します．このとき，横にいるエージェント

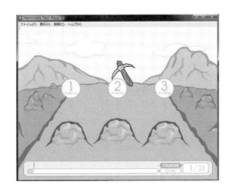

図 4.11　宝探し三択 3 択ゲーム
（繰り返し提示される 3 つの盛り土から，宝が
埋まっている 1 つを選択する簡単なゲーム）

---

*20 視覚，聴覚などのそれぞれの感覚器で感知する固有の経験の種類のこと．

が答えのヒント(「1番」「2番」「3番」のいずれか)を発話し，その直後(0.5秒後)に先の2種類のビープ音の1つがランダムに鳴ります．ここで，重要なのは，参加者には，ヒントの直後にビープ音が鳴ることも，その2種類のビープ音の意味することもまったく事前に伝えません．つまり，ビープ音に関する予備知識がまったくありません．

このような状況において，実験の参加者は，エージェントから出されるヒントにしたがってもよいですし，ヒントを無視してもかまいません．いずれにせよ，自由に自分の意思で3択問題の答えを考えて答えます．

その結果，周波数が下がっていくビープ音が直後に鳴ったヒントに比べて，周波数が一定のビープ音が鳴ったヒントに，統計的に有意に多くの参加者がしたがったという結果が報告されています．つまり，ビープ音の周波数の変化の違いによって，エージェントが自分のヒントに自信があるかないかを人に伝えることができ，結果として人がエージェントからのヒントにしたがったり，無視したりすることが示唆されました．この結果は，ヒントにビープ音を付加することで，人の意思決定をある程度コントロールできる可能性を示しています．たった数秒のビープ音にこのような効果があったことは，興味深い結果といえるでしょう．また，このビープ音は，上記の ASE の4要件を満たしており，ASE の実装例の1つとなっています．

さらに実験後のアンケートでわかった興味深いことは，実験にかかわった参加者の多くが，ビープ音が鳴ったことに気づいていなかったということです．このことは，参加者は無意識に，2種類のビープ音に違った反応をしていた可能性を示唆しています．

ただし，残念ながら，なぜこのような現象が起こるのかという原因，根拠については，まだ認知科学的には解明されていません．このことは，ASE 全体の今後の課題でもあります．

(2) 実装例 2：移動ロボットの回転による ASE

前の(1)とはまったく別の ASE の実例として，ビープ音ではなく，移動ロボットの回転速度の違いにより，ASE を実装した研究があります(寺田他, 2013)．実験の方法は，まずテーブルの上に 30 cm 四方の青い箱と赤い箱が置いてあり，そのどちらか一方の箱の中に賞品が入っており，参加者はどちらに賞品が入っているのかを当てるという 2 択問題を解きます．(1)と同様に，賞品が入っている箱に関する予備知識はまったく与えられません．このような状況で，移動ロボット

図 4.12 2 箱の選択ゲーム
（赤い箱と青い箱の 2 つの前で立ち止まる
移動ロボットと左に立っている参加者）

がそのテーブルに近づいていき，テーブルの前で止まります．そして，その場で回転しながら横に立って見ている参加者のほうを向き，「青です」「赤です」と音声でヒントを与えます（**図 4.12**）．ここでも（1）と同じように，参加者は移動ロボットのヒントにしたがってそれを答えとして回答してもよいですし，無視してもかまいません．

　この実験で，実は移動ロボットにちょっとだけ細工をしておきます．この細工が ASE の実装になるのですが，移動ロボットが参加者に向かって回転するときの回転速度を 2 種類（速い，遅い）用意しておきます．つまり，この回転速度の違いで移動ロボットの自信の強さを参加者に伝えることができるかどうかを調べる実験になっています．予想としては，速く回転する移動ロボットのほうが自信をもっているように感じられ，遅い回転速度では自信がないように感じられるのではないかと予測しました．そうすると，参加者は速い回転速度の場合はロボットのヒントに追従した答えをするだろうし，遅い回転速度の場合はヒントとは別の箱を選択するはずです．実際に実験を行った結果，予測どおり，回転速度が速い ASE のときに参加者は有意にロボットのアドバイスにしたがった回答をすることが確認されました（寺田他，2013）．この移動ロボットの回転速度も ASE の 4 要件を満たしています．

　このように，（1）とは情報の種類が音と回転速度とまったく異なった ASE で類似した効果が得られたことは，ASE の 4 要件の妥当性と一般性の証左であると考えられます．さらに，このほかにも，LED の明滅の有無によっても ASE が実装されること，ASE の効果が参加者の母語に依存しないことも実験的に確認されています．

column 4.5　ユーザの信頼を誘発する商品推薦エージェントのデザイン

　インターネットのオンラインショッピングでは，実店舗のような店員（販売員）の役割の実装が課題となっています．オンラインショッピング上に，実店舗の店員を擬人化エージェントとして実装したのがバーチャル店員（**図 4.13**）です．バーチャル店員には，役割の 1 つとして，実店舗の店員と同じく，客の信頼を得ることで客の購買意欲を向上させることが求められますが，バーチャル店員が客の信頼を得るにはどうすればよいのでしょうか．

　この課題について，社会心理学の知見をベースに，客の**信頼モデル**（trust model）（**図 4.14**）をもっているバーチャル店員が商品推薦に合わせて客に種々の刺激を与えることで，客の店員に対する信頼感を向上させる一種の AI が提案されています（Matsui & Yamada, 2019）．ここで，客の信頼モデルは，下位状態の感情状態 E（客の持ち）と知識状態 K（バーチャル店員の商品知識）の論理積で表現されています．つまり，説明を受けている客の気持ちが高揚し，かつ客が「このバーチャル店員，商品のこと詳しいな」と感じると，買う気がアップするというモデルであり，クラウドソーシングを利用した数百人規模の参加者実験により，その効果が実験的に検証されています．

　昨今でも，**GOFAI**（good old fashioned AI，**古きよき AI**）と揶揄される，このようなトップダウンでモデルベースのアプローチが有効な領域は膨大に残っていると考えられます．

図 4.13　バーチャル店員

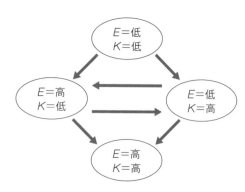

図 4.14　ユーザの信頼状態遷移モデル

4.4.3 人-人工物インタラクションから人を理解する

　人は，詐欺師のような悪意のある他者をどのように認識するのでしょうか. **騙し**(deceiving)は，通常，相手から利益を収奪しようとして，相手に事実と異なる信念を植えつけるために用いられます. これを調べる1つの方法は，騙す能力をもっている相手に対して人がどのような行動をとるのかを予想して，そのような行動が観測されるかどうかを調べることです.

　寺田らはボーナス付きマッチングペニーというゲームを用いて騙しが発生するアルゴリズムを開発しました. 通常の**マッチングペニーゲーム**(matching pennies game)では二者がそれぞれ秘密裏にコインの表裏を決定します. そして，同時に結果を開示し，2枚のコインの裏表が表-表，裏-裏のように一致していれば片方が利得を得ます. 逆に，表-裏，裏-表のように一致していなければもう一方が利得を得ます. このゲームはじゃんけんと同じで必勝方法がないことが知られており，ランダムで表／裏を出すのが最善となります. すなわち，連続でゲームをプレイするときに「表，表，表，表，表，…」，や「表，裏，表，裏，表，…」のように規則性をもたせると，相手に一方的に有利な情報を与えることになるため，一般的に得策ではありません.

　しかし，ゲームが有限の繰返し回数で，なおかつ最終ゲームの得点がそれまでの回で得られる得点よりも大幅に高い場合（ボーナスゲーム）はどうでしょうか. このとき，それまでのゲームは捨てて，最終ゲームだけ勝てばよいという戦略が生まれます. 例えば，最終ゲームまでに「表，表，表，表，表」のような単純な規則性のある手を出し続けることによって，相手に「単純な規則性のある手を選択する」という信念を植えつけることが可能です. そして，この信念を上手く利用することが可能になります. 筆者らは実際にこのアルゴリズムをソフトウェアに搭載したエージェントによって実験を行いました(Terada & Yamada, 2017).

　実験参加者に，それぞれロボット，コンピュータ，ぬいぐるみ，人の外観をしたエージェントとボーナス付きマッチングペニーをプレイしてもらったところ，相手が人の外観をしているときにだけ，最終ゲームにおける手の選択のランダムさが高くなりました. この理由は，騙されることによる搾取をおそれていたから，すなわち，相手が信念を植えつけ利用する能力，すなわち，騙す能力を有していると捉えたからと解釈できます.

　また，**感情**(affect/emotion/feeling)や**情動**(emotion)には社会的な機能があるといわれていますが(Trivers, 1971)，実際にそのような機能があるかどうかは人–人インタラクションだけでなく，人–人工物インタラクションを観察することでも確かめることができます．ここで，人ではなく，人工物を用いることの利点は，インタラクションをあらかじめ設計しておけること，および，すべての実験参加者に対してばらつきのない刺激を提示できることです．筆者らはソフトウェアエージェント(Terada & Takeuchi, 2017; de Melo & Terada, 2019; de Melo & Terada, 2020; de Melo *et al.*, 2021; Takagi & Terada, 2021)やロボット(Takahashi *et al.*, 2021)に感情表出機能を搭載し，それに対する人の反応を調べることで，感情の社会的機能について研究を行いました．

　Terada & Takeuchi (2017)の研究では最後通牒ゲーム，Takagi & Terada (2021)の実験では独裁者ゲームをそれぞれ用いて，人の悲しみや喜びの感情表出に相手から援助を引き出す機能があることを確かめています．これらの実験では，過去の研究との対比ができるようにゲーム理論の分野でよく知られた課題を用いています．**最後通牒ゲーム**(ultimatum game)と**独裁者ゲーム**(dictator game)は，ある決められた量の富を二者で分割するという点では共通です．最後通牒ゲームでは，提案者と応答者にそれぞれのプレーヤが分かれ，提案者が分割の割合を決定します．応答者のほうはその分割割合でよいかどうかを判断し，受諾するか拒否するかの決定をします．応答者が提案を受諾すると，両者は分割割合に応じた富を得ることができますが，拒否すると，両者ともに何も得られません．つまり，提案者は応答者に拒否されないような分割を考える必要があります．この最後通牒ゲームにおいては，これまでの膨大な研究によって，提案者は平均して約6割を自分に割り当て，4割を相手に割り当てること，反応者は自分への割当が2割を下回ると拒否する傾向が強いことが一般に知られています．

　対して，独裁者ゲームでは提案者は同じですが，もう一方は単なる受取り者とされ，意思決定の権利はなく，単に提案者の提案割合に応じて割当を受け取るだけとなります．したがって，提案者は自分に100%，相手に0%割り当てることも可能なのですが，一般に人はそのような行動をとらないことが知られています．

　これらの実験では最後通牒ゲームと独裁者ゲームにそれぞれスライダバーと，表情を用いたインタラクションを導入しています．すなわち，実験参加者がスライダバーを動かして提案額を探索すると，それに応じて，ディスプレイ上に表示されたエージェントの表情が変化するようにしました．エージェントに対する配

分が少ない場合にはネガティブ(口角が下がる，悲しみ)な表情が表示され，エージェントに対する配分が多い場合にはポジティブ(喜び)な表情を表示させました．実験の結果，エージェントが無表情のときよりも表情を表出したときのほうが人の提案額が増加しました．この理由は，人が観察した表情から相手の心的状態を推測し(**reverse appraisal**)(Gratch(2021)参照)，意思決定を変化させたためと考えられます．

column 4.6　人と AI の間にリーダ-フォロワ関係は成立するか

　人は大きな目標を達成するために組織を形成し，リーダ(leader)を設け，その意思決定にしたがってその他のフォロワ(follower)が行動することがよくあります．この行動は，人ばかりでなく，動物，魚，昆虫など，さまざまな生物において確認されています．一般に，**リーダ-フォロワ関係**(leader-follower relationship)は，グループでの意思決定においてコミュニケーションのコストを少なくすることに貢献します．いったんリーダとフォロワの関係を決定してしまえば，リーダはフォロワに対して指示を出すだけでよく，フォロワからリーダに対する情報伝達は必要なくなるからです．

　これに対して，寺田らは人と AI エージェントのリーダ-フォロワ関係に注目して，実験を行っています．一般的な人と AI の関係では，人がリーダとなってAI がフォロワとなるのが通常ですが，AI の情報処理能力は年々向上しており，AI がリーダを務めたほうが合理的なケースが増えてきています．しかし，意思決定を AI が行う際，人と AI との間で意見の対立が起こる可能性があります．例えば，1994 年に起きた中華航空 140 便墜落事故では，上昇のコマンドを出すコンピュータと下降しようとするパイロットの意見が対立したことが原因で，飛行機が失速して墜落しています．

　寺田らはエージェントの知性と固執性を要因として人と AI であるエージェントとの協力タスクである純粋調整ゲームに，宣言フェーズを導入したタスクを用いて実験を行っています．ここで，**純粋調整ゲーム**(pure coordination game)とは，2 人のプレーヤの選択が一致した場合，両者に得点が与えられ，一致しなかった場合，両者ともに得点が得られないというゲームです．また，

宣言フェーズでは，プレーヤは自分がどの記号を選択したかを宣言します．両者が宣言し終えたら，両者の宣言は双方に開示されます．この実験では，開示後，両者には宣言をそのまま選択する(stay，ステイ)か，宣言と異なる選択に変更する(shift，シフト)かを決定できる機会があります(決定フェーズ)．また，選択が一致した場合には記号に割り当てられた 1 点，もしくは 10 点が与えられるのですが，1 点か 10 点かは毎回異なるように設定してあります．

　ここで，AI であるエージェントに 2 種類を用意し，一方は高得点の記号を予測する能力をもつ知性の高いエージェント，もう一方は，自分の選択に固執(高確率でステイを選択)する固執性の高いエージェントとしました．

　実験の結果，人は低知性×高固執度のエージェントに，より多くフォローすることがわかりました．このことから，人は知性の高いエージェントよりも，固執性の高い(＝頑固な)エージェントの意思決定にしたがうことが示唆されます．

参考文献

Alías, F., Socoró, J. C., & Sevillano, X. (2016). A review of physical and perceptual feature extraction techniques for speech, music, and environmental sounds. *Applied Sciences*, *6*(5), 143. https://doi.org/10.3390/app6050143

Bateson, G. (1972). *Steps to an Ecology of Mind: Collected Essays in Anthropology, Psychiatry, Evolution, and Epistemology*, Chandler Publishing Company. (2000年に University of Chicago Press より再版. G. ベイトソン(著), 佐藤良明(訳), (1990). 精神の生態学, 思索社)

Anderson, J. R., Bothell, D., Byrne, M. D., Douglass, S., Lebiere, C., & Qin, Y. (2004). An integrated theory of the mind. *Psychological Review*, *111*(4), 1036-1060. https://doi.org/10.1037/0033-295X.111.4.1036.

Anthony, D., Telegin, D. Y., & Brown, D. (1991). The origin of horseback riding, *Scientific American*, *265*(6), 94-101. https://doi.org/10.1017/S0003598X00079278

Baars, B. J. (1988). *A Cognitive Theory of Consciousness*. Cambridge University Press.

Baker, C. L., Jara-Ettinger, J., Saxe, R., & Tenenbaum, J. B. (2017). Rational quantitative attribution of beliefs, desires and percepts in human mentalizing. *Nature Human Behaviour*, *1*(4), 1-10. https://doi.org/10.1038/s41562-017-0064 https://doi.org/10.1038/s41562-017-0064

Baltrušaitis, T., Zadeh, A., Lim, Y., & Morency, L. (2018). OpenFace 2.0: Facial Behavior Analysis Toolkit, *The 13th IEEE International Conference on Automatic Face and Gesture Recognition (FG2018)*. 59-66. https://doi.org/ 10.1109/FG.2018.00019

Barab, S. & Squire, S. (2004). Design-based Research: Putting a Stake, in the Ground, *The Journal of the Learning Sciences*, *13*(1), 1-14. https://doi.org/10.1207/s15327809jls1301_1

Barab, S. (2014). Design-Based Research: A Methodological Toolkit for Engineering Change. In K. Sawyer (Ed.), *The Cambridge Handbook of the Learning Sciences (2ne ed.*, pp.151-170). Cambridge University Press. https://doi.org/10.1017/CB09781139519526.011 (バラブ, S. 大浦 弘樹(訳)(2018). デザインベース研究. 学習科学ハンドブック第二版, 第1巻, 127-143, 北大路書房)

Baron-Cohen, S. (1995). *Mindblindness: An Essay on Autism and Theory of Mind*. The MIT Press. https://doi.org/10.7551/mitpress/4635.001.0001 (長野 敬・長畑 正道・今野 義孝(訳)(2002). 自閉症とマインド・ブラインドネス. 青土社)

Bishop, C. M., & Nasrabadi, N. M. (2006). *Pattern recognition and machine learning*. Springer. (ビショップ, C. M. 元田 浩・栗田 多喜夫・樋口 知之・松本 裕治・村田 昇(監訳)(2012). パターン認識と機械学習(全2巻) 丸善出版)

Box, G. E. P. & Jenkins, G. M. (1976). *Time series analysis. Forecasting and control*. Holden-Day.

Brothers, L. (1990). The social brain: A project for integrating primate behavior and neurophysiology in a new domain. *Concepts in Neuroscience*, *1*, 27-51.

Bugnyar, T. & Kotrschal, K. (2002). Scrounging tactics in free-ranging ravens, Corvus corax. *Ethology*, *108*(11), 993-1009. https://doi.org/10.1046/j.1439-0310.2002.00832.x

Call, J., Bräuer, J., Kaminski, J. & Tomasello, M. (2003). Domestic dogs (*Canis familiaris*) are sensitive to the attentional state of humans. *Journal of Comparative Psychology*, *117*(3), 257-263. https://doi.org/10.1037/0735-7036.117.3.257

Camerer, C. F., Ho, T. H., & Chong, J. K. (2004). A Cognitive Hierarchy Model of Games. *The Quarterly Journal of Economics*, *119*(3), 861-898. https://doi.org/10.1162/0033553041502225

Camerer, C. F., Dreber, A., Forsell, E., Ho, T. H., Huber, J., Johannesson, M., Kirchler, M., Almenberg, J., Altmejd, A., Chan, T., Heikensten, E., Holzmeister, F., Imai, T., Isaksson, S., Nave, G., Pfeiffer, T., Razen, M., & Wu, H. (2016). Evaluating replicability of laboratory experiments in economics. *Science, 351*(6280), 1433-1436. https://doi.org/10.1126/science.aaf0918

Carrington, S. J. & Bailey, A. J. (2009). Are there theory of mind regions in the brain? A review of the neuroimaging literature. *Human Brain Mapping, 30*(8), 2313-2335. https://doi.org/10.1002/hbm.20671

Catmur, C. & Heyes, C. (2013). Is it what you do, or when you do it? The roles of contingency and similarity in pro-social effects of imitation. *Cognitive Science, 37*(8), 1541-1552.

Chartrand, T. L. & Bargh, J. A. (1999). The chameleon effect: the perception-behavior link and social interaction. *Journal of personality and social psychology, 76*(6), 893-910.

Choudhury, T. & Pentland, A. (2002). *The Sociometer: A Wearable Device for Understanding Human Networks.* MIT Media Lab TR #554. (https://hd.media.mit.edu/tech-reports/TR-554.pdf).

Clutton-Brock, J. (1993). *Horse power: a history of the horse and the donkey in human societies.* Natural History Museum Publications.

Damasio, A. R., Tranel, D., & Damasio, H. C. (1991). Somatic markers and the guidance of behavior: Theory and preliminary testing. In H. S. Levin, H. M. Eisenberg, & A. L. Benton (*Eds.*), *Frontal lobe function and dysfunction* (pp.217-229). Oxford University Press.

Davis, S. & Mermelstein, P. (1980). Comparison of parametric representations for monosyllabic word recognition in continuously spoken sentences. *IEEE Transactions on Acoustics, Speech, and Signal Processing, 28*(4), 357-366. https://doi.org/10.1109/tassp.1980.1163420

Dehaene, S., Changeux, J. P., & Naccache, L. (2011). The Global Neuronal Workspace Model of Conscious Access: From Neuronal Architectures to Clinical Applications. *Characterizing consciousness: From cognition to the clinic*? (pp.55-84), Springer.

de Melo, C. M & Terada, K. (2020). The interplay of emotion expressions and strategy in promoting cooperation in the iterated prisoner's dilemma. *Scientific Reports, 10*(1), 1-8, 14959. https://doi.org/10.1038/s41598-020-71919-6.

de Melo, C. M., Terada, K. & Santos, F. C. (2021). Emotion expressions shape human social norms and reputations. *iScience, 24*(3). https://doi.org/10.1016/j.isci.2021.102141.

de Melo, C. M. & Terada, K. (2019). Cooperation with autonomous machines through culture and emotion, *PLOS ONE, 14*(11), e0224758. https://doi.org/10.1371/journal.pone.0224758.

Dennett, D. C. (1989). *The Intentional Stance.* The MIT Press.

Dunbar, R. I. M. (1998). The social brain hypothesis. *Evolutionary Anthropology, 6*(5), 178-190. https://doi.org/10.1002/(SICI)1520-6505(1998)6:5<178::AID-EVAN5>3.0.CO;2-8

Dunbar, R. I. M. (2010). *How Many Friends Does One Person Need?* Faber and Faber. (藤井 留美(訳) (2011). 友達の数は何人？. インターシフト)

Dunbar, R. I. M. (2021). *Friends: Understanding the Power of our Most Important Relationships.* Little, Brown. (吉嶺 英美(訳)(2021). なぜ私たちは友だちをつくるのか：進化心理学から考える人類にとって一番重要な関係. 青土社)

Ekman, P. (1971). *Universals and cultural differences in the judgements of facial expressions of emotion, in Nebraska Symposium on Motivation.* 207-283. https://doi.org/10.1037/0022-3514.53.4.712

Ekman, P. (1982). *Emotion in the Human Face.* Cambridge University Press. https://doi.org/10.1016/C2013-0-02458-9

Emery, N. J. & Clayton, N. S. (2004). The mentality of crows: convergent evolution of intelligence in corvids and apes. *Science, 306*(5703), 1903-1907. https://doi.org/10.1126/science.1098410

Elliott, R. J., Aggoun, L. & Moore, J. B. (1995). *Hidden Markov models: estimation and control.* Springer.

Ericsson, K. A. & Simon, H. A. (1993). *Protocol Analysis: Verbal Reports as Data.* The MIT Press.

https://doi.org/10.7551/mitpress/5657.001.0001

Estes, W. K. (1956). The Problem of Inference from Curves based on Group Data. *Psychological bulletin*, *53*(2), 134-140. https://doi.org/10.1037/h0045156

Estes, W. K. (2002). Traps in the Route to Models of Memory and Decision. *Psychonomic bulletin & review*, *9*(1), 3-25. https://doi.org/10.3758/bf03196254

Fant, G. (1970). *Acoustic Theory of Speech Production*. De Gruyter Mouton. https://doi.org/10.1515/9783110873429

Franklin S. (2011). Global Workspace Theory, Shanahan, and Lida. *International Journal of Machine Consciousness*, *3*(2), 1-11. https://doi.org/10.1142/S1793843011000728

Frey, C. B. & Osborne, M. A. (2017). The Future of Employment: How Susceptible Are Jobs to Computerisation? *Technological Forecasting and Social Change*, *114*, 254-280. https://doi.org/10.1016/j.techfore.2016.08.019

Frith, C. D. & Frith, U. (1999). Interacting Minds-A Biological Basis. *Science*, *286*(5445), 1692-1965. https://doi.org/10.1126/science.286.5445.1692

Gardner, R. A. & Gardner, B. T. (1969). Teaching Sign Language to a Chimpanzee: A standardized system of gestures provides a means of two-way communication with a chimpanzee. *Science*, *165*(3894), 664-672. https://doi.org/ 10.1126/science.165.3894.664

Gibson, J. J. & Pick, A. D. (1963). Perception of another person's looking behavior. *American Journal of Psychology*, *76*(3), 386-394. https://doi.org/10.2307/1419779

Gigerenzer, G., Todd, P. M. & ABC Research Group (1999). *Simple Heuristics that Make Us Smart*. Oxford University Press.

Glymour, M., Pearl, J., & Jewell, N. P. (2016). *Causal Inference in Statistics: A Primer*. John Wiley & Sons.

Goffman, E. (1981). *Forms of Talk*. University of Pennsylvania Press. https://doi.org/10.14959/soshioroji.29.1_127

Goffman, E. (1982). *Interaction Ritual: Essays on Face-to-Face Behavior*, Pantheon.

Goldstein, D. G., & Gigerenzer, G. (2002). Models of ecological rationality: The recognition heuristic. *Psychological Review*, *109*(1), 75-90. https://doi.org/10.1037/0033-295 X.109.1.75

Granger, C. W. (1969). Investigating Causal Relations by Econometric Models and Cross-Spectral Methods. *Econometrica: journal of the Econometric Society*, 424-438. https://doi.org/10.2307/1912791

Gratch, J. (2021). Affective Computing の研究分野：学際的視点，人工知能，*36*(1)，4-12. https://doi.org/10.11517/jjsai.36.1_4

Griffiths, T. L. & Tenenbaum, J. B. (2005). Structure and Strength in Causal Induction. *Cognitive Psychology*, *51*(4), 334-384. https://doi.org/10.1016/j.cogpsych.2005.05.004

Griffiths, T. L., Steyvers, M. & Tenenbaum, J. B. (2007). Topics in Semantic Representation. *Psychological Review*, *114*(2), 211-244. https://doi.org/10.1037/0033-295 X.114.2.211

Griffiths, T. L. & Tenenbaum, J. B. (2009). Theory-based Causal Induction. *Psychological Review*, *116*(4), 661-716. https://doi.org/10.1037/a0017201

Hagman, W., Andersson, D., Västfjäll, D. & Tinghög, G. (2015). Public Views on Policies Involving Nudges, *Review of Philosophy and Psychology*, *6*(3), 439-453.

Hall, E. T. (1966). *The hidden dimension*. Anchor Books.

Hare, B., Brown, M., Williamson, C. & Tomasello, M. (2002). The domestication of social cognition in dogs, *Science*, *298*(5598), 1634-1636. https://doi.org/10.1126/science.1072702

Heathcote, A., Brown, S. & Mewhort, D. J. K. (2000). The power law repealed: The case for an exponential law of practice. *Psychonomic Bulletin & Review*, *7*(2), 185-207. https://doi.org/10.3758/BF03212979

Heckerman, D., Meek, C. & Cooper, G. (2006). A Bayesian approach to causal discovery. *Innovations in*

Machine Learning, Springer. https://doi.org/10.1007/3-540-33486-6_1

Heider, F. & Simmel, M. (1944). An experimental study of apparent behavior. *American Journal of Psychology*, *57*(2), 243-259. https://doi.org/10.2307/1416950

Hélie, S. & Sun, R. (2010). Incubation, insight, and creative problem solving: A unified theory and a connectionist model. *Psychological Review*, *117*(3), 994-1024. https://doi.org/10.1037/a0019532

Hertwig, R., Herzog, S. M., Schooler, L. J., & Reimer, T. (2008). Fluency heuristic: A model of how the mind exploits a by-product of information retrieval. *Journal of Experimental Psychology: Learning, Memory, and Cognition*, *34*(5), 1191-1206. https://doi.org/10.1037/a0013025

Hochreiter, S., & Schmidhuber, J. (1997). Long Short-Term Memory. *Neural Computation*, *9*(8), 1735-1780. https://doi.org/10.1162/neco.1997.9.8.1735

Hoehl, S., Hellmer, K., Johansson, M. & Gredebäk, G. (2017). Itsy Bitsy Spider... : Infants React with Increased Arousal to Spiders and Snakes. *Frontiers in Psychology*, *8*, 1710. https://doi.org/10.3389/fpsyg.2017.01710

Honda, H., Abe, K., Matsuka, T. & Yamagishi, K. (2011). The role of familiarity in binary choice inferences. *Memory & Cognition*, *39*(5), 851-863. https://doi.org/10.3758/s13421-010-0057-9

Honda, H., Hisamatsu, R., Ohmoto, Y. & Ueda, K. (2016). Interaction in a Natural Environment: Estimation of Customer's Preference Based on Nonverbal Behaviors. *Proceedings of the Fourth International Conference on Human Agent Interaction*, 93-96. https://doi.org/10.1145/2974804.2980512

Honda, H., Matsuka, T., & Ueda, K. (2017). Memory-based simple heuristics as attribute substitution: Competitive tests of binary choice inference models. *Cognitive Science*, *41*(S5), 1093-1118. https://doi.org/10.1111/cogs.12395

Hori, Y., Kishi, H., Inoue-Murayama, M., & Fujita, K. (2011). Individual variability in response to human facial expression among dogs. *Journal of Veterinary Behavior: Clinical Applications and Research*, *1*(6), 70. https://doi.org/10.1016/j.jveb.2010.09.032

Hyvärinen, A., Zhang, K., Shimizu, S. & Hoyer, P. O. (2010). Estimation of a structural vector autoregression model using non-gaussianity. *Journal of Machine Learning Research*, *11*(5), 1709-1731.

Ichikawa, J., Fujii, K., Nagai, T., Omori, T. & Oka, N. (2021). Quantitative analysis of spontaneous sociality in children's group behavior during nursery activity. *PLOS ONE*, *16*(2), e0246041. https://doi.org/10.1371/journal.pone.0246041

Imayoshi, A., Munekata, N. & Ono, T. (2013). Robots that Can Feel the Mood: Context-Aware Behaviors in Accordance with the Activity of Communications. *Proceedings of the 8th ACM/IEEE International Conference on Human-Robot Interaction* (HRI2013), 143-144. https://doi.org/10.1109/hri.2013.6483542

Ito, Y., Watanabe, A., Takagi, S., Arahori, M. & Saito, A. (2016). Cats beg for food from the human who looks at and calls to them: ability to understand humans' attentional states. *Psychologia*, *59* (2-3), 112-120. https://doi.org/10.2117/psysoc.2016.112

Jack, R. E., Garrod, O. G. B., Yu, H., Caldara, R. & Schyns, P. G. (2012). Facial expressions of emotion are not culturally universal. *Proceedings of the National Academy of Sciences*, *109*(19), 7241-7244. https://doi.org/10.1073/pnas.1200155109

Johansson, P., Hall, L., Sikström, S. & Olsson, A. (2005). Failure to detect mismatches between intention and outcome in a simple decision task. *Science*, *310*(5745), 116-119. https://doi.org/10.1126/science.1111709

Kahneman, D. (2012). *Thinking, Fast and Slow*. Penguin Books. (村井 章子(訳)(2012). ファスト＆スロー　あなたの意思はどのように決まるか？早川書房)

Kalainathan, D., Goudet, O., Guyon, I., Lopez-Paz, D. & Sebag, M. (2018). Structural agnostic modeling: Adversarial learning of causal graphs. *arXiv preprint arXiv:1803.04929*. https://doi.org/10.48550/arXiv.1803.04929

Kalman, R. E., & Bucy, R. S. (1961). New results in linear filtering and prediction theory. *Journal of Basic Engineering, 83*, 95-108. https://doi.org/10.1115/1.3658902

Kendon, A. (2004). *GESTURE-Visible Action as Utterance-*. Cambridge University Press. https://doi.org/10.1017/CBO9780511807572

Kim, T., Ahn, S. & Bengio, Y. (2019). Variational temporal abstraction. *Advances in Neural Information Processing Systems, 32*.

Komatsu, T., Utsunomiya, A., Suzuki, K., Ueda, K., Hiraki, K. & Oka, N. (2005). Experiments toward a mutual adaptive speech interface that adopts the cognitive features humans use for communication and induces and exploits users' adaptations. *International Journal of Human-Computer Interaction, 18*(3), 243-268. https://doi.org/10.1207/s15327590ijhc1803_1

Kurzweil, R. (2005). *The Singularity Is Near: When Humans Transcend Biology*. Penguin Books. (井上 健 (監訳) (2016). シンギュラリティは近い−人類が生命を超越するとき, NHK出版)

Langville, A. N. & Meyer, C. D. (2006). *Google's PageRank and Beyond*. Princeton University Press. https://doi.org/10.1515/9781400830329

Lee, J., Lee, M., Byeon, Y., Lee, W. & Kwak, K. (2016). Classification on horse gaits using FCM-Based Neuro-Fuzzy classifier from the transformed data information of inertial sensor. *Sensors, 16*(5), 664. https://doi.org/10.3390/s16050664

Li, G., Hashimoto, T., Konno, T., Okuda, J., Samejima, K., Fujiwara, M., & Morita, J. (2019). The mirroring of symbols: An EEG study on the role of mirroring in the formation of symbolic communication systems. *Letters on Evolutionary Behavioral Science, 10*(2), 7-10. https://doi.org/10.5178/lebs.2019.70

Liu, W., Anguelov, D., Erhan, D., Szegedy, C., Reed, S., Fu, C. Y., & Berg, A. C. (2016). SSD: Single Shot Multibox Detector. *Proceedings of the European Conference on Computer Vision* (ECCV2016), 21-37. https://doi.org/10.48550/arXiv.1512.02325

Masuda, T., Ellsworth, P. C., Mesquita, B., Leu, J., Tanida, S. & Van de Veerdonk, E. (2008). Placing the face in context: cultural differences in the perception of facial emotion. *Journal of Personality & Social Psychology, 94*(3), 365-381. https://doi.org/10.1037/0022-3514.94.3.365

Matsui, T. & Yamada, S. (2019). Designing Trustworthy Product Recommendation Virtual Agents Operating Positive Emotion and Having Copious Amount of Knowledge. *Frontiers in Psychology, 10*, 675. https://doi.org/ 10.3389/fpsyg.2019.00675

McGreevy, P. D. (2006). The advent of equitation science. *The Veterinary Journal, 174*(3), 492-500. https://doi.org/10.1016/j.tvjl.2006.09.008

McKinley, J. & Sambrook, T. D. (2000). Use of human-given cues by domestic dogs (*Canis familiaris*) and horses (*Equus caballus*). *Animal Cognition, 3*(1), 13-22.

McNeill, D. (1992). *Hand and mind*. University of Chicago Press. https://doi.org/10.2307/1576015

Mehrabian, A. (1968). Communication without words. *Psychological Today, 2*, 53-55.

Mehrabian, A. (1972). *Silent Messages: Implicit Communication of Emotions and Attitudes*. Wadsworth Publishing Company.

Merola, I., Lazzaroni, M., Marshall-Pescini, S. & Prato-Previde, E. (2015). Social referencing and cat-human communication, *Animal cognition, 18*(3), 639-648. https://doi.org/ 10.1007/s10071-014-0832-2

Michotte, A. (1962). *The perception of causality*. Methuen.

Miklósi, Á., Pongrácz, P., Lakatos, G., Topál, J. & Csányi, V. (2005). A comparative study of the use of visual communicative signals in interactions between dogs (*Canis familiaris*) and humans and cats (*Felis catus*) and humans. *Journal of comparative psychology, 119*(2), 179-186. https://doi.org/10.1037/0735-7036.119.2.179

Mochihashi, D., Yamada, T. & Ueda, N. (2009). Bayesian Unsupervised Word Segmentation with Nested Pitman-Yor Language Modeling. *Proceedings of the Joint Conference of the 47th Annual Meeting of the ACL and the 4th International Joint Conference on Natural Language Processing of the AFNLP*, 100-108.

Morgan, C. L. (1894). *An introduction to comparative psychology*. The Walter Scott Publishing Co.. https://doi.org/10.1037/11344-000

Morgan, M. H. (1993). *Xenophon: The Art of Horsemanship*. JA Allen and Company Limited. https://doi.org/10.4159/DLCL.xenophon_athens-art_horsemanship.1925

Morris, D., Collett, P. Marsh, P. & O'Shauhnessy, M. (1979). *Gestures: their origins and distribution*. Stein and Day.

Müller, C. A., Schmitt, K., Barber, A. L. & Huber, L. (2015). Dogs can discriminate emotional expressions of human faces. *Current Biology, 25*(5), 601-605. https://doi.org/10.1016/j.cub.2014.12.055

Nagai, T. (2017). Analysis of Children's Motion in Eurhythmics. *Proceedings of SISA2017*.

Nagano, M., Nakamura, T., Nagai, T., Mochihashi, D., Kobayashi, I. & Takano, W. (2019). HVGH: Unsupervised Segmentation for High-Dimensional Time Series Using Deep Neural Compression and Statistical Generative Model. *Frontiers in Robotics and AI, 115*.

Nagasawa, M., Murai, K., Mogi, K. & Kikusui, T. (2011). Dogs can discriminate human smiling faces from blank expressions. *Animal Cognition, 14*(4), 525-533. https://doi.org/10.1007/s10071-011-0386-5

Nagasawa, M., Mitsui, S., En, S., Ohtani, N., Ohta, M., Sakuma, Y., Onaka, T., Mogi, K. & Kikusui, T. (2015). Oxytocin-gaze positive loop and the coevolution of human-dog bonds. *Science, 348*(6232), 333-336.

Nakamura, T., Nagai, T., Mochihashi, D., Kobayashi, I., Asoh, H., & Kaneko, M. (2017). Segmenting continuous motions with hidden semi-markov models and gaussian processes. *Frontiers in Neurorobotics, 11*, 67. https://doi.org/10.3389/fnbot.2017.00067

Newcombe, M. J. & Ashkanasy, N. M. (2002). The role of affect and affective congruence in perceptions of leaders: an experimental study. *The Leadership Quarterly, 13*(5), 601-614. https://psycnet.apa.org/doi/10.1016/S1048-9843(02)00146-7

Newell A. & Simon, H. A. (1972). *Human Problem Solving*. Prentice-Hall.

Nickerson, R. S. (1998). Confirmation bias: A ubiquitous phenomenon in many guises. *Review of General psychology, 2*(2), 175-220. https://doi.org/10.1037/1089-2680.2.2.175

Nisbett, R. E. & Wilson, T. D. (1977). Telling more than we can know: verbal reports on mental processes. *Psychological Review, 84*(3), 231-259. https://doi.org/10.1037/0033-295X.84.3.231

Noll, A. M. (1967). Cepstrum pitch determination. *Journal of the Acoustical Society of America, 41*(2), 293-309. https://doi.org/10.1121/1.1910339

Norman, D. A. (1998). *The Invisible Computer*. MIT Press. (岡本 明・安村 通晃・伊賀 聡一郎 (訳) (2000). パソコンを隠せ,アナログ発想でいこう, 新曜社).

Ohkita, M. & Jitsumori, M. (2012). Pigeons show efficient visual search by category: Effects of typicality and practice. *Vision Research, 72*, 63-73.

Ohkita, M. Nishiyama, K., Mano, H., Murai, C., Takagi, T., Kubo, T., Ikeda, K., Sawa, K. & Samejima, K. (2016). Horse gaits classification using the Infinite Gaussian Mixture Model and stability analysis. *International Journal of Psychology, 51*, 263-264.

Ohkita, M., Kamijo, M., Otaki, S., Samejima, K. & Sawa, K. (2018). What factors influence sense of operation agency in the interaction between humans and horses (*Equus caballus*)? *The Japanese Journal of Animal Psychology, 69*, 189.

Ohmoto, Y., Takeda, H. & Nishida, T. (2018). Improving Context Understanding Using Avatar's Affective Expressions Reflecting Operator's Mental States. *10th International Conference on Virtual Worlds and Games for Serious Applications (VS-Games)*, 1-4. https://doi.org/10.1109/VS-Games.2018.8493429

Onnela, J. P., Waber, B., Pentland, A., Schnorf, S. & Laser, D. (2014). Using sociometers to quantify social interaction patterns. *Scientific Reports*, *4*, 5604. https://doi.org/10.1038/srep05604

Ono, T., Ichijo, T., & Munekata, N. (2016). Emergence of Joint Attention between Two Robots and Human using Communication Activity Caused by Synchronous Behaviors. *Proceedings of IEEE RO-MAN2016*, 1187–1190.

Open Science Collaboration. (2015). Estimating the reproducibility of psychological science. *Science, 349* (6251), aac4716. https://doi.org/10.1126/science.aac4716

Oppenheim, A. & Schafer, R. (1968). Homomorphic Analysis of Speech, *IEEE Transactions of Audio and Electroacoustics, AU-16*(2), 221–226. https://doi.org/10.1109/tau.1968.1161965

O'Reilly, R. C., Hazy, T. E. & Herd, S. A. (2017). The Leabra Cognitive Architecture: How to Play 20 Principles with Nature and Win!. In Chipman, S. E. F. (*Ed.*) *The Oxford Handbook of Cognitive Science* (pp. 91–115). Oxford University Press.

Outram, A. K., Stear, N. A., Bendrey, R., Olsen, S., Kasparov, A., Zaibert, V., Thorpe, N. & Evershed, R. P. (2009). The earliest horse harnessing and milking. *Science, 323*(5919), 1332–1335. https://doi.org/10.1126/science.1168594. PMID: 19265018.

Pearl, J. & Mackenzie, D. (2018). *The Book of Why: the New Science of Cause and Effect*. Basic books.

Pentland, A. (2008). *Honest signals: how they shape our world*. The MIT Press. https://doi.org/10.7551/mitpress/8022.001.0001(ペントランド, A.（著）・柴田 裕之（訳）・安西 祐一郎（監訳） (2013). 正直シグナル−非言語的コミュニケーションの科学, みすず書房.)

Pfeifer, R. & Scheier, C. (1999). *Understanding Intelligence*. The MIT Press.（ファイファー, R., シャイアー,C. 石黒 章夫・小林 宏・細田 耕（監訳）(2001). 知の創成−身体性認知科学への招待−, 共立出版）

Prato-Previde, E., Marshall-Pescini, S. & Valsecchi, P. (2008). Is your choice my choice? The owners' effect on pet dogs'(*Canis lupus familiaris*) performance in a food choice task. *Animal Cognition, 11* (1), 167–174. https://doi.org/10.1007/s10071-007-0102-7

Premack, D. & Woodruff, G. (1978). Does the chimpanzee have a theory of mind? *Behavioral and Brain Sciences, 1*(4), 515–526. https://doi.org/10.1017/S0140525X00076512

Premack, D. & Premack, A. (2003). *Original intelligence: Unlocking the mystery of who we are*. McGraw-Hill.

Proops, L. & McComb, K. (2010). Attributing attention: the use of human-given cues by domestic horses (*Equus caballus*). *Animal Cognition, 13*(2), 197–205.

Proops, L., Walton, M. & McComb, K. (2010). The use of human-given cues by domestic horses *Equus caballus*, during an object choice task. *Animal Behaviour, 79*(6), 1205–1209.

Quaranta, A., d'Ingeo, S., Amoruso, R., & Siniscalchi, M. (2020). Emotion recognition in cats. *Animals, 10*(7), 1107. https://doi.org/10.3390/ani10071107

Rabiner, L. (1977). On the use of autocorrelation analysis for pitch detection. *IEEE Transactions of Acoustics, Speech, and Signal Processing, 25*, 23–24. https://doi.org/10.1109/tassp.1977.1162905

Reeves, B. & Nass, C. (1996). *The Media Equation: How People Treat Computers, Television, and New Media Like Real People and Places*. Cambridge University Press. (細馬 宏通（訳）(2001). 人はなぜコンピューターを人間として扱うか−「メディアの等式」の心理学, 翔泳社)

Richards, D. G. Wolz, J. P. & Herman, L. M. (1984). Vocal mimicry of computer-generated sounds and vocal labeling of objects by a bottlenosed dolphin, Tursiops truncatus. *Journal of Comparative Psychology, 98*(1), 10–28. https://doi.org/10.1037/0735-7036.98.1.10

Rieger, G. & Turner, D. C. (1999). How depressive moods affect the behavior of singly living persons toward their cats. *Anthrozoös, 12*(4), 224–233. https://doi.org/10.2752/089279399787000066

Ritter, F. E., Tehranchi, F. & Oury, J. D. (2018). ACT-R: A cognitive architecture for modeling cognition. *Wiley Interdisciplinary Reviews: Cognitive Science, 10*(4), e1488, 1–19. https://doi.org/10.1002/

wcs.1488

Rizzolatti, G., Fadiga, L., Gallese, V. & Fogassi, L. (1996). Premotor cortex and the recognition of motor actions. *Cognitive Brain Research*, *3*(2), 131-141. https://doi.org/10.1016/0926-6410(95)00038-0

Rizzolatti, G. & Craighero, L. (2004). The mirror-neuron system. *Annual Review of Neuroscience*, *27*, 169-192. https://doi.org/10.1146/annurev.neuro.27.070203.144230

Rumbaugh, D. M., Gill, T. V., Brown, J. V, von Glasersfeld, E. C., Pisani, P., Warner, H. & Bell, C. L. (1973). A computer-controlled language training system for investigating the language skills of young apes. *Behavior Research Methods & Instrumentation*, *5*, 385-392. https://doi.org/ 10.3758/BF03200213

Rumelhart, D. E., Hinton, G. E. & Williams, R. J. (1986). Learning representations by back-propagating errors. *Nature*, *323*(6088), 533-536. https://doi.org/10.1038/323533a0

Russell, S. & Norvig, P. (2003). *Artificial Intelligence: A Modern Approach (2nd Edition)*. Prentice Hall. (古川 康一(訳)(2008). エージェントアプローチ人工知能 第2版, 共立出版)

Sakamoto, T., Sudo, A. & Takeuchi, Y. (2021). Investigation of Model for Initial Phase of Communication: Analysis of Humans Interaction by Robot. *ACM Transactions on Human-Robot Interaction* (THRI), *10*(2), 1-27. https://doi.org/10.1145/3439719

Samejima, K., Ueda, Y., Doya, K. & Kimura, M. (2005). Representation of action-specific reward values in the striatum. *Science*, *310*(5752), 1337-1340. https://doi.org/10.1126/science.1115270

Sano, T., Horii, T., Abe, K. & Nagai, T. (2021). Temperament estimation of toddlers from child-robot interaction with explainable artificial intelligence. *Advanced Robotics*, *35*(17), 1068-1077, https://doi.org/ 10.1080/01691864.2021.1955001

Schreiber, T. (2000). Measuring information transfer. *Physical Review Letters*, *85*(2), 461-464. https://doi.org/10.1103/PhysRevLett.85.461

Shamay-Tsoory, S. G., Aharon-Peretz, J. & Perry, D. (2009). Two systems for empathy: a double dissociation between emotional and cognitive empathy in inferior frontal gyrus versus ventromedial prefrontal lesions. *Brain*, *132*(3), 617-627. https://doi.org/10.1093/brain/awn279

Shehata, M., Cheng, M., Leung, A., Tsuchiya, N., Wu, D., Tseng, C., Nakauchi, S. & Shimojo, S. (2020). Team flow is a unique brain state associated with enhanced information integration and neural synchrony. *bioRxiv*. https://doi.org/10.1101/2020.06.17.157990

Shoji, H. & Hori, K. (2001). Chance discovery by creative communicators observed in real shopping behavior. In Terano, T., Nishida, T., Namatame, A., Tsumoto, S., Ohsawa, Y. & Washio, T. (*Eds.*) *New Frontiers in Artificial Intelligence*, Springer.

Shultz, S., Nelson, E. & Dunbar, R. I. M. (2012). Hominin cognitive evolution: identifying patterns and processes in the fossil and archaeological record. *Philosophical Transactions of The Royal Society B Biological Sciences*, *367*(1599), 2130-2140. https://doi.org/10.1098/rstb.2012.0115

Shimizu, S., Hoyer, P. O., Hyvärinen, A., Kerminen, A. & Jordan, M. (2006). A Linear Non-Gaussian Acyclic Model for Causal Discovery. *Journal of Machine Learning Research*, *7*(10), 2003-2030.

Sloman, S. & Fernbach, P. (2017). *Knowledge Illusion: Why we never think alone*. Riverhead Books. (土方 奈美 (訳)(2018). 知っているつもり－無知の科学, 早川書房)

Smith, A. V., Proops, L., Grounds, K., Wathan, J. & McComb, K. (2016). Functionally relevant responses to human facial expressions of emotion in the domestic horse (*Equus caballus*). *Biology Letters*, *12*(2), 20150907. https://doi.org/10.1098/rsbl.2015.0907

Stanovich, K. E. & West, R. F. (2000). Individual differences in reasoning: Implications for the rationality debate? *Behavioral and Brain Sciences*, *23*(5), 645-665. https://doi.org/10.1017/S0140525X00003435

Stevens, S. S. (1946). On the theory of scales of measurement. *Science*, *103*(2684), 677-680. https://doi.org/10.1126/science.103.2684.677

Stoltzman, W. T. (2006). *Toward a social signaling framework: Activity and emphasis in speech*. Doctoral dissertation, Massachusetts Institute of Technology.

Sutton, R. S. & Barto, A. G. (1998). *Reinforcement Learning: An Introduction* (2nd ed.). The MIT Press. (三上 貞芳・皆川 雅章 (訳) (2000). 強化学習，森北出版)

Svetieva, E. & Frank, G. M. (2016). Empathy, emotion dysregulation, and enhanced microexpression recognition ability. *Motivation and Emotion*, 40(2), 309-320. https://doi.org/10.1007/s11031-015-9528-4

Takagi, H & Terada, K. (2021). The effect of anime character's facial expressions and eye blinking on donation behavior. *Scientific Reports*, 11(1), 9146. https://doi.org/10.1038/s41598-021-87827-2

Takahashi, K., Oishi, T. & Shimada, M. (2017). Is ☺ Smiling? Cross-Cultural Study on Recognition of Emoticon's Emotion. *Journal of Cross-Cultural Psychology*, 48(10), 1578-1586. https://doi.org/10.1177/0022022117734372

Takahashi, Y., Kayukawa, Y., Terada, K. & Inoue, H. (2021). Emotional Expressions of Real Humanoid Robots and Their Influence on Human Decision-Making in a Finite Iterated Prisoner's Dilemma Game. *International Journal of Social Robotics*, 13(7), 1777-1786 https://doi.org/10.1007/s12369-021-00758-w

Terada, K., Yamada, S. & Ito, A. (2013). An Experimental Investigation of Adaptive Algorithm Understanding. *Proceedings of the 35th annual meeting of the Cognitive Science Society* (CogSci2013), 1438-1443.

Terada, K., Yamada, S., & Takahashi, K. (2016). A Leader-Follower Relation between a Human and an Agent. *Proceedings of the 4th International Conference on Human-Agent Interaction* (HAI2016), 277-280.

Terada, K. & Takeuchi, C. (2017). Emotional Expression in Simple Line Drawings of a Robot's Face Leads to Higher Offers in the Ultimatum Game. *Frontier in Psychology*, 8, 724. https://doi.org/10.3389/fpsyg.2017.00724

Terada, K. & Yamada, S. (2017). Mind-Reading and Behavior-Reading against Agents with and without Anthropomorphic Features in a Competitive Situation. *Frontier in Psychology*, 8, 1071. https://doi.org/10.3389/fpsyg.2017.01071.

Thaler, R. H. & Sustein, C. R. (2008). *Nudge: Improving Decisions About Health, Wealth, and Happiness*. Yale University Press.

Thompson, R., Kyriazakis, I., Holden, A., Olivier, P. & Plötz, T. (2015). Dancing with horses: automated quality feedback for dressage riders. *Proceedings of the 2015 ACM International Joint Conference on Pervasive and Ubiquitous Computing*, 325-336.

Trivers, R. L. (1971). The Evolution of Reciprocal Altruism. *The Quarterly Review of Biology*, 46(1), 35-57.

Tobii Technology 社の HP：https://www.tobiipro.com/ja/service-support/learning-center/eye-tracking-essentials/how- do-tobii-eye-trackers-work/

Toichi, M., Sugiura, T., Murai, T. & Sengoku, A. (1997). A New Method of Assessing Cardiac Autonomic Function and its Comparison with Spectral Analysis and Coefficient of Variation of R.R Interval. *Journal of the Autonomic Nervous System*, 62(1-2), 79-84. https://doi.org/10.1016/S0165-1838(96)00112-9

Tomasello, M. & Carpenter, M. (2007). Shared intentionality. *Development Science*, 10(1), 121-125. https://doi.org/10.1111/j.1467-7687.2007.00573.x

Tomasello, M. (2010). *Origins of Human Communication*. The MIT Press. https://doi.org/10.1111/j.1468-0017.2009.01388.x

Tononi, G. (2004). An Information integration theory of consciousness. *BMC Neuroscience*, 5(1), 42. https://doi.org/10.1186/1471-2202-5-42

Turner, D. C. & Rieger, G. (2001). Singly living people and their cats: a study of human mood and subsequent behavior. *Anthrozoös, 14*(1), 38-46. https://doi.org/10.2752/089279301786999652

Tversky, A. & Kahneman, D. (1973). Availability: A heuristic for judging frequency and probability. *Cognitive Psychology, 5*(2), 207-232. https://doi.org/10.1016/0010-0285(73)90033-9

Vacharkulksemsuk, T. & Fredrickson, B. L. (2012). Strangers in sync: Achieving embodied rapport through shared movements. *Journal of Experimental Social Psychology, 48*(1), 399-402.

Vallortigara, G. & Rogers, L. J. (2005). Survival with an asymmetrical brain: advantages and disadvantages of cerebral lateralization. *Behavioral and Brain Sciences, 28*, 575-588.

Vaswani, A., Shazeer, N., Parmar, N., Uszkoreit, J., Jones, L., Gomez, A. N., Kaiser, Ł. & Polosukhin, I. (2017). Attention is All you Need. *Advances in Neural Information Processing Systems, 30*.

Wason, P. C. (1968). Reasoning about a rule. *Quarterly Journal of Experimental Psychology, 20*(3), 273-281. https://doi.org/10.1080/14640746808400161

Wearable Devices 社 (2019). 意図した動作だけを検知するジェスチャー UI 搭載の新しいウェアラブル・デバイス. https://wirelesswire.jp/2019/04/70260/

Wiltermuth, S. S. & Heath, C. (2009). Synchrony and cooperation. *Psychological Science, 20*(1), 1-5.

Wimmer, H. & Perner, J. (1983). Beliefs about beliefs: Representation and constraining function of wrong beliefs in young children's understanding of deception. *Cognition, 13*(1), 103-128. https://doi.org/10.1016/0010-0277(83)90004-5

Wise, J. (2020). What Really Happened Aboard Air France 447. *Popular Mechanics.* https://www.popularmechanics.com/flight/a3115/what-really-happened-aboard-air-france-447-6611877/

Yoshida, W., Dolan, R. J. & Friston, K. J. (2008). Game theory of mind. *PLOS Computational Biology, 4* (12), e1000254. https://doi.org/10.1371/journal.pcbi.1000254

Yu, L., Song, J. & Ermon, S. (2019). Multi-Agent Adversarial Inverse Reinforcement Learning, *Proceedings of the 36th International Conference on Machine Learning,* (PMLR), *97*, 7194-7201. https://doi.org/10.48550/arXiv.1907.13220

Yu, S. Z. (2010). Hidden semi-Markov models. *Artificial Intelligence, 174*(2), 215-243. https://doi.org/10.1016/j.artint.2009.11.011

Yu, Y., Chen, J., Gao, T. & Yu, M. (2019). DAG-GNN: DAG structure learning with graph neural networks. *Proceedings of the 36th International Conference on Machine Learning* (PMLR97), 7154-7163.

青山 真人・山崎 真・杉田 昭栄・楠 瀬良 (2001). ウマの情動をその表情から推察するアンケート調査, 日本畜産学会報, *72*(8), 256-265.

池上 高志 (2007). 動きが生命をつくる−生命と意識への構成論的アプローチ, 青土社.

生月 誠・田上不二夫 (2003). 視線恐怖の治療メカニズム. 教育心理学研究, *51*(4), 425-430. https://doi.org/10.5926/jjep1953.51.4_425

石黒 浩・神田崇行・宮下敬宏・人工知能学会 (編) (2005). 知の科学 コミュニケーションロボット−人と関わるロボットを開発するための技術, オーム社.

今井 倫太・小野 哲雄・篠沢 一彦・大澤 博隆・飯塚 博幸・硯川 潤 (2016). 人の適応性を支える環境知能システムの構築 (〈特集〉認知的インタラクションデザイン学), 人工知能, *31*(1), 43-49.

今井 倫太 (2018). インタラクションの認知科学 (「認知科学のススメ」シリーズ), 新曜社.

岩崎 学 (2015). 統計的因果推論, 朝倉書店.

植田 一博・小野 哲雄・今井 倫太・長井 隆行・竹内 勇剛・鮫島 和行・大本 義正 (2016). 意思疎通のモデル論的理解と人工物設計への応用. 人工知能, *31*(1), 3-10.

植田 一博 (2017). 『認知的インタラクションデザイン学』の展望：時間的な要素を組み込んだインタラクション・モデルの構築を目指して. 認知科学, *24*(2), 220-233. https://doi.org/10.11225/jcss.24.220

植田 一博 (2019). 会長就任のご挨拶：認知科学研究の質を高めることに向けて. 認知科学, *26*(1), 3-5. https://doi.org/10.11225/jcss.26.3

薄井 智貴・坂 匠・山本 俊行(2016). ウェアラブルメガネを用いた視線方向の推定に関する一考察. マルチメディア, 分散・協調とモバイル(DICOMO2016)シンポジウム.

内村 直之・植田 一博・今井 むつみ・川合 伸幸・嶋田 総太郎・橋田 浩一(2016). はじめての認知科学, 新曜社.

エクマン, P., フリーセン, F. V., 工藤 力(訳)(1987). 表情分析入門：表情に隠された意味をさぐる, 誠信書房.

エクマン, P., 工藤 力(訳)(1992). 暴かれる嘘−虚偽を見破る対人学, 誠信書房.

江崎 貴裕(2020). データ分析のための数理モデル入門−本質をとらえた分析のために, 紀伊国屋書店.

大北 碧・二瓶 正登・西山 慶太・澤 幸祐(2018), ヒト−ウマインタラクションにおける「人馬一体」感とは何か？. 認知科学, *25*(4), 392-410.

大森 隆司・奥谷 一陽(2013). 他者の認識の推定に基づく知的インタラクションの試み. 人工知能学会2013大会予稿集, 2F4-OS-04-4.

大塚 朔甫・阿部 香澄・アッタミミ ムハンマド・中村 友昭・長井 隆行・早川 博章・深田 智・岡 夏樹・潮木 玲奈・岩田 恵子・大森 隆司(2015). リトミックの場の計測と解析−摸倣関係に見る社会性の発達−. HAIシンポジウム2015, *P-29*, 225-230.

岡谷 貴之(2015). 深層学習, 講談社.

小川 雄太郎(2020). 作りながら学ぶ！Pythonによる因果分析−因果推論・因果探索の実践入門, マイナビ出版.

奥山 文雄(1991). 角膜反射による眼球運動の測定, *Vision*, *3*(2), 81-88. https://doi.org/10.24636/vision.3.2_81

沖本 竜義(2010). 経済・ファイナンスデータの計量時系列分析, 朝倉書店.

海保 博之・原田 悦子(編)(1993). プロトコル分析入門, 新曜社.

片平 健太郎(2018). 行動データの計算論モデリング−強化学習モデルを例として, オーム社.

ガーフィンケル, H.・ポルナー, M.・サックス, H.・スミス, D. E.・ウェイダー, D. L.(著), 山田 富秋・好井 裕明・山崎 敬一(編訳)(2008). エスノメソドロジー−社会学的思考の解体−, せりか書房(初版, 1987). https://doi.org/10.14890/minkennewseries.54.2_227

川合 伸幸(2016). コワイの認知科学, 新曜社.

川添 紗奈・宮田 真宏・大森 隆司(2021). ゲーム場面における行動予測のための他者モデル推定法の提案. HAIシンポジウム2021, *G-19*.

河原 英樹(2011). 音声分析合成技術の動向. 音響学会誌, *67*(1), 40-45. https://doi.org/10.20697/jasj.67.1_40

喜多 壮太郎(2000). ひとはなぜジェスチャーをするのか. 認知科学, *7*(1), 9-21. https://doi.org/10.11225/jcss.7.9

喜多 壮太郎(2002). ジェスチャー 考えるからだ, 金子書房.

釘原 直樹(2011). グループ・ダイナミックス−集団と群集の心理学−, 有斐閣.

久保 拓弥(2012). データ解析のための統計モデリング入門−一般化線形モデル・階層ベイズモデル・MCMC, 岩波書店.

小西 正泰(1993). 虫の博物誌, 朝日新聞社.

小松 孝徳・鈴木 健太郎・植田 一博・開 一夫・岡 夏樹(2003). パラ言語情報を利用した相互適応的な意味獲得プロセスの実験的分析. 認知科学, *10*(1), 121-138. https://doi.org/10.11225/jcss.10.121

小松 孝徳・山田 誠二・小林 一樹・船越 孝太郎・中野 幹生(2010). Artificial Subtle Expression: エージェントの内部状態を直感的に伝達する手法の提案. 人工知能学会誌, *25*(6), 733-741.

榊原 健一・河原 英紀・水町 光徳(2020). 利用価値の高い音声データの録音手順. 日本音響学会誌, *76*(6), 343-350. https://doi.org/10.20697/jasj.76.6_343

サーサス, G.・ガーフィンケル, H.・サックス, H.・シェグロフ, E.(著), 北澤 裕・西坂 仰(訳)(2004). 日常性の解剖学−知と会話−, マルジュ社(初版, 1997).

佐藤 隆夫(2011). モナリザの視線, 特集絵画をめぐる心理学. 心理学ワールド, *54*号, 17-20.

鮫島 和行・大北 碧・西山 慶太・瀧本 彩加・神代 真里・村井 千寿子・澤 幸祐(2016). 人-動物間における社会的シグナル(〈特集〉認知的インタラクションデザイン学), 人工知能. *31*(1), 27-34.

瀧本 彩加・堀裕 亮・藤田 和生(2011). ウマにおける認知研究の現状と展望. 動物心理学研究, *61*(2), 141-153. 説馬と人の文化史, 桜井 清彦・清水 雄次郎(共同編集), 東洋書林. https://doi.org/10.2502/janip.61.2.2

椎尾 一郎(2010). ヒューマンコンピュータインタラクション入門, サイエンス社.

鳴原 宏明・アッタ ミミムハンマド・阿部 香澄・長井 隆行・大森 隆司・岡 夏樹(2014). 確率モデルに基づく他者モデル相互適応のモデル化. HAI シンポジウム 2014 予稿集, 129-135.

篠原 一光(2005)ヒューマンインターフェース研究のための心理学実験の基礎. ヒューマンインターフェース学会 Summer Seminar 資料, 1-17.

渋谷 渚・グリーンバーグ陽子・匂坂芳典(2005). 基本周波数特性に基づく一語発話「ん」の分類について. 音講論(秋), 233-234, 2005.

嶋田 総太郎(2019). 脳のなかの自己と他者-身体性・社会性の認知脳科学と哲学-, 共立出版.

清水 昌平(2017). 統計的因果探索, 講談社.

人工知能学会 監修(2016). 人工知能とは, 近代科学社

鈴木 英男(1999). マイクロホンを使うにあたって注意すべきこと. 日本音響学会誌, *55*(5), 377-381. https://doi.org/10.20697/jasj.55.5_377

高橋 英之・宮﨑 美智子(2011). 自己・他者・物理的対象に対して構えを変える脳内メカニズムと自閉症スペクトラム障害におけるその特異性. 心理学評論, *54*(1), 6-24. https://doi.org/10.24602/sjpr.54.1_6

竹居 正登(2020). 入門 確率過程, 森北出版.

坪井 祐太・海野 裕也・鈴木 潤(2017). 深層学習による自然言語処理, 講談社.

寺田 和憲・山田 誠二(2019). 適応アルゴリズム理解における認知バイアスの実験的検討. 人工知能学会論文誌, *34*(4), A-172_1-9. https://doi.org/10.1527/tjsai.A-I72

寺田 和憲・山田 誠二・小松 孝徳・小林 一樹・船越 孝太郎・中野 幹生・伊藤 昭(2013). 移動ロボットによる Artificial Subtle Expressions を用いた確信度表出. 人工知能学会論文誌, *28*(3), 311-319.

寺田 和憲・山田 誠二(2019). 適応アルゴリズム理解における認知バイアスの実験的検討. 人工知能学会論文誌, *34*(4), A-172_1-9.

戸田 正直(1992). 感情-人間を動かしている適応プログラム-, 東京大学出版会.

トマセロ, M. (2006), 大堀 壽夫・中澤 恒子・西村 義樹・本多 啓(訳). 心とことばの起源を探る(シリーズ 認知と文化 4), 勁草書房.

友永 雅己・三浦 麻子・針生 悦子. (2016). 心理学の再現可能性:我々はどこから来たのか我々は何者か 我々はどこへ行くのか-特集号の刊行に寄せて-. 心理学評論, *59*(1), 1-2. https://doi.org/10.24602/sjpr.59.1_1

友野 典男(2006). 行動経済学-経済は「感情」で動いている-, 光文社.

内閣府(2018). Society 5.0, https://www8.cao.go.jp/cstp/society5_0/

長井 隆行・中村 友昭・岡 夏樹・大森 隆司(2016). 子供-大人インタラクションの認知科学的分析とモデル化. 人工知能学会誌, *31*(1), 19-26. https://doi.org/10.11517/jjsai.31.1_19

中川 聖一・鹿野 清宏・東倉 洋一(1990). 音声・聴覚と神経回路網モデル, オーム社.

中出 康一(2019). マルコフ決定過程-理論とアルゴリズム-, コロナ社.

永原 正章(2017). スパースモデリング-基礎から動的システムへの応用, コロナ社.

中村 美治夫(2010). 霊長類学におけるインタラクション研究-その独自性と可能性. 木村 大治・高梨 克也・中村 美治夫(編), インタラクションの境界と接続-サル・人・会話研究から-, 19-38, 昭和堂.

西野 浩史. (2009). 擬死-むだな抵抗はやめよう. 日本比較生理生化学会(編), 動物の生き残り術-行動とそのしくみ, 第 4 章, 58-77

西村 宏武・岡 夏樹・田中 一晶(2020). マルチエージェント鬼ごっこ環境における深層強化学習エージェントと人の追いかけ行動の比較. 日本認知科学会第 37 回大会論文集, *P-107*, 671-676.

日本音響学会編集委員会(1999). 体験談:音を出す, 音を取り込む時の落とし穴. 日本音響学会誌, *55*

(5), 391-394. https://doi.org/10.20697/jasj.55.5_391

野村総研(2015). NRI 未来創発ニュースリリース 2015 年 12 月 2 日. https://www.nri.com/-/media/Corporate/jp/Files/PDF/news/newsrelease/cc/2015/151202_1.pdf

橋村 勝・飯塚 博実・李 軍(2015). 人間工学のための計測手法 第 4 部：生体電気現象その他の計測と解析(2)−眼球運動の計測−. 人間工学, 51(6), 406-410. https://doi.org/10.5100/jje.51.406

深田 智(2017). 主体性・相互主体性の発達：身体表現活動場面における指導者と子ども及び子どもどうしの言語的なやりとりを中心に. 第 1 回 共創学会年次大会, 16-21.

深田 智(2020a). ことばとうごきで響き合い, つながる：人どうしのインタラクションの始まりとその発展の解明に向けて. 米倉 よう子・山本 修・浅井 良策(編), ことばから心へ：認知の深淵, 397-409, 開拓社.

深田 智(2020b).身体表現活動セッションでの指導者と子どもたちとのインタラクションとその変遷：相互適応の観点から. 田中 廣明・秦 かおり・吉田 悦子・山口 征孝(編), 動的語用論の構築へ向けて, 第 2 巻, 108-126, 開拓社.

藤江 真也・江尻 康・菊池 英明・小林 哲則(2005). 肯定的／否定的発話態度の認識とその音声対話システムへの応用. 電子情報通信学会和文論文誌 D, 88(3), 489-498.

本多 淳也・中村 篤祥(2016). バンディット問題の理論とアルゴリズム, 講談社.

本田 秀仁・久松 稜介・大本 義正・久保 孝富・池田 和司・植田 一博(2017). 相談の成否を決める隠れ状態の推定−2 者間インタラクションの時系列分析−. 信学技報, 117(30), 293-296.

本田 秀仁・松井 哲也・大本 義正・植田 一博(2018). 旅行相談場面の販売員-顧客間のインタラクション：販売員のスキルの違いに見る心的状態の推定と非言語行動の分析. 電子情報通信学会和文論文誌 D, J101-D(2), 275-283. https://doi.org/10.14923/transinfj.2017HAP0005

増井 俊行(1998). インターフェイスの街角(5) 予測型テキスト入力システム POBox. UNIX Magazine, 13(4), 1-8.

水丸 和樹・坂本 大介・小野 哲雄(2018).複数ロボットの発話の重なりによって創発する空間の知覚, 情報処理学会論文誌, 59(12), 2279-2287.

御手洗 彰・棟方 渚・小野 哲雄(2017). 物を把持した状態における筋電センサを用いたハンドジェスチャ入力の問題抽出と新手法の提案. バーチャルリアリティ学会, 22(1), 41-50. https://doi.org/10.18974/tvrsj.22.1_41

宮川 雅巳(2004). 統計的因果推論−回帰分析の新しい枠組み, 朝倉書店.

三宅 晋司(2017). 商品開発・評価のための生理計測とデータ解析ノウハウ. 日本人間工学会 PIE 研究部会.

宮下 善太・神田 崇行・塩見 昌裕・石黒 浩・萩田 紀博(2008). 顧客と顔見知りになるショッピングモール案内ロボット. 日本ロボット学会誌, 26(7), 821-832. https://doi.org/10.7210/jrsj.26.821

宮田 洋(1998a). 生理心理学の基礎, 新生理心理学 1, 北大路書房.

宮田 洋(1998b). 生理心理学の応用分野, 新生理心理学 2, 北大路書房.

宮田 洋(1998c). 新しい生理心理学の展望, 新生理心理学 3, 北大路書房.

森 泰親(2013). わかりやすい現代制御理論, 森北出版.

森田 邦久(2010). 理系人に役立つ科学哲学, 化学同人.

山川 宏・市瀬 龍太郎・井上 智洋(2015). 汎用人工知能が技術的特異点を巻き起こす. 電子情報通信学会誌, 98(3), 238-243.

山口 和紀(編著)(2017). 情報 第 2 版, 東京大学出版会.

山下 舞人・堀井 隆斗・北園 淳・大泉 匡史・長井 隆行(2018). 統合情報理論を用いた子どもの行動解析−年齢の変化に伴う集団形成の変化と一体感の定量化に向けて−. 日本赤ちゃん学会第 18 回学術集会, P-110.

山田 歩(2019). 選択と誘導の認知科学, 新曜社.

山田 誠二・角所 考・小松 孝徳(2006). 人間とエージェントの相互適応と適応ギャップ. 人工知能学会誌, 21(6), 648-653.

山田 知之・棟方 渚・小野 哲雄 (2016). アクティブ音響センシングを用いた手のジェスチャー認識手法の検討, 情報処理学会研究報告, *2016-GI-36*(23), 1-8.

弓場 亮介・堀井 隆斗・長井 隆行 (2020). 教示者と身体性が異なる学習者集団の模倣学習を通じた役割分担, HAI シンポジウム 2020, *P-51*.

横山 絢美・大森 隆司 (2009). 協調課題における意図推定に基づく行動決定過程のモデル的解析. 電子情報通信学会論文誌 A, *J92-A*(11), 734-742.

渡辺 茂 (2019). 動物に「心」は必要か：擬人主義に立ち向かう，東京大学出版会.

索 引

ま　行

〈著者略歴〉　　（五十音順. 所属は 2022 年 6 月現在）

今 井 倫 太 （いまい みちた）
（慶應義塾大学 理工学部 教授）
[4.4.1 項, column 4.4 執筆]

大 北 　 碧 （おおきた みどり）
（甲南女子大学 人間科学部 講師）
[3.4 節（共著）執筆]

大 森 隆 司 （おおもり たかし）
（玉川大学名誉教授）
[1.4 節, 1.5 節 執筆]

岡 　 夏 樹 （おか なつき）
（宮崎産業経営大学 経営学部 教授）
[4.2 節 執筆]

小 野 哲 雄 （おの てつお）
（北海道大学 大学院情報科学研究院 教授）
[3.1 節（共著）, 3.4 節（共著）, 3.8 節（共著）,
　column 3.2 執筆]

澤 　 幸 祐 （さわ こうすけ）
（専修大学 人間科学部 教授）
[3.4 節（共著）, 4.3 節（共著）, column 4.2 （共
　著）, column 4.3 （共著）執筆]

坂 本 孝 丈 （さかもと たかふみ）
（静岡大学創造科学技術大学院・大学教育センター
　特任助教）
[4.1 節（共著）, column 4.1 執筆]

鮫 島 和 行 （さめじま かずゆき）
（玉川大学 脳科学研究所 教授）
[2.6 節, column 2.2 執筆]

寺 田 和 憲 （てらだ かずのり）
（岐阜大学 工学部 准教授）
[4.4.3 項（共著）, column 1.4 （共著）column 4.6
　（共著）執筆]

遠山紗矢香 （とおやま さやか）
（静岡大学 情報学部 講師）
[2.1 節（共著）執筆]

長 井 隆 行 （ながい たかゆき）
（大阪大学 大学院基礎工学研究科 教授）
[2.5 節, 3.5 節, 3.6.4 項, 3.8 節（共著）執筆]

中 村 友 昭 （なかむら ともあき）
（電気通信大学 大学院情報理工学研究科 准教授）
[2.4 節 執筆]

峯 松 信 明 （みねまつ のぶあき）
（東京大学 大学院工学系研究科 教授）
[3.3 節, 3.7 節, column 3.1 執筆]

本 田 秀 仁 （ほんだ ひでひと）
（追手門学院大学 心理学部 准教授）
[2.2 節, column 2.1 執筆]

山 田 誠 二 （やまだ せいじ）
（国立情報学研究所 教授）
[4.4.2 項, 4.4.3 項（共著）, column 1.4 （共著）,
　column 4.5, column 4.6 （共著）執筆]

本文イラスト　アマセケイ

〈編者略歴〉

植田一博（うえだ かずひろ）

東京大学 大学院総合文化研究科 教授
1993年 東京大学 大学院総合文化研究科
　　　広域科学専攻・博士課程修了，博士(学術)
その後，同大学院にて助手，助教授，准教授を経て，
　2010年より現職．
専門は認知科学，意思決定科学，知能情報学，インタ
　ラクションの科学．
［第1章 編集：序章，1.1節，1.2節，1.3節，column
　0.1，column 1.1，column 1.2，column 1.3 執筆］

大 本 義 正（おおもと よしまさ）

静岡大学 情報学部 准教授
2008年 東京大学 大学院総合文化研究科 広域科学
　　　専攻・博士課程修了，博士(学術)
2008年 京都大学 大学院情報学研究科 知能情報学
　　　専攻 助教
2019年より現職．
専門は認知科学，ヒューマンエージェントインタラク
　ション，知能情報学．
［第2章 編集：2.3節，3.6節（3.6.4項を除く），3.8節
　（共著），column 3.3，column 3.4 執筆］

竹 内 勇 剛（たけうち ゆうごう）

静岡大学 創造科学技術大学院・情報学部
　教授
1999年 名古屋大学 大学院人間情報学研究科
　　　社会情報学専攻・博士後期課程修了，
　　　博士(学術)
1997年11月～2001年3月
　　　株式会社ATR知能映像通信研究所
　　　研究員
2001年4月より静岡大学に着任，2014年より現職．
専門は認知科学，人間情報科学，インタラクション
　の科学．
［第3章，第4章 編集：2.1節（共著），3.1節（共著），
　3.2節，4.1節（共著）執筆］

- 本書の内容に関する質問は，オーム社ホームページの「サポート」から，「お問合せ」の「書籍に関するお問合せ」をご参照いただくか，または書状にてオーム社編集局宛にお願いします．お受けできる質問は本書で紹介した内容に限らせていただきます．なお，電話での質問にはお答えできませんので，あらかじめご了承ください．
- 万一，落丁・乱丁の場合は，送料当社負担でお取替えいたします．当社販売課宛にお送りください．
- 本書の一部の複写複製を希望される場合は，本書扉裏を参照してください．

JCOPY ＜出版者著作権管理機構 委託出版物＞

コグニティブインタラクション
　　　　—次世代AIに向けた方法論とデザイン—

2022年7月19日　　　第1版第1刷発行

編　　者　植田一博・大本義正・竹内勇剛
発 行 者　村上和夫
発 行 所　株式会社　オーム社
　　　　　郵便番号　101-8460
　　　　　東京都千代田区神田錦町3-1
　　　　　電話　03(3233)0641（代表）
　　　　　URL　https://www.ohmsha.co.jp/

© 植田一博・大本義正・竹内勇剛 2022

印刷　中央印刷　　製本　協栄製本
ISBN978-4-274-22889-6　Printed in Japan

本書の感想募集　https://www.ohmsha.co.jp/kansou/

本書をお読みになった感想を上記サイトまでお寄せください．
お寄せいただいた方には，抽選でプレゼントを差し上げます．